吴良镛院士主编：人居环境科学丛书

地区设计：
秦汉隋唐长安地区区域空间秩序营建

郭 璐 著

中国建筑工业出版社

图书在版编目（CIP）数据

地区设计：秦汉隋唐长安地区区域空间秩序营建/郭璐著. —
北京：中国建筑工业出版社，2019.12
（人居环境科学丛书）
ISBN 978-7-112-24283-2

Ⅰ. ①地… Ⅱ. ①郭… Ⅲ. ①城市空间－空间规划－城市
史－研究－长安（历史地名）－古代 Ⅳ. ①TU984.241.1

中国版本图书馆CIP数据核字（2019）第211859号

责任编辑：徐晓飞　张　明
责任校对：王　瑞

感谢以下基金对本研究的支持：
·国家自然科学基金青年项目（51608293）

吴良镛院士主编：人居环境科学丛书

地区设计：秦汉隋唐长安地区区域空间秩序营建
郭璐　著
*
中国建筑工业出版社出版、发行（北京海淀三里河路9号）
各地新华书店、建筑书店经销
北京锋尚制版有限公司制版
北京建筑工业印刷厂印刷
*
开本：787×1092毫米　1/16　印张：17¼　字数：296千字
2019年12月第一版　2019年12月第一次印刷
定价：75.00元
ISBN 978 - 7 - 112 - 24283 - 2
　　（34778）

"人居环境科学丛书"缘起

18世纪中叶以来,随着工业革命的推进,世界城市化发展逐步加快,同时城市问题也日益加剧。人们在积极寻求对策不断探索的过程中,在不同学科的基础上,逐渐形成和发展了一些近现代的城市规划理论。其中,以建筑学、经济学、社会学、地理学等为基础的有关理论发展最快,就其学术本身来说,它们都言之成理,持之有故,然而,实际效果证明,仍存在着一定的专业的局限,难以全然适应发展需要,切实地解决问题。

在此情况下,近半个世纪以来,由于系统论、控制论、协同论的建立,交叉学科、边缘学科的发展,不少学者对扩大城市研究作了种种探索。其中希腊建筑师道萨迪亚斯(C.A.Doxiadis)所提出的"人类聚居学"(EKISTICS:The Science of Human Settlements)就是一个突出的例子。道氏强调把包括乡村、城镇、城市等在内的所有人类住区作为一个整体,从人类住区的"元素"(自然、人、社会、房屋、网络)进行广义的系统的研究,展扩了研究的领域,他本人的学术活动在20世纪60～70年代期间曾一度颇为活跃。系统研究区域和城市发展的学术思想,在道氏和其他众多先驱的倡导下,在国际社会取得了越来越大的影响,深入到了人类聚居环境的方方面面。

近年来,中国城市化也进入了加速阶段,取得了极大的成就,同时在城市发展过程中也出现了种种错综复杂的问题。作为科学工作者,我们迫切地感到城乡建筑工作者在这方面的学术储备还不够,现有的建筑和城市规划科学对实践中的许多问题缺乏确切、完整的对策。目前,尽管投入轰轰烈烈的城镇建设的专业众多,但是它们缺乏共同认可的专业指导思想和协同努力的目标,因而迫切需要发展新的学术概念,对一系列聚居、社会和环境问题作进一步的综合论证和整体思考,以适应时代发展的需要。

为此,十多年前我在"人类居住"概念的启发下,写成了"广义建筑学",嗣后仍在继续进行探索。1993年8月利用中科院技术科学部学部大会要我作学术报告的机会，我特邀约周干峙、林志群同志一起分析了当前建筑业的形势和问题，第一次正式提出要建立"人居环境科学"（见吴良镛、周干峙、林志群著《中国建设事业的今天和明天》，中国城市出版社，1994）。人居环境科学针对城乡建设中的实际问题，尝试建立一种以人与自然的协调为中心、以居住环境为研究对象的新的学科群。

建立人居环境科学还有重要的社会意义。过去，城乡之间在经济上相互依赖，现在更主要的则是在生态上互相保护，城市的"肺"已不再是公园，而是城乡之间广阔的生态绿地，在巨型城市形态中，要保护好生态绿地空间。有位外国学者从事长江三角洲规划，把上海到苏锡常之间全都规划成城市，不留生态绿地空间，显然行不通。在过去渐进发展的情况下，许多问题慢慢暴露，尚可逐步调整，现在发展速度太快，在全球化、跨国资本的影响下，政府的行政职能可以驾驭的范围与程度相对减弱，稍稍不慎，都有可能带来大的"规划灾难"（planning disasters）。因此，我觉得要把城市规划提到环境保护的高度，这与自然科学和环境工程上的环境保护是一致的，但城市规划以人为中心，或称之为人居环境，这比环保工程复杂多了。现在隐藏的问题很多，不保护好生存环境，就可能导致生存危机，甚至社会危机，国外有很多这样的例子。从这个角度看，城市规划是具体地也是整体地落实可持续发展国策、环保国策的重要途径。可持续发展作为世界发展的主题，也是我们最大的问题，似乎显得很抽象，但如果从城市规划的角度深入地认识，就很具体，我们的工作也就有生命力。"凡事预则立，不预则废"，这个问题如果被真正认识了，规划的发展将是很快的。在我国意识到环境问题，发展环保事业并不是很久的事，城市规划亦当如此，如果被普遍认识了，找到合适的途径，问题的解决就快了。

对此，社会与学术界作出了积极的反应，如在国家自然科学基金资助与支持下，推动某些高等建筑规划院校召开了四次全国性的学术会议，讨论人居环境科学问题；清华大学于1995年11月正式成立"人居环境研究中心"，1999年开设"人居环境科学概论"课程，有些高校也开设此类课程等等，人居环境科学的建设工作正在陆续推进之中。

当然，"人居环境科学"尚处于始创阶段，我们仍在吸取有关学科的思想，努力尝试总结国内外经验教训，结合实际走自己的路。通过几年在实践中的探索，可以说以下几点逐步明确：

（1）人居环境科学是一个开放的学科体系，是围绕城乡发展诸多问题进行研究的学科群，因此我们称之为"人居环境科学"（The Sciences of Human Settlements，英文的科学用多数而不用单数，这是指在一定时期内尚难形成为单一学科），而不是"人居环境学"（我早期发表的文章中曾用此名称）。

（2）在研究方法上进行融贯的综合研究，即先从中国建设的实际出发，以问题为中心，主动地从所涉及的主要的相关学科中吸取智慧，有意识地寻找城乡人居环境发展的新范式（paradigm），不断地推进学科的发展。

（3）正因为人居环境科学是一开放的体系，对这样一个浩大的工程，我们工作重点放在运用人居环境科学的基本观念，根据实际情况和要解决的实际问题，做一些专题性的探讨，同时兼顾对基本理论、基础性工作与学术框架的探索，两者同时并举，相互促进。丛书的编著，也是成熟一本出版一本，目前尚不成系列，但希望能及早做到这一点。

希望并欢迎有更多的人从事人居环境科学的开拓工作，有更多的著作列入该丛书的出版。

1998 年 4 月 28 日

序

　　郭璐是我指导的博士研究生，也是我非常信任和得力的助手，勤思敏行，敦品笃学，是一名学术全面、研究能力出众的青年学人。自 2008 年至今，她广泛参与清华大学建筑与城市研究所人居科研团队的理论研究与规划实践，自 2009 年起参加"中国人居史"研究团队，并就"人居规划设计"与"人居审美文化"进行专题研究，作出积极贡献。在长期的人居科学研究与实践中，她对于中国人居科学的历史脉络、思想体系、科学方法等有了同领域青年学者不多见的系统积累和认识，形成了以人居科学为核心的全面、扎实的学术基础和开阔的学术视野。她对于中国传统文化的热爱与执着尤其令人欣赏，人文修养超于一般。

　　得益于这些工作，她出色完成了以古代都城地区区域空间秩序营建为题的博士论文研究，以秦汉隋唐时期的长安地区为典型案例，深入研究其地区设计的内在规律，以宏观的历史视野对古代文献和考古资料进行综合融贯的研究，挖掘区域尺度上中国古代人居环境营建的宝贵遗产，研究具有历史的厚重感。与此同时，又没有"掉进故纸堆"，而是紧密地与当前城乡发展的现实问题结合在一起，以古鉴今，对当前地区发展尤其是首都地区的发展具有突出现实意义。这项研究将人居环境空间秩序营建研究的尺度扩展至区域，拓展了传统研究的视野和方法，提出了若干创新而有深度的见解，学风诚朴，气宇宽宏，兼容古今，卓有见地，令人耳目一新，对中国古代人居环境研究有重要的深化与开拓之价值。

　　郭璐在我身边学习和工作多年，是一名非常优秀和具有巨大学术潜力的青年研究者，我一直鼓励她将博士论文正式出版，今天看到本书的面世，深感欣慰，希望她再接再厉，在中国人居科学领域继续耕耘，续有收获。

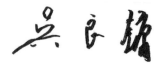

2019 年 11 月

摘　要

在中国当前的快速城镇化进程中，区域空间秩序在人居环境建设中的地位尤为突出，但同时，区域空间秩序破碎的问题也异常严峻。建立区域空间秩序已经成为一个重要而又紧迫的时代任务。近代以来的西方学术界区域思想逐渐勃兴，但存在一定的研究局限；我国古代人居建设一直秉持营建区域空间秩序的优良传统，积累了丰富经验，但当代研究对此缺乏系统的理论认识。本书旨在挖掘与分析秦汉隋唐时期长安地区区域空间秩序营建的思想方法，进而获得对当代区域文化遗产保护与区域空间秩序复萌的启示。

本书以"经世"思想和问题史学为指导，对中国古代区域空间秩序营建的思想方法进行挖掘与分析。基于研究对象的现实性和复杂性，运用案例研究方法，首先，针对研究问题选择有代表性和启示性的案例，即秦汉隋唐时期的长安地区；其次，界定研究对象的时间和空间范围，以小都城地区，尤其是距城60里内为主要研究范围；再次，开展典型案例的材料获取与分析研究，分别对秦汉时期铺设宏观构架与隋唐时期进行全面充实的区域空间秩序营建实践及其思想方法进行挖掘、分析；最终，进行分析性归纳，提炼地区设计的空间性规律、时间性规律、实施主体和动因。其中，典型案例的材料获取与分析研究是本书的主体，主要运用人居科学复杂问题有限求解的方法，抓住每一时期最具典型性且对现实问题最具借鉴意义的几项主要空间实践来进行研究。在历史研究的基础上，进一步论证当代人居建设向历史经验寻求借鉴的可能途径与模式，提出当代西安区域空间秩序复萌的方案设想。

本书将人居环境空间秩序营建研究的尺度扩展至区域，挖掘并分析了秦汉隋唐时期长安地区区域空间秩序营建的成就与思想方法；基于人居环境的层次观，从区域视角获得了对秦都咸阳和汉都长安空间布局的新认识；运用人居科学思想，提炼了中国古代都城地区区域空间秩序营建的规律、实施主体与动因；同时，基于整体观重建，以现实需求为驱动，建构了基于历史经验的当代区域空间秩序复萌模式。

目 录

图目录

表目录

第 1 章 —— 引言

1.1 建立区域空间秩序的重要性和紧迫性

当前，中国正处在史无前例的高速度、大规模的城镇化进程中，区域空间秩序的营建是迫切的时代需求，然而城乡建设中区域空间秩序的丧失又是不容忽视的社会现实。面对现实的需求与挑战，亟需寻找到一条恢复与重建区域空间秩序的途径。2013 年 12 月召开的中央城镇化工作会议提出："优化城镇化布局和形态……提高城镇建设水平，……依托现有山水脉络等独特风光，让城市融入大自然"[①]，区域空间秩序的营建已经成为一个重要而又紧迫的时代任务。

1.1.1 社会发展对区域空间秩序的迫切需求

当代社会，交通、通信、能源等各领域技术的发展逐步拓展着人生存活动的范围。人的生活场所不再局限于某个社区或某座城市的边界之内，而是扩展到一个包括城市、乡村、自然在内的区域中，区域成为经济、社会各领域活动的空间平台。区域是经济发展的单元，"以区域经济为主的经济发展形式正成为中国经济格局的重要特征"[②]。与此同时，区域也是社会生活的单元，交通、供电、供水、水处理等基础设施在区域尺度上运行，居民的居住、就业、游憩、医疗、教育等日常活动事实上也已经分布在区域的范围中。尤其是面对当前城市发展中的种种问题，区域成为"解决目前城市问题的有效途径之一"[③]，水资源、生态环境等问题不能依靠一个城市单独解决，产业、人口的配置等也必须从区域尺度进行考虑才能消除过度集中等问题。区域空间是区域经济和社会生活等的载体，良好的区域空间秩序是各类活动有序、高效开展的前提，将区域空间作为一个整体，建立区域空间秩序，已经成为当代社会生活与经济发展中迫切的现实需求。

---

① 新华网.中央城镇化工作会议在北京举行 [N/OL]. [2013-12-14].http://news.xinhuanet.com/video/2013-12/14/c_125859839.htm.
② 吴良镛等.京津冀地区城乡空间发展规划研究 [M]. 北京：清华大学出版社，2002：57.
③ 吴良镛等.京津冀地区城乡空间发展规划研究 [M]. 北京：清华大学出版社，2002：30.

1.1.2　区域空间秩序破碎的严峻问题

改革开放以来，中国经历了史无前例的大规模、高速度的城镇化过程，城市用地急剧扩张、无序蔓延，在实际的城乡建设中，常常是只见城市，不见区域，区域空间成为各种空间诉求的无序叠加，其中又尤以经济发展的诉求最为强势，追求土地经济效益的最大化，形成土地财政，乃至"圈地运动"。

城市、乡村与自然成为互相对立的力量，城市作为强势力量不断蔓延、扩展；乡村与自然作为弱势力量不断遭受侵蚀、破坏：农业用地和自然空间被大肆占用，造成生存环境的恶化、粮食安全的隐忧、农村社会的破坏、开敞空间的匮乏、自然形胜的丧失，等等；区域生态环境遭到了极大的污染与破坏，流域性的水污染、区域性的空气污染等日趋严重。区域的农业空间与自然空间支离破碎。

区域空间秩序的破碎，已经成为我国当前快速城镇化进程中一个不容忽视的严峻问题。

1.2　西方区域思想的勃兴与局限

对区域空间的研究不是一个全新的科学命题，自工业革命以后，伴随着城市的扩张与蔓延、区域经济的崛起等，区域空间的规划设计就受到了西方理论界越来越多的关注。学者们从当时、当地的社会问题出发，分别进行了关于区域空间模式、区域空间规划、区域感营造等多方面的研究，研究日益走向整体和综合，可以为中国当前的区域空间秩序营建提供借鉴。与此同时，也要注意到其研究根基和视野上的局限：这些研究来源于对近现代欧美城市发展所面临的问题的思考，这与今天中国城乡发展的现状并不能完全对等；而且研究主要基于西方传统的规划设计门类，层次界定明确，主张在城市与社区的尺度上运用空间设计的方法，在区域的尺度上则重于模式构想与政策制定。

1.2.1　针对现代城市问题的区域空间模式

从 19 世纪后半叶开始，工业革命带来了生产力的快速提高，城市人口急剧增加，同时，机动车交通开始兴起，集聚了大量人口的城市迅速蔓延，城市的居住环境不断恶化。在此背景之下，西方世界的思想家们开始逐渐将视野从"城市"扩展到"区域"，将区域作为一个解决城市问题的单元，在理论上或实践中创造了一系列区域空间秩序的模式，影响直至今日。

1.2.1.1 区域思想的形成

勒杜（Eugène Emmanuel Viollet-le-Duc）、欧文（Robert Owen）、克鲁泡特金（ПётрАлексе евичКропо ткин）都曾提出过由农业绿带环绕的、人口有限的城镇的设想。霍华德（Ebenezer Howard）1898 年出版《明日：一条通往真正改革的和平道路》（1902 年改名为《明日的田园城市》），提出了在旧城的正常通勤范围之外修建规模较小的最多容纳 3 万人的新城，这些新城被绿带环绕，当人口超出规划时就再建设一个新城，城市之间通过城际铁路等快速交通系统联系为一个网络，形成一个"社会城市的多核景象"。[①] 其规划思想跳出城市的范围，从整个区域布局的角度来考虑疏散人口、优化环境的途径，希望兼得城市和乡村之利。

英国学者格迪斯（Patrick Geddes）在 20 世纪初提出区域思想，将自然区域作为规划设计的基本框架（basic framework），认为在规划方法上应重视区域调查，全面了解一地的历史、地理、社会、文化、美学等因素，并把城市规划与地方经济、生态环境发展潜力与限制条件联系在一起。[②] 彼得·霍尔（Peter Hall）认为："霍华德曾经期望过规划范围的变化：他对问题的分析和解决都是就'地区'而论的。格迪斯的贡献是为这种地区思想的'骨骼'增添了现实的'血肉'。"[③]

1.2.1.2 20世纪上半叶产生的几种区域空间模式构想

在霍华德和格迪斯思想的引领之下，欧美国家在 20 世纪中叶产生了一系列区域空间模式的构想，并影响至今。典型的包括：纽约州规划、大伦敦规划、哥本哈根指状规划、荷兰兰斯塔德规划等。这些空间模式虽然根据不同地区的条件而呈现出不同的形态，但是本质上有着非常深刻的共性。其所面对的均是

---

① 彼得·霍尔. 明日之城：一部关于 20 世纪城市规划与设计的思想史 [M]. 童明，译. 上海：同济大学出版社，2009：100.
② （英）帕特里克·格迪斯. 进化中的城市：城市规划与城市研究导论 [M]. 李浩等，译. 北京：中国建筑工业出版社，2012.
③ （英）彼得·霍尔. 城市和区域规划 [M]. 邹德慈，李浩，陈熳莎，译. 北京：中国建筑工业出版社，2008：45.

工业化和现代化过程中城市和区域发展的迫切问题：城市中心拥挤不堪、城市空间无序蔓延、人类生存环境恶化等；其规划目标均在于：控制城市蔓延、疏散城市人口、改善居住环境；其空间模式的要素也基本一致：采用"大分散，小集中"的居民点布局模式，将绿色开敞空间作为重要的结构要素，利用新技术，尤其是交通（电力、通信）廊道，作为联系要素（表 1-1）。

20 世纪中叶产生的代表性的区域空间模式 表 1-1

典型规划	时间	主要思想	空间模式	主导者
纽约州规划	1925 年	由高速公路串联城镇，其间保持为大规模的"荒野地区"，服务于公共林地和公共娱乐场地的双重目标[1]		美国区域协会（RPAA）
大伦敦规划	1944 年	以伦敦为中心，向外延伸30 英里（约 48 公里），将人口疏散到新城，通过环形绿带控制蔓延，并为市民提供游憩空间[2]		艾伯克隆比（Patrick Abercrombie）
哥本哈根指状规划	1947 年	从中心城市出发，选定几条发展轴建设新型高速交通（郊区铁路），沿线选择合适地点进行城市建设，在发展轴之间保留大面积的楔形绿野		
荷兰兰斯塔德（环状城市）规划	1958 年	阿姆斯特丹、鹿特丹、海牙、乌德勒支等荷兰最重要的几个大城市，呈环形分布，由交通线路联系，城市之间有绿地分隔，共同面向中心精心保留的大规模绿色空间		

图例：●居民点 ░绿色空间 —交通廊道

[1] MacKaye, B. The New Exploration：a philosophy of regional planning[M]. New York：Harcourt, Brace and Co., 1928：179-180.
[2] Patrick Abercrombie. Greater London Plan 1944[R]. London：HMSO, 1945：7-10.

1.2.1.3 区域空间模式的新发展——区域设计

肇始于20世纪初的区域思想和区域空间模式仍旧深刻影响着当代的学术研究，并逐渐融入了多样性、生态保护与修复、文化遗产保护等新的学术理念。美国学者所倡导的"区域设计"（Regional Design）和与之紧密联系的新城市主义（New Urbanism），便明显地带有这种思想烙印。菲利普·路易斯（Philip Lewis）于1996年率先提出"区域设计"的概念[1]，彼得·卡尔索普（Peter Calthorpe）与威廉·富尔顿（William Fulton）在2001年出版的《区域城市》（*The Regional City*）[2]一书中，从"区域城市"的概念出发进行了更为深入的阐述，此外麦克·纽曼（Michael Neuman）[3]等学者也对此进行了研究和探讨。

所谓"设计"包括两层含义：（1）区域空间模式的设想，将住区通过道路等基础设施联系成网，以自然空间、农业用地作为缓冲，可以说仍旧是20世纪中叶提出的区域空间模式的基本结构，与此同时，又结合新的更为复杂的发展现实，对空间模式的各构成要素有所拓展，突出多样性及生态保护、生态修复的内涵[4]（表1-2）；（2）多样化的社区规划，运用城市设计的一些基本原则，如步行尺度、公共空间等，依赖于相关政策的制定与引导，进行小尺度的规划设计。

"区域城市"概念下的区域空间模式对传统模式的继承和发展　　　　表1-2

传统区域空间模式中的要素	区域城市概念下的区域空间模式的相应要素	增添的新内涵
居民点	各级中心：街区、村庄、镇和城市的核心，它们是地方的和区域的节点	多层级、功能混合的中心
交通网络	走廊：联系元素，它们或是以自然系统为基础，或是以基础设施和交通线为基础	多样性的网络体系
绿地系统	保护区：各类开放空间元素，它们形成一个区域，保护农田，保护敏感的动植物	重视生态保护、生态修复，而非简单的绿色空间

注：表中内容主要据 Peter Calthorpe, William Fulton. The Regional City：planning for the end of sprawl[M]. Washington, DC：Island Press, 2001.

---

[1] Philip Lewis. Tomorrow by Design：A Regional Design Process for Sustainability[M]. New York：Wiley, 1996.
[2] Peter Calthorpe, William Fulton. The Regional City：planning for the end of sprawl[M]. Washington, DC：Island Press, 2001.
[3] Michael Neuman. Regional design：Recovering a great landscape architecture and urban planning tradition[J].Landscape and Urban Planning , 2000, Vol.47（3）：115-128.
[4] 如1996年公布的《纽约、新泽西、康涅狄格大都市区规划》中就提出了一个复合型的绿地策略：划定了11个区域性保护区，全面建设城市公园、公共空间，建设绿道网络、恢复和保障生态廊道等。内涵较之20世纪中叶的绿带、绿地等更为丰富。（Robert Yaro, Tony Hiss. A region at risk：The Third Regional Plan For The New York-New Jersey-Connecticut Metropolitan Area[M]. Washington, D.C.：Island Press, 1996.）

以上研究的时间跨度纵贯整个 20 世纪，面向西方工业化与现代化过程中城市发展所面临的若干问题，提出了区域发展的空间模式，伴随着时代发展又逐渐融入了新的科学思想，对于当代中国地区空间秩序的建构有重要的借鉴意义。但是，这些模式植根于西方国家历史、地理条件与社会、经济、城乡发展的现实，而且在空间上以大而化之的模式为主，较少涉及具体的规划设计方法。

1.2.2　面向经济发展需求的区域空间规划

社会的经济活动不会仅局限在城市的范围内，它离不开作为腹地的区域的支撑。自 19 世纪以来，便有大量基于此而展开的区域空间研究；时至今日，伴随着经济全球化的趋势，由核心城市及其腹地组成的区域单元已经成为全球经济竞争的基本单元，这一领域受到了越来越多的重视，并在实践中发挥着巨大的作用。1836 年德国学者杜能（V. Thünen）提出农业区位论，揭示了地区农业生产的空间模式和成因。此后，以研究产业在区域中的区位选择、空间行为为目的，发展出了一系列的区位论，包括：韦伯（A. Weber）的工业区位论、廖什（A. Losch）的市场区位论、克里斯塔勒（Walter Christaller）的中心地理论等。进入 20世纪 50 年代，在经典区位论对静态的空间结构进行研究的基础上，学者开始关注区域经济在空间结构上动态的演化规律，包括佩鲁（Francois Perroux）的增长极理论、弗里德曼（J. R. Friedmann）的"核心—边缘"理论等。当前普遍开展的区域空间规划即主要依托于上述理论，其中所讨论的区域空间结构事实上是"区域经济空间结构"，通过"空间资源的分配（具体表现为各种形式的空间规划与管理行动）"，"实现人口、经济、资源、环境在空间上的优化耦合，能够为产业和城镇等发展提供空间管治依据。"[①]

以上研究所要应对的主要问题是区域经济发展的需求，以经济活动的空间规律为核心，主要目的在于通过区域空间资源的合理配置，实现经济健康快速发展。研究通过数学计算与逻辑推理、模型建构与模拟等手段得到经济活动空间分布的规律，进而落实到区域空间规划中。

---

① 杨培峰，甄峰，王兴平等编著. 区域研究与区域规划 [M]. 北京：中国建筑工业出版社，2011：269.

1.2.3 追求整体意象的区域感营造

20 世纪 60 年代，伴随着城市的快速发展和不断蔓延，人的生活空间扩展到区域范围，有西方学者提出应在大尺度上进行空间设计。1960 年，凯文·林奇（Kevin Lynch）在《城市意象》（*The Image of The City*）[1] 一书的附录中，基于正文提出的通过五个要素建立城市意象的理论上，进一步提出应建立意象清晰、有秩序的大都市地区整体空间形态，并提出两种可能的方法：（1）树形的，即利用一个静态的分级体系来组织区域；（2）线形的，即建立众多小尺度的元素与一、两个巨大尺度的主要元素的联系。同时，他也指出这两种方法并不理想，无法形成一个连续的空间整体。1976 年，他又出版专著《营造区域感》（*Managing The Sense of A Region*）[2]，对前述课题开展进一步的研究，专门论述区域尺度上感官质量（sensory quality）的重要性，主要聚焦于区域感在现实中的实现过程，即"调查分析——政策制定——监督管理——细节设计"，并提出以一个公共机构为核心，统筹协调科学调研、公众意见、现实任务等诸多影响因素。1967 年，埃德蒙·N·培根（Edmund N. Bacon）在《城市设计》（*Design of Cities*）一书中认为在城市快速发展的背景下城市设计的尺度应该扩大，将区域作为一个整体，建立区域意象，提出"同时运动诸系统"（simultaneous movement system）的概念，即将相互作用的若干系统同时加以考虑，形成有机的内聚整体。[3]

以上研究所要应对的主要问题是城市规模的不断扩大，以人对空间环境的感知为核心，将建立大尺度空间的整体意象作为目标。实际研究中基本延续了城市设计的思路和手法，在区域尺度上则以管理制度的研究为主。

1.3 中国古代区域空间秩序营建的丰富经验

回顾历史，在中国古代数千年的农业文明的发展历程中，经过世代的营造、积淀，逐渐形成了城市、乡村、自然和谐共生的区域空间整体，构成了今天城乡发展的基础，其历史经验也是值得今人挖掘的宝藏。

① Kevin Lynch. The image of the city[M]. Cambridge：Technology Press, 1960.
② Kevin Lynch. Managing the sense of a region[M]. Cambridge：MIT Press, 1976.
③ 培根. 城市设计 [M]. 黄富厢, 朱琪, 译. 北京：中国建筑工业出版社, 2003.

1.3.1　中国古代区域空间秩序营建的丰富经验

中国幅员辽阔，各个地区地理历史的资源禀赋不同，"姑且不讲全中国，即使未讲秦汉以来的中原王朝，专讲汉族地区，二千年来既没有一种纵贯各时代的同一文化，更没有一种广被各地区的同一文化。"① 在这样一个复杂局面的"大天下"中，中国人一直以来就有划分"区域"的传统，正所谓"茫茫九有，区域以分"②。自古以来，中国的人居环境就具有区域化的特征。在辽阔的土地上有众多自然条件不同的地理单元，人生活于其中，经营创造，形成了一个个文化传统、环境特色、人口分布、经济发展等千差万别的区域。

中国古代在区域人居环境营建中取得了卓越的成就，不同地区根据地理、历史、人文等条件的不同，建构了各具特色而又自成体系的区域空间秩序：金城千里的关中盆地、天府之国的成都平原、鱼米之乡的太湖平原，等等，每一区域都是一个独具特色的空间单元，繁荣的城镇、富饶的乡村与优美的自然和谐共存，提供了各项社会活动开展的空间平台，孕育了丰富多彩的地区文化，也形成了每个地区独特的区域空间秩序。中国古代人居环境的灿烂长卷便是由这样一个个风景优美、经济繁荣、文化昌盛而又秩序井然的区域共同组成的，而且在数千年的历史中不断传承、增华，即使某一区域因战乱等遭受破坏，也能在一段时间的休养生息之后获得修复与新生。

这种遍布中国大地并历代传承的"秩序井然"的区域必然不是"妙手偶得"的产物，而是有意识经营的成果。追本溯源，在先秦时期的规划思想中即已体现出整体营建区域空间秩序的思想和方法。《周礼》开篇即言："惟王建国，辨方正位，体国经野"，明确地体现了对"国"与"野"，即城市及其周围区域，进行整体规划设计、建立空间秩序的意图和举措。这一思想源远流长，中国古代积累了丰厚的区域空间秩序营建的经验。

1.3.2　中国古代区域与城市规划设计研究现状

中国古代区域与城市空间规划设计的研究数目众多，角度各异，其中对区域空间秩序营建研究有重要启发意义的主要集中在三方面：古代城市规划布局方

---

① 谭其骧. 中国文化的时代差异和地区差异 // 谭其骧. 长水集 续编 [M]. 北京：人民出版社，1994：186.
② （晋）潘岳《为贾谧作赠陆机》，见（南朝）萧统《文选》卷二。

法研究、古代区域空间结构研究及基于区域整体的古代城市规划设计方法探讨。从这些已有研究中可以看出：（1）中国古代存在世代相传、切实可行的规划设计方法，而这种方法具有整体性的特征，中国古代的城市是被作为区域空间结构的有机组成部分进行规划设计的，区域空间秩序营建的蕴藏丰富。（2）既有的对规划设计的研究仍主要聚焦城市范围以内，区域尺度上的研究以政治、经济因素影响下的空间模式为主，对区域空间秩序的研究尚存在广阔的空间。

1.3.2.1 古代城市规划布局方法研究

中国古代城市建设成就辉煌，众多学者已就其规划布局方法开展了大量定量化的研究，提出计里画方、运用模数、60度三角形控制、"规画"方法等一系列较为系统的观点和理论。宿白在对北魏洛阳城的平面复原中采用在实测图上绘制一里见方的网格的方法，认为里坊（一个方里）是划分与控制城市整体平面布局的基本面积模数。[①] 傅熹年通过对隋唐长安、洛阳、唐扬州、元大都、明北京等城市的研究，认为古代都城规划中普遍存在以宫城或宫城、皇城之广长为大城模数的特点，亦即宫城、皇城与里坊或街区之间具有面积模数的关系。[②] 张杰认为从早期祭祀遗址到后世城市、建筑平面中均存在60度三角形的构图规律，并从天文历法、人体工程学等角度对60度的出现进行了解释[③]。王树声认为隋大兴的平面布局中使用了三个内含等边三角形的矩形，分别是郭城、皇城（含宫城）和太极宫。[④] 武廷海强调从地到城的规划过程，认为中国古代城市布局遵循规矩制图的原则，运用"规画"方法[⑤]。

以上研究对中国古代城市规划设计的方法进行了深入探讨，得到若干较为系统的成果。首先，证实了中国古代存在切实可行且代代相承的规划设计方法；其次，无论是环环相扣的模数制，还是从地到城的"规画"方法，都体现出古代人居环境营建中将小尺度到大尺度作为一个整体进行规划设计的思想。既有研究的局限性主要体现在聚焦城市范围之内，较少涉及城市外的自然环境、农业地区等。

---

① 宿白. 北魏洛阳城和北邙陵墓——鲜卑遗迹辑录之三 [J]. 文物，1978，07：42-52+100.
② 傅熹年. 中国古代城市规划、建筑群布局及建筑设计方法研究 [M]. 北京：中国建筑工业出版社，2001.
③ 张杰. 中国古代空间文化溯源 [M]. 北京：清华大学出版社，2012：29-33，56-65.
④ 王树声. 隋唐长安城规划手法探析 [J]. 城市规划，2009，06：55-58+72.
⑤ 武廷海. 从形势论看宇文恺对隋大兴城的"规画"[J]. 城市规划，2009，12：39-47. 武廷海. 六朝建康规画 [M]. 北京：清华大学出版社，2011.

1.3.2.2 古代区域空间结构研究

在区域的尺度上，不同学者开展了多角度的对区域空间结构的研究，提出了若干空间模式。

贺业钜对以王畿地区为代表的中国古代城市区域空间模式进行了研究，着重探讨了《周礼》中王畿之制的理想空间模式以及与之相呼应的"千里王畿"规划；并将此思路延伸到后世都城的研究之中，如汉长安等。他认为：中国古代视整个王畿为一个大的城邦，以都城为中心，次一级城市环绕其周，构成城市群体，这是区域空间结构的主干，而区域的水陆交通网联络其间，是空间结构的脉络。这种空间结构最初是出于政治统治的需求，都城作为政治中心，其他大小城市拱卫于侧作为屏藩；伴随着社会发展，经济因素逐渐发挥作用，都城是经济中心，下一级经济据点环绕其周，通过交通联系为商业网。与环绕都城的王畿区域相类似，还存在环绕州城、县城的下一级城市区域。[①]

美国学者施坚雅（G. William Skinner）对中国 19 世纪晚期区域空间结构的研究影响深远[②]，若干中国学者也在此思想影响下开展了一系列的理论与实证研究[③]。施坚雅从地理学中的中心地理论出发，经过数据分析和实地考察，认为帝国晚期的中国存在九个区域范围内的城市体系。区域的中心集中了市场、交通等各种优势资源，是经济活动的中心，也是重要的大城市之所在，次一级的中心环绕其周并同时被第三级的中心环绕，如此层层嵌套，形成区域城镇体系。理论上讲，这个体系是紧密排列的等边六边形，在实际中，理论模式会由于地形、税收、防卫等的影响而发生变形。这一理论可以说与施坚雅早期针对中国农村市场活动所提出的集市体系理论一脉相承[④]，重点从城市的经济职能出发，认为空间分布最重要的驱动力是经济，同时他也兼论及政治职能，并认为经济层级

① 参见：建筑理论及历史研究室编.《周官》王畿规划初探 // 建筑历史研究第一辑 [M]. 北京：中国建筑科学研究院建筑情报研究所，1982：96-118.；贺业钜等. 建筑历史研究 // 贺业钜. 论长安城市规划 [M]. 北京：中国建筑工业出版社，1992.；贺业钜. 中国古代城市规划史 [M]. 北京：中国建筑工业出版社，1996.
② 参见：施坚雅. 十九世纪中国的地区城市化 // 施坚雅. 中华帝国晚期的城市 [M]. 北京：中华书局，2000：242-297，327-417.；城市与地方体系层级 // 中国封建社会晚期城市研究 [M]. 王旭等，译. 长春：吉林教育出版社，1991.
③ 参见：王笛. 跨出封闭的世界：长江上游区域社会研究（1644—1911）[M]. 北京：中华书局，1993：211—254.；王卫平. 明清时期江南城市史研究 [M]. 北京：人民出版社，1999.；刘景纯. 城镇景观与文化：清代黄土高原地区城镇文化的地理学考察 [M]. 北京：中国社会科学出版社，2008.
④ "一个六边形的市场区域，集镇位于中央，周围有一个内环，由 6 个村庄组成，一个外环，由 12 个村庄组成."，见施坚雅. 中国农村的市场和社会结构 [M]. 史建云，徐秀丽，译. 北京：中国社会科学出版社，1998：23.

与行政层级有密切关系。

上述研究在区域的层面上展开，将城市视作区域空间中抽象的点，基于政治、经济等的理论与规律，从一定的理想模型（王畿之制、中心地理论）出发，建构较为抽象的区域空间结构模式，具有重要的启发意义。但是，值得注意的是，从人居环境的视角而言，区域是人居环境的一个重要层次，人生活其间，空间秩序并不能完全为一个理想模型概括，而是多方面因素综合作用下生成的结果。

1.3.2.3　基于区域的古代城市规划设计研究

近年来，部分学者注意到了中国古代城市规划设计与区域整体空间的密切关系，进行了若干有价值的研究与探讨。

（1）综合性探讨

首先是对城市选址的研究，通过对文化观念、功能需求等的综合考虑，概括性地指出若干在区域空间中为城市定位的原则[①]，包括："择中"、"法天"、"因宜"等等。进入 20 世纪 90 年代以来，关于风水的研究日益增加，多以聚落选址为着眼点，对古代典籍的辞章进行诠释，并辅以个别城市作为例证[②]，认为城市选址应重视"势"，即应依托根系绵远的山脉，通过觅龙（观察地形、寻找山脉的起止）、察砂（对周围的群山进行考察）、观水、点穴等步骤，最终选择多重山水环护之所为聚落之址。

其次，"山—水—城"的提出与广受关注也体现出学界已逐步认识到城市与其周边大尺度山水环境的密切关系。1982 年，吴良镛在对桂林的研究中指出：桂林在千余年的历史中，发展了汇"山—水—城"为一体的特色城市模式，"互相穿插、互相融合……城市美与自然美相结合，融自然景观与人文景观为大宗"[③]。

1992 年，钱学森在致吴良镛的信中提出，希望将中国山水诗画、古典园林融合在一起，创立"山水城市"的概念[④]。围绕此，众多学者们从不同角度进行

---

① 侯仁之. 城市历史地理的研究与城市规划 [J]. 地理学报，1979，34（4）.；史念海. 我国古代都城建立的地理因素 [C]// 中国古都研究（第二辑）——中国古都学会第二届年会论文集. 1986.；马正林. 中国城市历史地理 [M]. 济南：山东教育出版社，1998.；吴庆洲. 中国古城选址与建设的历史经验与借鉴（上）[J]. 城市规划，2000，09：31-36.
② 王其亨. 风水理论研究 [M]. 天津：天津大学出版社，1992.；刘沛林. 理想家园：风水环境观的启迪 [M]. 上海：上海三联书店，2000.；于希贤. 中国传统地理学 [M]. 昆明：云南教育出版社，2002.；李定信. 四库全书堪舆类典籍研究 [M]. 上海：上海古籍出版社，2011.
③ 吴良镛. 桂林的城市模式与保护对象 [J]. 城市规划，1988，05：3-8.
④ 鲍世行，顾孟潮. 城市学与山水城市 [M]. 北京：中国建筑工业出版社，1994：47.

了探讨,有谓"园林城市"者①,有谓"生态城市"者②,有谓"风水文化"者③,等等,观点纷纭。究其本源,"山—水—城"的概念植根于中国传统人居环境模式与文化观念,体现了对"人工环境(以'城市'为代表)与自然环境(以'山水'为代表)相融合"④的人居环境的追求。

以上研究,主要是从古代典籍或文化观念出发,进行阐释和探讨,揭示了中国古代城市是被作为大的区域空间结构的一部分加以规划设计的。只是目前研究还较多集中于对现象的定性描述、总结,而较少方法层面的分析,成果也较为分散。

(2)个案研究

除了上述定性的综合探讨之外,部分学者通过对若干城市的深入研究,发现了城市空间布局与大尺度山水环境的轴线对位关系,包括:东晋建康南对牛首山为天阙、北达玄武湖的城市轴线⑤;唐长安南抵终南山的轴线⑥;隋唐洛阳北起邙山、南达伊阙的轴线⑦;等等,甚至有学者猜测汉长安存在南达秦岭北达北塬长达 74 公里的超长轴线⑧。

以上研究中,研究者以更为开阔的视野将城市与其周边的自然环境作为一个整体进行考量,发现了中国古代在区域尺度上构建空间秩序的一种方法。现有研究主要聚焦于个别城市,围绕联系城市与自然的轴线而展开,对于区域空间秩序营建的研究尚有巨大的潜力。

1.4　题目释义:地区设计

面对建立区域空间秩序的迫切现实需求,西方的学术思想有其局限性,无法直接指导中国的城乡建设,中国传统的思想与经验蕴藏丰富,但是当代的认识

① 吴人韦,付喜娥."山水城市"的渊源及意义探究[J].中国园林,2009,06:39-44.
② 杨鸿勋.21世纪的营窟与眠巢:生态建筑·生态城·山水城市——可持续发展生态营造论[J].建筑学报,2000,09:14-18.;黄光宇.中国生态城市规划与建设进展[J].城市环境与城市生态,2001,03:6-8.
③ 李先逵.风水观念更新与山水城市创造[J].建筑学报,1994,02:13-16.
④ 吴良镛."山水城市"与21世纪中国城市发展纵横谈——为山水城市讨论会写[J].建筑学报,1993,06:4-8.
⑤ 武廷海.六朝建康规画[M].北京:清华大学出版社,2011:35.
⑥ 王树声.结合大尺度自然环境的城市设计方法初探——以西安历代城市设计与终南山的关系为例[J].西安科技大学学报,2009(05):574-578.
⑦ 吴良镛.中国古代城市史纲(英文版)[M].卡塞尔:西德卡塞尔大学,1985:39.;贺业钜.考工记营国制度研究[M].北京:中国建筑工业出版社,1985:13.
⑧ 秦建明,张在明,杨政.陕西发现以汉长安城为中心的西汉南北向超长建筑基线[J].文物,1995,03:4-15.

不足。这引导我们尝试"另辟蹊径"，不是从西方学术传统的区域规划、城市设计等规划设计门类出发，而是深入挖掘中国古代区域空间秩序营建的丰富历史经验，从中寻找对当代地区发展的启示。

人居环境（human settlement）是指包括乡村、集镇、城市、区域等在内的所有人类聚落及其环境。广义地讲，就是人类为了自身的生活而利用或营建的任何场所。[①] 人居环境以人为中心，包括五个尺度：全球、区域、城市、社区、建筑[②]，人居建设以"有序空间"（即空间及其组织的协调秩序）与"宜居环境"（即适合人类生产生活的美好环境）为目标[③]。

城市和区域[④] 都是人居环境的重要层次之一。在城市这一层次上，20世纪早期，沙里宁（Eliel Saarinen）即提出"城市设计"（urban design）的概念，目的在于"为人们的各种活动创造出具有一定空间形式的物质环境"[⑤]，是对城市体形环境（physical environment）的设计。从人居环境的角度出发，吴良镛指出：城市设计是"一种综合的专业领域"，是为了"使人居环境在生态、生活、文化、美学等方面，都能具有良好的质量和体形秩序"[⑥]。

区域也是人居环境的一个重要层次，也同样存在创造一定空间形式的物质环境以满足人类活动的需求，也就是需要进行"地区设计"。2001年，吴良镛《人居环境科学导论》提出"人居环境规划与设计论"，认为在人居建设的"不同空间层次（区域的、城市的、社区的）都存在'城市设计'"[⑦]；2014年，在《中国人居史》一书中，基于对中国古代人居建设的成就与经验的研究，他明确提出：中国自古以来有治理天下、经营城市、营建建筑的空间经验，而在天下和城市的尺度之间，还存在"地区设计"（regional design）的思想，即"在地区尺度上，自觉地依照一定的法则，在自然和人工的环境中建立整体的空间秩序"[⑧]；在《京津冀地区城乡空间发展规划研究三期报告》中又进一步解释：地区设计是在区域的尺度上"通过空间规划手段，营造整体的体形环境

① 吴良镛. 中国人居史 [M]. 北京：中国建筑工业出版社，2014：3.
② 吴良镛. 人居环境科学导论 [M]. 北京：中国建筑工业出版社，2001：70.
③ 吴良镛. 中国人居史 [M]. 北京：中国建筑工业出版社，2014：3.
④ 本书中若无特殊说明，则"地区"等同于"区域"（region），只在行文中因表述需要而采用二者之一。
⑤ 中国大百科全书总编辑委员会《建筑》编委会. 中国大百科全书 建筑 园林 城市规划 25[M]. 北京：中国大百科全书出版社 .1988：72.
⑥ 吴良镛. 人居环境科学导论 [M]. 北京：中国建筑工业出版社，2001：128.
⑦ 吴良镛. 人居环境科学导论 [M]. 北京：中国建筑工业出版社，2001：147.
⑧ 吴良镛. 中国人居史 [M]. 北京：中国建筑工业出版社，2014：559.

秩序（physical order），从而提高人居环境质量，激发地方活力，建设美好家园"①。

综上，地区设计就是创造区域尺度的空间（体形环境）的协调秩序（可简称为区域空间秩序），以形成适合生产生活的美好环境。它是区域尺度的人居建设的一个方面，是人居环境规划设计的一个层次。对中国古代人居建设中的地区设计的研究，旨在挖掘中国古代创造区域空间秩序的思想和方法，以资鉴当代的地区建设。

1.5　研究方法

基于地区设计研究的现实性和复杂性，本书将从"经世"思想和问题史学出发，运用案例研究的方法，通过复杂问题有限求解的手段进行研究。

1.5.1　"经世"思想与问题史学

中国自古以来就有着深刻的历史意识，史书撰写与史学研究源远流长，鸿篇巨制如恒河沙数，形成了独特的史学传统。中国古代的史学研究并非单纯的学术活动，而是有经世致用的明确目标。西汉时司马迁即云："居今之世，志古之道，所以自镜。"② 宋代司马光认为撰《资治通鉴》之目的在于"鉴前世之兴衰，考当今之得失，嘉善矜恶，取是舍非。"③ 直至清末，章学诚仍倡言只有"切合当时人事"④ 才可称为史学。

年鉴学派（l'Ecoledes Annales）是 20 世纪三四十年代产生于法国的史学流派，该派反对统治史学界近一个世纪的"兰克模式"（实证主义史学流派），提出了若干新观点，对国际史学界产生了重要影响。年鉴学派也提倡从现实问题出发研究历史，而非以还原过去事件为目的，认为"人不记住'过去'，而是重建过去"⑤，不同时期的社会发展会向历史提出不同的问题，应围绕这一问

---

① 吴良镛等. 京津冀地区城乡空间发展规划研究三期报告 [M]. 北京：清华大学出版社，2013：125.
② 《史记》卷十八《高祖功臣侯者年表序》。
③ （宋）司马光《进资治通鉴表》。
④ "史学所以经世固非空言著述也，且如六经同出于孔子，先儒以为其功莫大于春秋，正以切合当时人事耳。后之言著述这，舍今而求古，舍人事耳言性天，则吾不得而知之矣，学者不知斯义不足言史学也。"见（清）章学诚《文史通义·内篇二·浙东学术》。
⑤ 费弗尔《为历史而战斗》（Combats pour l'histoire）1953 年，巴黎版，17. 转引自：姚蒙. 法国当代史学主流——从年鉴派到新史学 [M]. 台北：远流出版公司，1988：45.

题，以寻找答案为目的进行历史研究，亦即"历史学的社会功能是依现实而组织过去"[①]。

中国古代人居建设成就卓著，"面对当代中国人居环境建设的问题和中华文化伟大复兴的时代潮流，……需要重新审视优秀中华人居传统，探寻中国未来人居环境发展模式。"[②] 对中国古代人居建设中的地区设计传统的研究，正是面向于当前城乡发展中的突出问题，是现实中的迫切需求，应紧密围绕这一问题，作为在浩渺史实与繁多史籍中探索的主线，通过历史研究寻找答案。

1.5.2　案例研究

案例研究作为一种实证研究方法，在社会科学研究中得到普遍使用，以"帮助人们全面了解复杂的社会现象"[③]，对无法从情境中分离出来的现象进行研究；所要解决问题的类型是"怎么样"和"为什么"[④]；常被应用于对当前可观察的领域的研究，如：心理学、社会学、公共管理等。

中国古代地区设计中多种因素错杂，需要整体视野，无法解析分离；同时，研究所要面临的问题也正是探寻事实（怎么样），解析方法（为什么）；此外，虽然是针对古代进行研究，但部分研究资料至今仍留存、可见（如大地山川、古迹遗存等），人居环境是当时当地人生活的活生生的现实，对地区设计的研究也是围绕现实问题所展开的，要设身处地进行体察；而且，如前文所述，在中国古代城市规划布局方法等研究中已经有通过分析典型城市的案例以得出相应规律的尝试。综上，在地区设计的研究中可以借鉴社会科学的方法，进行案例研究。首先，针对研究问题，选择有代表性和启示性的案例；其次，界定研究对象和研究范围；再次，开展典型案例的材料获取与分析研究；最后，进行分析性归纳，得出抽象、精炼的规律。

① 费弗尔《为历史而战斗》（Combats pour l'histoire）1953年，巴黎版，17. 转引自：姚蒙. 法国当代史学主流——从年鉴派到新史学 [M]. 台北：远流出版公司，1988：15.
② 吴良镛. 中国人居史 [M]. 北京：中国建筑工业出版社，2014：5.
③ 罗伯特·K. 殷. 案例研究：设计与方法 [M]. 周海涛，李永贤，李虔，译. 重庆：重庆大学出版社，2010：4.
④ 罗伯特·K. 殷. 案例研究：设计与方法 [M]. 周海涛，李永贤，李虔，译. 重庆：重庆大学出版社，2010：10.

1.5.3　复杂问题有限求解

人居环境是与人的生活息息相关的重大而又复杂的现实问题，地区设计是人居建设的一个重要组成部分。它是一个长时期的、连续的过程，前代奠定了后代发展的基础，后代有继承、有创造也有扬弃，因而各时代之间既有共同的脉络，又有各自鲜明的特征，关系是错综复杂的，难以完全条分缕析地进行断代研究；区域空间尺度大、涉及面广，也不可能对某一时代的相关问题进行面面俱到的阐述。

面对这种"复杂巨系统"，人居环境科学提出"复杂问题有限求解"的研究方法，即"以现实问题为导向，化错综复杂问题为有限关键问题，寻找在相关系统的有限层次中求解的途径"，"这并不意味着将复杂问题'简单化'，而是在保留对象复杂性的前提下，进行综合提炼，寻找关键点，也就是事物的'纲'"[①]。本研究也将应用这一研究方法，抓住最具典型性且对现实问题最具借鉴意义的几条主要规律来进行研究。

1.6　研究思路

本书从现实问题出发，在对中西理论背景进行考察的基础上，对中国古代人居建设的地区设计传统进行研究。首先，进行案例的选取与界定，选取秦汉隋唐时期长安地区为典型案例并界定研究的时间跨度与空间范围；其次，进行典型地区材料的获取与分析，深入论证秦汉时期对地区空间宏观框架的铺设与隋唐时期对地区空间全面有序的充实；在此基础之上，进行分析性归纳，提炼地区设计的规律、实施主体与动因。最后，在分析当代地区设计缺失、空间秩序混乱的原因的基础上，论证历史经验为当代建设提供借鉴的可能途径，进而提出当代西安地区区域空间秩序复萌方案设想（图 1-1）。

---

① 吴良镛. 论新型城镇化与人居环境建设 // 明日之人居 [M]. 北京：清华大学出版社，2013：12.

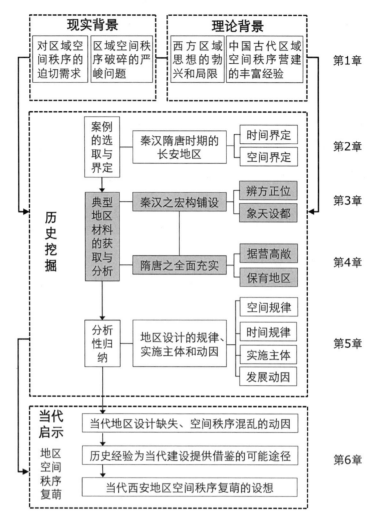

图 1-1　本书研究思路

第 2 章

——案例选取与界定：秦汉隋唐时期的长安地区

在中国古代，都城是统治者居住的场所，是国家的政治文化中心，都城及其周边地区也就成为历代人居营建的重中之重，倾注了最多的财力物力，荟萃了天下的文化、艺术、技术精华，"帝王之都，必浩穰辐辏，士物繁合，然后称其大。"[①] 都城地区的人居建设相较一般城市，规模尺度更大、气势更为磅礴，是那一时代最高水平的体现，也是当时人居理想的集中反映。都城人居建设中的地区设计传统具有更强的典型性和代表性。

中国历史上，历朝历代产生了众多各具特色的都城地区，无法一一加以剖析，本研究选择秦汉隋唐时期的长安地区作为典型案例。长安地区是中国历史上建都时间最长的地区，从西周经秦汉（指西汉）至隋唐，其中秦汉（前221—23）、隋唐（581—907）两个时期分别是中国文明史中政治制度和文化艺术的奠基时期，这两个时期长安地区的人居建设在中国历史上具有根基性的地位，区域空间秩序的营建是其中一个重要的组成部分。

秦都咸阳、汉都长安、隋唐长安均位于关中平原中部、渭河两岸，大部分处在今陕西省西安市的范围内。历代都城都与其周边地区有紧密的联系，被当作一个整体来看待。在自然地理上，存在以都城为中心的两级地理单元：作为大都城地区的关中平原和作为小都城地区的关中平原中部；在行政区划上，有拱卫都城的两级行政建置，分别与地理上的大都城地区和小都城地区的范围大致相当。

区域是人居环境的一个重要层次，它是人类为了自身的生活而利用或营建的一个生活场所。因而，研究中国古代人居建设中的地区设计，应当在自然地理和行政建置的基础上，从人的活动出发，界定地区的空间范围。通过对秦、汉、隋唐历代君主及官宦、市民、僧道等活动的空间分布的研究，可以界定本书研究的长安地区的范围：小都城地区（约距都城百里范围），又以距都城60里内为研究重点。

---

① （唐）杜佑《通典》卷十八《选举》。

2.1　秦汉隋唐长安地区的重要地位

2.1.1　长安地区是中国古代建都时间最长的地区

"秦中自古帝王州"，中国历史上，在唐及以前的大多数时间内，都城都位于今西安市一带，城市名称屡有更迭，但城市发展的地理区位和腹地环境并没有大的变化，为表述方便，本书便将这一地区统称为长安地区（图 2-1）。合计起来先后有 13 个朝代建都于长安地区，超过 1200 年，这一地区是中国历史上建都时间最长的地区。千余年的持续经营，使得长安地区积累了深厚的人居建设财富。这一地区一直被后世认为是理想的都城之所在，清人顾祖禹即有云："然则建都者当何如？曰：法成周而绍汉、唐，吾知其必在关中矣。"[①]

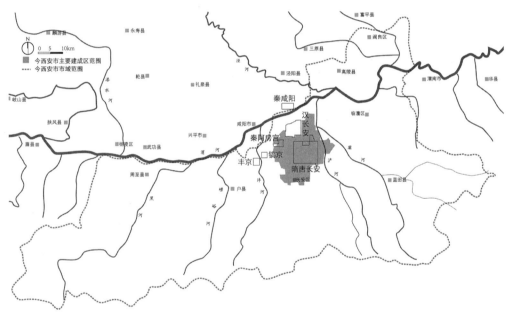

注：秦咸阳的空间范围至今学术界尚无共识，本图中所标注的秦咸阳是战国直至秦帝国时期重要的政治中心咸阳宫的遗址位置。

图 2-1　长安地区历代都城的位置关系示意

2.1.2　秦汉隋唐时期在中国文明史上具有根基性的地位

在长安地区的建都历史中，秦（前 221—前 206）、西汉（前 206—23）（含新莽时期）、隋（581—618）、唐（618—907）是最为重要的几个时期（图 2-2）。西

[①]（清）顾祖禹《读史方舆纪要·直隶方舆纪要序》。

周时期，人不足而地有余，"农耕区域只如海洋中的岛屿，沙漠里的沃州，一块块隔绝分散，在旷大的地面上"①，即便是在西周京畿，人类聚落也只占据了很小的部分，地区发展是非常初步的。东汉、西晋、前赵、前秦、后秦、西魏、北周等建都时间短，且因政治局面、国家力量等的限制没有太多重大的人居建设举措。秦、汉、隋、唐时期，连续建都时间较长，秦与西汉、隋与唐，时间接续，人居建设脉络相承，可视为秦汉、隋唐两个时期，这两个时期政治相对稳定，是中国历史上人口充实、国力富足、文化昌盛、对外交流广泛的时代，长安地区的人居建设在各个方面都达到了历史上的较大规模和较高水平。

与此同时，秦汉隋唐几代在中国文明史上具有根基性的地位，秦汉制定政治框架，隋唐充实文化内涵，钱穆将秦汉和隋唐视为中国文化的两大基础，前者为政治社会之基础，后者为文化艺术之基础，"汉代人对政治、社会的种种计画，唐代人对于文学、艺术的种种趣味，这实是中国文化史上两大骨干，后代中国，全在这两大骨干上支撑。"② 因而，这两个时期的长安地区人居建设滋长于中国历史的根基之中，具有极强的文化上的典型性和代表性，并深刻地影响了后世乃至外域的都城发展。

综上，本书研究的主要时间范围为秦汉（前 221—23）、隋唐（581—907）两个时期。

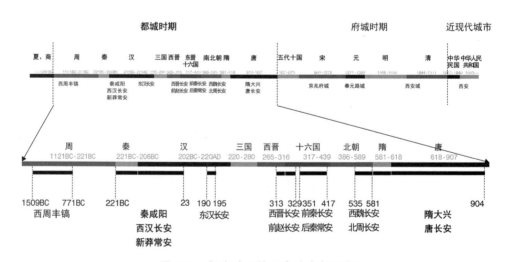

图 2-2 长安地区的历史演变与分期

① 钱穆. 中国文化史导论 [M]. 北京：商务印书馆，1994：56.
② 钱穆. 中国文化史导论 [M]. 北京：商务印书馆，1994：173.

2.2　秦汉隋唐时期长安地区自然地理与行政建置概况

历代的都城长安都不是被限定在城墙以内的一个孤立的城市的概念，而是与其周边地区一起，被作为一个区域来看待。在自然地理上，都城与外围山川原隰紧密结合在一起，在行政区划上，也有层层护卫都城的特定建置。不同历史时期，地区的自然地理条件变化不大，包括以关中平原为主体的大都城地区和关中平原中部范围内的小都城地区；行政建置虽有变革，但基本原则是一致的，形成与大、小都城地区相匹配的拱卫都城的两级行政区划。

2.2.1　以都城为中心的两级地理单元

从自然地理条件而言，长安与其周边的山川原隰结合为一个紧密的整体，从历代典籍的记述可以明确看到，古人对于长安地区自然地理的认知是"长安城—关中平原中部—关中平原"三个空间层次层层嵌套形成的整体（表 2-1）。

历史文献所体现的对长安自然地理环境的认识　　　　　　　　　　　　　表 2-1

对象	文献	长安城	关中平原中部	关中平原
秦都咸阳	（汉魏）《三辅黄图》			北至九嵕甘泉，南至鄠杜，东至河，西至汧渭之交，东西八百里，南北四百里，离宫别馆，相望联属。
西汉长安	（东汉）班固《西都赋》	建金城而万雉，呀周池而成渊，披三条之广路，立十二之通门。	睎秦岭，睋北阜，挟丰霸，据龙首。	左据函谷、二崤之阻，表以太华、终南之山。右界褒斜陇首之险，带以洪河、泾、渭之川。众流之隈，汧涌其西。
	（西晋）潘岳《西征赋》	街里萧条，邑居散逸。营宇寺署，肆廛管库，蕝芮于城隅者，百不处一。	南有玄灞素浐，汤井温谷；北有清渭浊泾，兰池周曲。浸决郑、白之渠，漕引淮海之粟，林茂有鄠之竹，山挺蓝田之玉。	邪界褒斜，右滨汧陇，宝鸡前鸣，甘泉后涌；面终南而背云阳，跨平原而连嶓冢。九嵕巀嶭，太一巃嵸；吐清风之飂戾，纳归云之郁蓊。

续表

对象	文献	长安城	关中平原中部	关中平原
隋唐 长安	《唐六典》卷七《尚书工部》	南面三门：中曰明德，左曰启夏，右曰安化。东面三门：中曰春明，北曰通化，南曰延兴。西面三门：中曰金光，北曰开远，南曰延平。	南直终南山子午谷，北据渭水，东临浐川，西次沣水。	京城左河、华，右陇坻，前终南，后九嵕。
	（唐）袁朗《和洗掾登城南坂望京》	帝城何郁郁，佳气乃葱葱。金凤凌绮观，璇题敞兰宫。复道东西合，交衢南北通。万国朝前殿，群公议宣室。	龙飞灞水上。	二华连陌塞，九陇统金方。奥区称富贵，重险擅雄强。
	（唐）李庚《两都赋（并序）》	斥咸阳而会龙首，右社稷而左宗庙。宣达周衢，址以十二；棋张府寺，局以百吏。环以文昌，二十四署。	带泾渭之富流，挟终南之寿山。……玄素交川，灞浐在焉。	指重城于二华，拓外门于两关。

2.2.1.1 大都城地区：关中平原

秦都咸阳、汉都长安、隋唐长安均将关中平原看作都城不可分割的一部分，可称之为大都城地区。长安所在的关中平原是一个相对封闭的地理单元，西起宝鸡，东至潼关，东西长约 300 公里，南北窄处约 20 公里，宽处超过 100 公里。《唐六典》所载之河（黄河）、华（华山）、陇坻（陇山，今六盘山南段）、终南山、九嵕山所界定的正是关中平原这一地理单元的四至边界[①]（图 2-3）。

关中平原的主要自然地理要素包括：（1）南山与北山。南山即长安城南之终南山[②]，即今秦岭中段，在陕西境内，关中平原南面的部分，自东向西，绵延不绝，

[①] 见表 2-1 所引《唐六典》卷七《尚书工部》。

[②] 历史上所谓的终南山常有广义、狭义之分。广义的终南山即今陕西境内的秦岭，（唐）徐坚《初学记》卷五《地部上·终南山第八》引《福地记》云："其山东接骊山、太华，西连太白，至于陇山，北去长安城八十里，南如楚塞，连属东西诸山，周回数百里，名曰福地。"（宋）程大昌《雍录》卷五《南山》云："终南山横亘关中南面，西起秦、陇，东彻蓝田，凡雍、歧、郿、鄠、长安、万年，相去且八百里，而连绵峙据其南者，皆此一之山也。"（清）顾祖禹《读史方舆纪要》卷五十二《陕西一》云："终南山在西安府南五十里，亘凤翔、岐山、郿县、武功、盩厔、鄠县、长安、咸宁、蓝田之境，皆谓之南山。"据《中国大百科全书》，秦岭西以临潭、迭部、舟曲境内的岷迭山系与昆仑山脉为界；东至河南伏牛山麓，可见，所谓终南山即秦岭中段，今陕西境内的部分。狭义的终南山是指其中段，距离长安城较近，人流活动比较密集的地区，主要是西自武功东至蓝田的一段。本书中若无特别注明，则所提及的终南山皆为广义的终南。

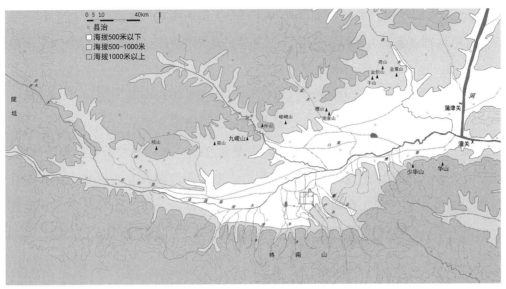

注：由秦汉至隋唐，关中平原的宏观地形变化不大，本图为隋唐时期的情况。

图 2-3　关中平原地理形势（隋唐）

（图片来源：笔者据史念海《西安历史地图集》之《唐时期图》、谭其骧《中国历史地图集》之《唐 关内道、京畿道》
绘制。本章各图的关中地形如无特别注明，均据《陕西省地图册》之《陕西省地形图》绘制）

随地异名①。北山即关中平原北面诸山，位于长安城北，渭河北岸，自陇山以东
直到黄河西岸，包括岍山、岐山、梁山、嵯峨山、九峻山等，各不相连，山峰耸立。《禹
贡》言：雍州之地"荆岐既旅，终南惇物，至于鸟鼠"②，荆山（在今陕西省大荔
县南）、岐山（在今陕西省岐山县东北）即属北山，终南则是南山③。（2）渭河水系。
历史上长安地区水道纵横，渭河及其支流构成了这一地区最为重要的水系网络。
《禹贡》言：雍州之地"导渭，自鸟鼠同穴，东会于沣，又东会于泾，又东过漆
沮，入于河"；《周礼·夏官司马·职方氏》亦载：雍州"其川泾、汭，其浸渭、
洛"④，沣、泾、漆、沮、洛等均为渭水支流。（3）原。秦岭北麓、渭河以南，自
西周起便是人类活动较为频繁的地区，这一地区渭河支流众多，冲刷土地，形
成原隰相间的地形，著名的原包括：龙首原、乐游原、少陵原、白鹿原等。《禹贡》
言雍州之地："原隰底绩"；《诗经·小雅·信南山》描述京畿地区周人的农耕生

---

① 《雍大记》："太华、终南、太白实一山，绵亘不绝，各望其地异号命尔。"
② 这里"鸟鼠"是指鸟鼠同穴之地，即现今的陇上高原（史念海. 释《禹贡》雍州"终南惇 享物"和"漆沮
　既从"——重读辛树帜先生《〈禹贡〉新解》后记 [J]. 中国历史地理论丛，1996，（02）：5-21.）
③ 宋人程大昌所著的《雍录》中说："终南山既高且广，多出物产，故：'终南惇物'，不当别有一山自名惇物"，
　史念海《释《禹贡》雍州"终南惇物"和"漆沮既从"》一文中引辛树帜《〈禹贡〉新解》中的观点，也认
　为惇物并非山名，而是指终南山物产丰富。
④ 《周礼》卷八《夏官司马下》。

活亦云："昀昀原隰，曾孙田之"。清人仍谓："南山之麓，陂陀漫衍者皆是"[1]。

这些地理要素共同形成了关中平原独特的地形地貌特征。渭河自西向东横穿平原中部，地形由河床向南北两侧逐渐升高，由北向南可分为五个地貌区：北山山系及丘陵台塬区（1000 米等高线以上）、渭北黄土台塬区（500 ~ 1000 米）、渭河阶地平原区（500 米以下）、秦岭北麓黄土台塬区（500 ~ 1000 米）以及秦岭山脉。渭北地势北高南低，不同的地貌呈阶梯状分布，高差明显，界限清晰。渭南有秦岭山脉横峙于南，自秦岭北麓形成由东南倾向西北的漫坡，从南向北包括山麓冲积扇、黄土台塬、三级阶地、二级阶地、一级阶地等，但不同地貌之间没有明显的界线，相互错杂，漫坡表面高下不平，原隰相间（图 2-4）。

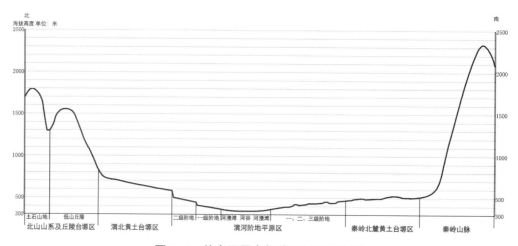

图 2-4　关中平原中部地形剖面示意图
（图片来源：笔者据李健超《陕西地理》相关内容绘制）

2.2.1.2　小都城地区：关中平原中部

自西周建都丰镐，秦咸阳、汉长安、隋唐长安都选址在关中平原中部最为开敞之处，这一片区是与都城关系最为紧密的小都城地区。沿渭河，约略在泾、沣、浐、灞、潏、滈、涝河环绕的区域内，主要部分位于渭河阶地平原区和秦岭北麓黄土台塬区的范围内，河流纵横、原隰相间。"这是关中地区的中心，也是交通的枢纽，更是一片肥沃富庶的土地。人们称关中为陆海，而这几个地方正是在陆海的中央，尤其是平原宽广，使都城的建设更能有回旋舒展的余地。"[2]

① （清）《（乾隆）西安府志》卷二《名山志》。
② 史念海. 河山集 [M]. 北京：生活·读书·新知三联书店，1963：63.

（表 2-1，图 2-5）。

关中平原中部这一较为开敞的部分历来与长安城关系紧密，被视为一个整体。西晋潘岳《西征赋》言：汉长安"南有玄灞素浐、汤井温谷，北有清渭浊泾、兰池周曲。"唐人谢良辅等有《忆长安》组诗，描述了不同月份的长安景致，除了长安城中的"千门万户"、宫殿、街道，更有分布在这一地区的终南山、渭水、曲江池、禁苑、南郊、华清池、灞上、昆明池、汉陵等景物（表 2-2）。这种认识一直延续到后代，清人赵翼的《廿二史札记》中仍将这一地区内的韦曲莺花（长安城东南十余里）、曲江亭馆（长安城东南角）、广运潭之奇宝异锦（长安城外东北）及华清宫之香车宝马（长安城外东三十里）共同视为长安都会极盛之表征 [1]（图 2-5）。

《忆长安》十二首中描绘的长安景物分布在关中平原中部地区　　　　　表 2-2

作者	月份	相关诗句
谢良辅	正月	终南往往残雪，渭水处处流澌。
鲍防	二月	更有曲江胜地，此来寒食佳期。
杜奕	三月	上苑遍是花枝，青门几场送客。曲水竟日题诗。
丘丹	四月	南郊万乘旌旗。
严维	五月	君主避暑华池。
郑概	六月	
陈元初	七月	
吕渭	八月	更爱终南灞上，可怜秋草碧滋。
范灯	九月	登高望见昆池。上苑初开露菊，芳林正献霜梨。
樊珣	十月	华清士马相驰。万国来朝汉阙，五陵共猎秦祠。
刘蕃	十一月	千官贺至丹墀。御苑雪开琼树，龙堂冰作瑶池。
谢良辅	十二月	温泉彩仗新移。瑞气遥迎凤辇，日光光暖龙池。取酒虾蟆陵下，家家守岁传卮。

2.2.2　拱卫都城的两级行政建置

从行政区划而言，长安并不只是一座孤立的都邑，历代都在都城地区有特殊

---

[1]　（清）赵翼《廿二史札记·长安地气》："唐人诗所咏长安都会之繁盛、宫阙之壮丽，以及韦曲莺花、曲江亭馆、广运潭之奇宝异锦、华清宫之香车宝马，至天宝而极矣！"

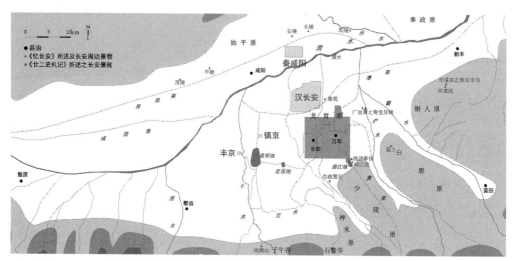

注：关中平原中部的地理形势自秦汉至隋唐历代略有变化，总的趋势是渭河略微北移，秦岭北麓台塬数量因冲刷而增加，并有水利工程的更迭，本图所示为隋唐时期的情形。

图 2-5　关中平原中部地理形势（隋唐）
（图片来源：笔者据史念海《西安历史地图集》之《唐时期图》、《唐长安时期自然环境图》等绘制）

的行政建置，形成了两个层次的围绕都城、层层护卫的州县体系。李庾《西都赋》中论及唐长安地区的行政区划："长安万年，乾封明堂。// 蓝田左持，鄠杜前张。// 分圻连乎冯翊[①]，画疆接乎岐阳。"[②] 可以看出与唐长安地区行政区划的三个层次：（1）作为国家政治机构和长安、万年两县治所所在的长安城；（2）包括蓝田、鄠县等在内紧密围绕都城的小都城地区，是都城社会、经济生活的主要腹地，大致就是关中平原的中部地区；（3）西到岐州、邠州，东到同州、华州的大都城地区，起到拱卫京师、军事防御的作用，基本上就是关中平原的范围。在其他朝代中这种行政区划的层次关系也依然存在。

2.2.2.1　大都城地区：军事防御范围

秦汉隋唐时期均通过特定的行政建置，划定了拱卫京师、起到军事防御作用的大都城地区，其范围基本与关中平原重合（图 2-6）。

秦专设有内史。秦时实行郡县制，京畿地区与其他地区不同，专设有内史以统县，《汉书·百官公卿表》："内史，周官，秦因之，掌治京师。"《汉书·地理志》：

---

① 汉有左冯翊，辖今陕西省渭河以北，泾河以东的洛河下游地区。三国时设冯翊郡，治所在临晋（今大荔），辖境相当今陕西韩城、黄龙以南，白水、蒲城以东和渭河以北地区。北周废。隋、唐时曾改同州为冯翊郡。
② 《全唐文》卷七四〇。

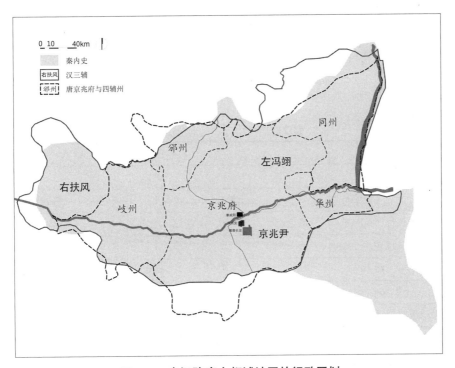

图 2-6　秦汉隋唐大都城地区的行政区划

（图片来源：笔者据谭其骧《中国历史地图集》之《秦关中诸郡图》、《西汉司隶部图》、《隋关陇诸郡图》、《唐京畿道、关内道图》等绘制）

"本秦京师为内史"，颜师古注曰："京师天子所都畿内也，秦并天下，改立郡县，而京畿所统，特号内史，言其在内，以别于诸郡守也。"秦内史的四至为"东函谷，南武关，西散关，北萧关"[①]，这基本与关中平原的范围重合、略超出。

西汉设有三辅。汉承秦而起，高祖元年（前206）正月，项羽将秦内史之地分为塞国和雍国，汉高祖夺取政权后又几经变化，武帝太初元年正式设置左扶风、右冯翊、京兆尹，号为"三辅"[②]，治所均在长安城内。"三辅"的范围与秦内史基本相当，唯东部缺少元鼎三年（前114）划入弘农郡的部分，基本上就是关中平原的范围。三辅之中，京兆尹居中，"京"即大，"兆"即众，首都为众民所聚，故称"京兆"，辖12县[③]；左冯翊，"冯"即辅，"翊"即佐，于京兆尹之东北以"辅

---

① 《史记》卷七《项羽本纪·集解》。
② 《三辅黄图》卷一《三辅治所》："三辅者，谓主爵中尉及左、右内史。武帝改曰京兆尹、左冯翊、右扶风，共治长安城中，是为三辅。"
③ 长安、霸陵、南陵、奉明、杜陵、蓝田、新丰、下邽、郑、华阴、船司空、湖。

佐京师"①,辖 24 县②;右扶风,"扶"即扶助,"风"即风化,位于都城之西,意在"扶助京师,以行风化"③,辖 21 县④。三者的治所均设在长安城中,共同构成了一个围绕着长安城的、发挥防御与辅弼作用的大都城地区(表 2-3)。

秦汉时期关中行政区划的沿革 表 2-3

时代	行政区划			
秦	内史			
汉高祖元年正月(前 206)	雍国		塞国	
汉高祖元年八月(前 206)	河上郡	渭南郡	塞国	
汉高祖二年二月(前 205)	河上郡	渭南郡	中地郡	
汉高祖九年(前 198)	内史			
汉文帝后元年(前 163)	左内史	右内史		
汉武帝元鼎三年(前 114)	左内史	右内史		弘农郡(部分)
汉武帝太初元年(前 104)	左扶风	京兆尹	右冯翊	弘农郡(部分)

隋时仍有类似于三辅的建置。隋文帝将三国以后的州—郡—县三级行政区制恢复为州(郡)—县二级制。都城大兴属于京兆郡(雍州),与西汉三辅类似,京兆郡东西分设有冯翊郡(同州)与扶风郡(岐州)⑤。

唐设有以京城为中心的京兆府与环绕其起辅弼作用的四辅州。唐朝前期沿用隋代的州(郡)县二级制,后期又于其上增加道一级。有唐一代,道一级的行政建置变化频繁,⑥而州一级的建置则相对稳定。长安城在隋时属雍州,大业三年(607)改雍州为京兆郡,唐武德元年(618)改京兆郡为雍州⑦,开元元年(713)改雍州为京兆府,行政范围变化不大。京兆府左右两翼有同、华、岐、蒲四辅州。唐代除了五十七个具有军事战略意义的州之外,全国二百余州被划分为府、辅、雄、望、紧、上、中、下八个等级。京兆府为最高等级,同、华、岐、蒲拱卫京师,

---

① (唐)李吉甫《元和郡县志》卷二《关内道二》。
② 高陵、阳陵、长陵、池阳、云阳、云陵、谷口、栎阳、万年、莲勺、重泉、临晋、怀德、徵、颌阳、夏阳、衙、粟邑、频阳、祋祤、翟道、鄜、武城、沉阳。
③ (唐)李吉甫《元和郡县志》卷二《关内道二》。
④ 渭城、安陵、平陵、茂陵、槐里、好畤、鄠、盩厔、斄、美阳、武功、郿、雍、虢、陈仓、郁夷、汧、隃麋、杜阳、漆、旬邑。
⑤ 开皇三年(583)至大业三年(607)称为州,后改称为郡,直至隋末。
⑥ 唐初全国分为 10 道,开元时增至 15 道,长安所在初为关内道,开元二十一年(733),又从关内道分出京畿道。唐后期,社会动荡、政局混乱,道一级的行政建置变化更频繁。
⑦ 《旧唐书》卷三十八《地理志·十道郡国·关内道》。

等级仅次于京兆府，这五府州的范围大致与关中平原的范围是一致的。

2.2.2.2　小都城地区：社会经济腹地

除了拱卫于外的大都城地区外，关中平原中部、距离长安城百余里的范围，与都城关系最为紧密，是作为社会经济腹地的小都城地区。秦之具体建置已湮没不可得，从汉与隋唐的情况来看，这一范围也有特定的行政建置。

汉代的小都城地区是太常（郡）。汉三辅虽有明确的疆界，但事实上并非疆界内的所有县邑都归其管辖。在西汉的长安城周边存在一个叫"太常郡"的治理单位，全面管理长安周边所有的陵邑。西汉先后设置有 11 个陵邑：高祖长陵、惠帝安陵、文帝霸陵、（文帝母）薄太后南陵、景帝阳陵、武帝茂陵、（昭帝母）赵婕妤云陵、昭帝平陵、宣帝杜陵，此外还有高帝为其父太上皇陵所置之万年县和宣帝为其父史皇孙陵所置之奉明县，这应当就是太常最终管辖的范围。诸陵邑与长安城关系密切，将天下富户迁移到关中，围绕帝陵而居，成为围绕长安的"卫星城"，以达到强干弱枝、充实京畿的目的。陵邑以长安为中心，距离在 30 ~ 80 里[①]之间，到汉末，长安及周边陵邑人口总数已达 120 万，几乎占三辅人口的一半[②]，在渭河南北两岸形成了一个庞大的都市群。这些陵邑不仅在军事上起到了屏卫京师的作用，同时经济繁荣、文化昌盛，是首都重要的腹地。数座陵邑都位于长安连通外部的军事要道上，堪称京师锁钥，如：长陵邑以北有直道直通长城防线，阳陵邑位于东连黄河、北通汾晋、雁代的蒲津关道上，霸陵则位于灞水西岸、长安东部门户霸上之地；同时，因为与长安的近便关系及丰厚的原始资本，陵邑多出富商大贾，与长安城内人士并称为"京师富人"[③]；陵邑还为都城提供文化上的支撑，大儒董仲舒在武帝时"家徙茂陵，子及孙皆以学至大官"[④]，孔安国、司马迁、司马相如等都曾居于茂陵邑，此外还多有名相公卿居于诸陵邑，可谓"英俊之域，绂冕所兴，冠盖如云，七相五公"[⑤]（图 2-7）。

隋唐时期的小都城地区是隋京兆郡、唐京兆府的核心部分。隋代将诸州、县

[①] 此处的里指汉里，约 415 米，本书关于秦汉部分的尺度均以此为准。详参：曾武秀. 中国历代尺度概述 [J]. 历史研究，1964（03）：163-182；陈梦家. 亩制与里制 [J]. 考古，1966（01）：36-45.
[②] 葛剑雄. 西汉人口地理 [M]. 北京：人民出版社，1986：160-161.
[③]《汉书》卷九十一《货殖传》："京师富人：杜陵樊嘉，茂陵挚网，平陵如氏、苴氏，长安丹王君房，豉樊少翁、王孙大卿，为天下高訾。"
[④]《汉书》卷五十六《董仲舒传》。
[⑤]（汉）班固《西都赋》。

图 2-7　西汉都城地区的行政区划

（图片来源：笔者据谭其骧《中国历史地图集》之《西汉司隶部图》等绘制）

划分为不同等级，作为首都之所在，雍州（京兆郡）与其所辖县的地位高出其他州县，雍州牧位居从二品，而一般的上州刺史仅为正三品。相应的，雍州辖县的官吏等级也高于一般县。唐代将全国一千余县划分为赤、次赤、畿、次畿、望、紧、上、中、中下、下十个等级。"京都所治为赤县"[①]，治所在长安城内的长安、万年两县为赤县；次赤县的作用是"以奉陵寝"，长安周边的奉先、醴泉、云阳、奉天、富平、三原等均为次赤县；京兆府中除赤县、次赤县外均为畿县。[②] 可见京兆府所辖之县因与都城关系紧密，行政级别高于其他地区。京兆府（隋京兆郡、雍州）所辖之县屡有变迁，隋雍州（京兆郡）辖 22 县[③]，唐初改设雍州后县数略

---

① （唐）杜佑《通典》卷三十三《职官》。

② （唐）杜佑《通典》卷三十三《职官》。

③ 《隋书》卷二十九《地理志》，22 县分别为：大兴、长安、始平、武功、鳌屋、醴泉、上宜、鄠、蓝田、新丰、华原、宜君、同官、郑、渭南、万年、高陵、三原、泾阳、云阳、富平、华阴。

有变化[①]，天宝年间（742—756），京兆府大致有 22 县，其中 19 县为隋时已置。可以看到，自隋至唐，以长安城为中心，方圆 100 余里的范围内始终属于京兆府（隋京兆郡、唐雍州）的管辖范围，是其最为核心的部分，也是最为稳定的小都城地区。（详见附录 A）（图 2-8）

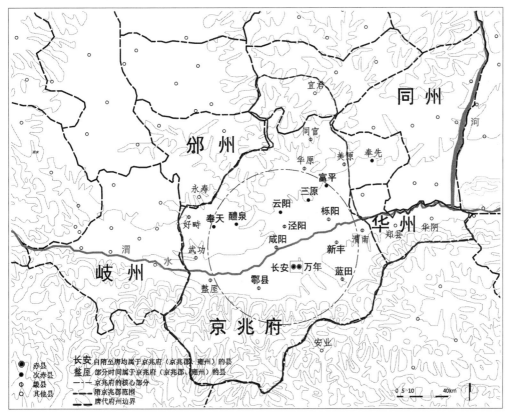

注：开元时次赤县只有奉先县，其他诸县是伴随着皇陵的建设而逐步设立的，为表达全面起见，在此图中将京兆府的次赤县全部标出。

图 2-8　隋唐都城地区的行政区划

（图片来源：笔者据《隋书·地理志》及《旧唐书·地理志》，结合《中国历史地图集》之《隋关陇诸郡图（大业八年）》及《唐京畿道、关内道图（开元二十九年）》绘制）

---

① 除天授二年（691）曾分始平、武功、奉天、鳌屋、好畤等县置稷州，云阳、泾阳、醴泉、三原、富平、美原等县置宜州，大足元年（701）又恢复原制。

2.3　从人的活动出发，界定长安地区的空间范围

除了从自然地理和行政建置两个层面来认识区域之外，在人居环境研究的视角中，区域还是人类为了自身的生活而利用或营建的一个生活场所，是人居环境的一个层次，是人类活动建构的结果。因而，研究长安地区人居建设中的区域空间秩序营建，应当从人的活动出发，界定地区的空间范围。

纵观历史，各个时期，以都城为基点，人的活动都分布在区域的尺度上，秦汉历史久远，文献相对匮乏，但仍可从行宫、陵墓的分布等信息中大致描摹出皇室贵族在都城周边活动的空间分布；隋唐时期文献资料较为丰富，可以对社会各阶层的活动有更为清晰的了解。可以看到，以都城为中心的人的活动主要在小都城地区之内，又以距城60里内最为密集，局部沿交通线辐射至大都城地区，这也就是本书所重点研究的长安地区的空间范围。

2.3.1　区域是以人为中心构建的生活场所

区域是人居环境的一个重要层次。在《广义建筑学》中，吴良镛从"聚居"的思想出发，认为："环境者，环绕以人或事物为中心的一定空间范围和地域。这说明两个问题：一是环境因人而创造……二是'物'—建筑物与自然物的经营，是人们赖以生存其间的物质对象。但物质的经营无一不是为了人的需要和人的利益，忽视了人，工作就失去了目的和重心。"[1] 人居环境科学理论又进一步发展了这一思想，认为："人居环境的核心是'人'，……人创造人居环境，人居环境又对人的行为产生影响"[2]。也就是说，有人生活的地方才有人居环境。"人居环境是人类为自身所作出的地域安排，是人类活动的结果。"[3] 区域是人居环境的一个层次，是因人在区域尺度上进行活动而产生的结果。

中国传统文化观念中向有以人为中心来建构空间的思想。《墨子·经说》有云："宇：东西家南北"，家是人们开展一切生产和生活的中心，以家为中心，才能确定"东西南北"四方，进而确定空间。可见"家"：这一人类活动的中心是空

---

[1]　吴良镛. 广义建筑学 [M]. 北京：清华大学出版社，1989：11.
[2]　吴良镛. 人居环境科学导论 [M]. 北京：中国建筑工业出版社，2001：38-39.
[3]　吴良镛. 人居环境科学导论 [M]. 北京：中国建筑工业出版社，2001：228.

间的参照点。王夫之《读四书大全说》有言："所谓'天地之间'者，只是个有人物的去处。"人赋予空间以意义，有人才有空间。人们在一定的自然与行政区域中生存，世代经营，以自身的聚居点为中心，向四围拓展开来，逐渐形成了一个以人为中心的地区空间，这个空间以自然、行政所划分的区域为基础，又不与之完全重合，是一个基本的生存单元，是地区尺度的人居环境。

近现代西方哲学和人本主义地理学也非常重视从人的角度来重新认识区域空间。从 20 世纪中叶开始，西方哲学家们开始意识到"空间不是凝固不变的空洞容器，其本身具有某种内涵"[①]，开始从"人"出发来认知空间，认为空间是人与周边世界相互作用而形成的结果，并非一成不变的外在框架。海德格尔（Martin Heidegger）将人作为空间的起点，认为"人的生存将人自身与空间糅合在一起，我们无法说这里有人，那里有空间"[②]；人本主义地理学提出：区域是以人类活动为中心进行构建的结果，"'区域'并不是天然给定的东西，而是后来创造的结果"[③]，"人与自然年复一年地相互影响，……一个地方在其中的人和土地之间的密切联系，已在若干世纪中以这种方式发展起来，就形成了一个单元、一个区域。"[④]

2.3.2　秦都咸阳地区：距都城核心区 60 里内为帝王活动密集区

秦距今历史久远，传世文献稀少，历史遗存也因古今地形变化和人为破坏而残破不全。故而对于秦都咸阳地区的人的活动，只能依靠有限的资料，通过对帝王使用的宫室和陵寝进行研究，得到以帝王为主体的活动的空间分布规律，可以发现：（1）城市核心区外围 30 里以内，分布有若干重要行宫。旧都雍城即体现出这样的布局特点，迁都咸阳之后仍旧如此。（2）30～60 里范围内的重要道路沿线是皇室陵寝的主要分布区。（3）60 里以外，有主要沿交通线分布的行宫（图 2-9）。

① Henri Lefebvre. The Production of Space[M]. Donald Nicholson-Smith, translated. Oxford：Blackwell，1991：154.
② 海德格尔. 演讲与论文集 [M]. 孙周兴，译. 北京：生活・读书・新知三联书店，2005：165.
③ 美国地理学家 D. 梅尼（D. Meinig），The Shaping of America：a Geographical Perspective on 500 Years of History. 转引自唐晓峰. 人文地理随笔 [M]. 北京：生活・读书・新知三联书店，2005：341.
④ 里格利语. 转引自：大卫・哈维. 地理学中的解释 [M]. 高泳源，刘立华，蔡运龙，译. 北京：商务印书馆，2009：528-529.

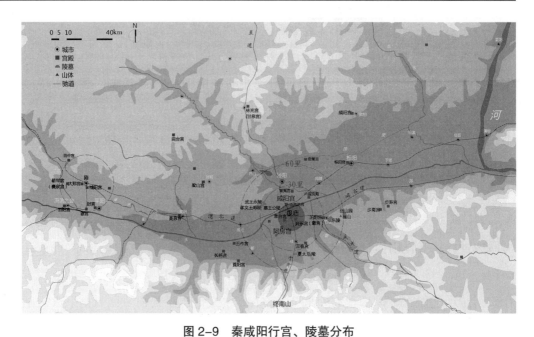

图 2-9　秦咸阳行宫、陵墓分布

（图片来源：笔者据史念海《西安历史地图集》之《秦都邑、宫室图》及相关考古资料绘制）

2.3.2.1　宫室

目前，对于秦都咸阳[①]的城市范围，学界尚未有明确的划定，普遍认为它是一个没有城墙的、分散在地区中的大都市[②]。通过对秦代关中地区的宫室分布的研究可以发现，以秦始皇的生祠极庙为中心[③]，诸侯国时期及秦统一天下初期的朝宫咸阳宫与秦始皇营建的新朝宫阿房宫恰位于一个半径约 20 里的圆周上，这 20 里以内密集分布着大量宫室建筑，包括：兰池宫、甘泉宫、章台宫、兴乐宫等，共 7 组，可以认为这个范围就是咸阳城市的核心区。

秦咸阳核心区以外的宫室，可以分为三个部分：（1）此核心区外围 30 里的范围内，分布有望夷宫、仿六国宫室、宜春宫、芷阳宫（霸宫）等若干重要宫室。（2）在咸阳西北，今陕西省凤翔县附近，有秦诸侯国时期的都城雍城，在迁都咸阳以后，这一片区的部分宫室仍旧得到了沿用。以雍城为中心，30 里左右的范围内分布着大量宫室，可考的有大郑宫、回中宫、棫阳宫、封宫、虢宫、羽

[①]　公元前 350 年，秦孝公迁都于咸阳，前 221 年，秦始皇统一天下，继续以咸阳为都，并大规模扩展，直至秦末。咸阳作为秦都，历 8 君 144 年，经历了 129 年的诸侯国都城时期和 15 年的帝国都城时期。在秦始皇统一天下之前的很长时期，都是作为诸侯国的都城而存在的，此处，作为一个整体来进行讨论。

[②]　郭璐. 秦都咸阳规划设计与营建研究评述 [J]. 城市与区域规划研究，2013，6（02）：205-219.

[③]　关于极庙作为秦都咸阳中心的地位及其位置的考证详见第 3 章及附录 H。

阳宫、蕲年宫、回中宫等 8 组。（3）有若干行宫沿交通线路分布在距离咸阳核心宫室群百余里的范围内，可考的有：高泉宫、梁山宫、长杨宫、五柞宫、蒉阳宫、林光宫（甘泉宫）、频阳宫、曲梁宫、步高宫、步寿宫、栎阳宫等 11 组。（图 2-9）

2.3.2.2　陵寝

秦孝公中期迁都咸阳，此后的秦皇室陵寝基本都是围绕着咸阳进行选址建设的，包括秦惠文王公陵、秦武王永陵、秦孝文王与华阳太后的寿陵、夏太后的杜东陵、庄襄王与帝太后的芷阳陵、始皇的丽山园等。其中公陵、永陵、寿陵[①]位于渭河以北的毕陌，即今咸阳市秦都区北原上。芷陵、芷阳陵、丽山园位于渭河以南，骊山山麓。夏太后陵应当就是今西安市长安区以南神禾原上发现的战国秦陵园[②]。

综上，迁都咸阳以后，秦皇室陵寝主要分布在三个片区：毕陌、芷阳（骊山）和杜东，三者的共同特点是：（1）距离咸阳城市核心区 60 里以内；（2）分别临近交通要道，毕陌陵区临近通往旧都雍城的渭北道，芷阳陵区临近通往东方和东南诸地的武关道、函谷道，杜东陵临近南通汉中的蚀中道（子午道）（表 2-4，图 2-9）。

秦迁都咸阳后的王室陵寝　　　　　　　　　表 2-4

名称	墓主	位置
公陵	秦惠文王	毕陌，渭河以北，今咸阳市秦都区北原上
永陵	秦武王	毕陌，渭河以北，今咸阳市秦都区北原上
芷陵	秦昭襄王	芷阳，今西安市临潼区韩峪乡芷阳遗址东，骊山西麓
寿陵	秦孝文王　华阳太后	毕陌，渭河以北，今咸阳市秦都区北原上

---

① 寿陵的位置学术界历来多有争议，有认为是芷阳陵区一号陵园中的 M1 或 M2 号亚字形墓，（尚志儒. 秦陵及其陵寝制度浅论 [J]. 文博，1994（06）：7-14. 程学华，王育龙. 秦始皇帝陵陪葬坑综述 [J]. 考古与文物，1998，01：70-75+69.）有认为是今西安灞桥洪庆乡路家湾（编号 M11）和田王村（编号 M12）的两座墓葬（王学理. 咸阳原秦陵的定位 [J]. 文博，2012，04：11-18.），这两座墓葬也紧邻秦陵，就在芷阳一带。有认为在毕陌陵区，也就是渭河以北，今咸阳秦都区北原上（刘卫鹏，岳起，邓攀等. 咸阳塬上"秦陵"的发现和确认 [J]. 文物，2008（04）：62-72.）。从历史文献来看，《史记·吕不韦列传》载："始皇七年，庄襄王母夏太后薨，孝文王后曰华阳太后与孝文王（即孝公）会葬寿陵，夏太后子庄襄王葬芷阳，故夏太后独别葬杜东，曰：'东望吾子，西望吾夫，后百年旁当有万家邑。'"因此，笔者认为：寿陵与庄襄王陵、太后陵分别处在三个不同的片区，应当位于渭北毕陌。

② 张天恩，侯宁彬，丁岩. 陕西长安发现战国秦陵园遗址 [N]. 中国文物报，2006-01-25.；陕西省考古研究院. 陕西长安神禾原战国秦陵园遗址田野考古新收获 [J]. 考古与文物，2008（05）：111-112.

续表

名称	墓主	位置
杜东陵	夏太后	杜东，今西安市长安区南神禾原
芷阳陵	秦庄襄王 帝太后	芷阳，今西安市临潼区韩峪乡芷阳遗址东，骊山西麓
丽山园	秦始皇	今西安市临潼区骊山北麓

注：除前文论述的陵墓外，其他陵墓的位置参考：王学理. 咸阳原秦陵的定位 [J]. 文博，2012，04：11-18.

2.3.3 西汉长安地区：距城百里内为帝王活动密集区

汉承秦制，在渭河以南利用秦旧基建设了新的长安城，对于区域的经营也以秦的建设为基础，进一步充实、发展。汉代的文献与考古资料较秦代为多，但对于社会各阶层的全面记载仍然是较为缺少的。通过对帝王行宫与陵寝分布的研究，可以发现汉都长安地区的地区空间包括两个层次：（1）长安城外百里内，是行宫苑囿与皇家陵墓的密集分布区，又以 60 里内最为密集；（2）百里以外，有若干沿交通线分布的行宫（图 2-10）。

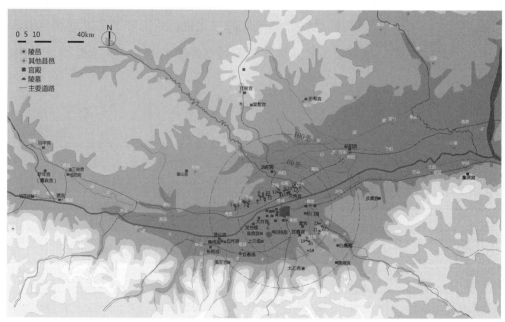

1—李夫人墓；2—武帝茂陵；3—昭帝平陵；4—上官皇后陵；5—成帝延陵；6—平帝康陵；7—王皇后陵；8—王皇后陵；9—元帝渭陵；10—哀帝义陵；11—傅皇后陵；12—张皇后陵；13—惠帝安陵；14—高祖长陵；15—吕后陵；16—景帝阳陵；17—王皇后陵；18—许皇后少陵；19—宣帝杜陵；20—王皇后陵；21—薄姬南陵；22—窦皇后陵；23—文帝霸陵

图 2-10 西汉长安周边宫观陵寝分布

（图片来源：笔者据史念海《西安历史地图集》之《关中地区西汉宫观苑囿分布图》及《西汉诸帝陵墓分布图》及相关考古材料绘制）

2.3.3.1 行宫苑囿

根据《汉书》《史记》《三辅黄图》《水经注》《长安志》与扬雄《羽猎赋》等汉赋的记载，以及现当代的考古发现，西汉时期关中行宫共有 40 处，其中秦宫汉葺者 14 处。这 40 处宫室，集中分布在两处：（1）关中平原中部，环绕秦都咸阳、汉都长安之所在，共计 32 处，包括：甘泉宫、棠梨宫、步寿宫、梁山宫、池阳宫、栎阳宫、集灵宫、龙渊宫、兰池宫、黄山宫、长门宫、昭台宫、荣宫、宜春宫、长杨宫、五柞宫、望仙宫、蒉阳宫、太乙宫、鼎湖宫、葡萄宫、神光宫、扶荔宫、茧观、碣氏馆、涿沐观、阳禄观、观象观、益延寿观、步高宫、年宫、建章宫。其中后 12 处集中分布在城南的上林苑中。（2）关中平原西部，共 8 处，分别是：蕲年宫、橐泉宫、高泉宫、回中宫、三良宫、棫阳宫、虢宫、羽阳宫，其中除三良宫外均为秦宫汉葺，主要是围绕秦旧都雍城之址而建设的。也就是说汉代的行宫苑囿主要集中在关中平原中部，围绕长安城而布局。考其具体位置，大约都在距离长安城百里以内的范围，又尤以 60 里以内最为密集（详见附录 B）。

2.3.3.2 陵墓陵邑

西汉的 11 座帝陵均分布在长安周边，渭河以北有 9 座，沿渭北黄土台塬南缘一字排开，自东向西分别是：景帝阳陵、高祖长陵、惠帝安陵、哀帝义陵、元帝渭陵、平帝康陵、成帝延陵、昭帝平陵、武帝茂陵，另有 2 座分布在长安以南，分别是位于汉长安城东南白鹿原北端的文帝霸陵，以及少陵塬北端的宣帝杜陵。其中长陵、安陵、阳陵、茂陵、平陵还在陵墓附近建有陵邑。这些帝陵均在距离长安城百里的范围内，又以 60 里内最多（表 2-5）。

西汉帝陵分布　　　　　　　　　　　　　　　　　　　　　　　表 2-5

名称	墓主	位置	《三辅黄图》所记距长安里数
长陵	汉高祖	今咸阳市渭城区窑店镇三义村附近	在渭水北，去长安城三十五里
安陵	汉惠帝	今咸阳市渭城区韩家湾乡白庙村南	去长陵十里。……在长安城北三十五里
霸陵	汉文帝	今西安市灞桥区毛西乡窑远村附近	在长安城东三十里
阳陵	汉景帝	今咸阳市渭城区正阳乡张家湾村北原	在长安城东北四十五里
茂陵	汉武帝	今兴平市南位乡策村附近	在长安城西北八十里

名称	墓主	位置	《三辅黄图》所记距长安里数
平陵	汉昭帝	今咸阳市秦都区平陵乡大王村附近	在长安西北七十里，去茂陵十里
杜陵	汉宣帝	今西安市南郊雁塔区曲江池乡三兆村南侧	在长安城南五十里
渭陵	汉元帝	今咸阳市渭城区周陵乡新庄村南	
延陵	汉成帝	今咸阳市渭城区周陵乡严家窑村附近	
义陵	汉哀帝	今咸阳市渭城区周陵乡南贺村	
康陵	汉平帝	今咸阳市渭城区周陵乡大寨村和陵昭村之间	

注：各陵具体位置据：焦南峰.西汉帝陵考古发掘研究的历史及收获[M]//西北大学考古学系，西北大学文化遗产与考古学研究中心编.西部考古第1辑 纪念西北大学考古学专业成立五十周年专刊[M].西安：三秦出版社，2006.

2.3.4 隋唐长安地区：距城 60 里内为各阶层活动密集区

隋唐较之秦汉的文献与考古资料都更为丰富，可以有更多的线索对除了皇室贵族之外的各社会阶层的活动作一深入研究。虽然唐时仍沿袭着先秦以来"四民"社会之说[①]，事实上伴随着社会、经济、文化的发展，长安的人口构成也变得日益复杂。元和十二年（817）宪宗曾有敕列举京城各种人户："宜令京城内自文武官僚，不问品秩高下，并公郡县主、中使等，下至士庶、商旅、寺观、坊市，所有私贮见钱，并不得过五十贯"[②]，此敕中未提及的还有护卫京师的军人等。概括起来长安人口的类型包括：皇室贵族、官宦文人、普通市民、僧尼道冠，以及流动人口、宫人、军人等，其中前四者具有稳定而自由的行动能力，以下的研究将围绕着他们的活动展开（表2-6）。

唐长安的人口构成 表2-6

宪宗敕中提及的人户种类	公郡县主	文武官僚	士	庶	坊市	寺观	商旅	中使
本书对长安人口构成的界定	皇室贵族	官宦文人	普通市民			僧尼道冠	流动人口、宫人、军人等	

① 如：《旧唐书》卷四十八《食货志》载唐高祖武德七年（624）有令云："士农工商，四人各业"，《唐六典》卷三《尚书户部》亦有言："辨天下之四人，使各专其业。凡习学文武者为士，肆力耕桑者为农，巧作贸易者为工，屠沽兴贩者为商。"
② 《旧唐书》卷四十八《食货志》。

从皇室贵族、官宦文人、普通百姓、僧尼道冠的活动出发，隋唐时期的长安地区主要包括三个空间层次：（1）30 里[①]以内：活动类型最多，也最为频繁，各类人群都参与其中，分布着供社会各个阶层共同使用的大型公共风景区、供皇室贵族进行郊祀的坛庙、供达官显贵休憩、游赏的园林别业、与城市关系紧密的寺观等，每到适合出游的季节，热闹非凡。（2）30 ～ 60 里：活动的参与者更为专门化，主要分布着供皇室贵族暂留、游赏的行宫，供文人学子读书、隐居的别业，以及主要供僧人修行的寺观，有少量超出 60 里，但基本仍保持在百里以内的范围。（3）百里之外，距离城市较远，普通士庶并不便于到达，而皇室贵族则可获得更多的资源，拥有更强的出行能力，因而主要分布着供皇族暂时居住的行宫，以及安奉皇室祖先的帝陵，帝陵与行宫又往往距一个交通便利的县城 30 里以内（图 2-11）。

2.3.4.1　皇室贵族：宴游于郊野，埋骨于山陵

有唐一代，经济繁荣、文化昌盛，整个社会呈现出一种蓬勃向上的宏大气象，在这种大的时代背景之下，唐代的皇室贵族有更多的可能去享受宴游之乐。"诸王每旦朝于侧门，退则相从宴饮，斗鸡击球，或猎于近郊，游赏别墅中。"[②]

行宫是属性最为明确的帝王游憩之所，隋唐时期以都城为中心建设了大量的行宫，今有名称可考者约 19 座，其中唐代新建的 11 座，分别是：庆善宫、龙跃宫、永安宫、玉华宫、翠微宫、永安宫[③]、华清宫、金城宫、万全宫、游龙宫、望春宫。沿袭隋代建置的 8 座，分别是：长春宫、兴德宫、凤泉宫、九成宫、太平

---

① 本书中所用的隋唐时期单位"里"均指唐大里，1 里约为 531 米。唐尺分大、小尺，《唐会要》卷六十六《太府寺》条载："诸积秬黍为度量权衡者，调钟律、测晷景、合汤药及冕服制用大者。"《唐六典》卷三所记略同。可知通用的是大尺。据平冈武夫、陈梦家、傅振伦、杨宽、万国鼎、曾武秀、胡戟、黄盛璋等学者的研究均认为大尺约为 29.5 厘米。《夏侯阳算经》卷上论步数不等条引《杂令》："诸度地以五尺为一步，三百六十步为一里"，李翱《平赋书》亦证："三百六十步谓之里"。则一里 360 步，一里为 531 米。《长安志》卷七《唐京城》条载：唐长安"周六十七里"，《新唐书》卷三十七志第二十七《地理志》载：其"周二万四千一百二十步"，则可证一里为 360 步；再结合考古发现，唐长安城周长实测约 35.5 公里，则每里约为 530 米。当然，在相关材料中肯定存在以小里计数的，多为因袭唐以前的古籍，可能会造成本书研究中的疏漏，尽量通过当代的考古实测数据去弥补。
② （宋）司马光《资治通鉴》卷二一一《唐纪》。
③ 根据史料记载，唐代有两座名为永安的离宫，一为贞观八年（634）修建，位于麟游县西三十里，一为长安二年（702）修建，位于华原县（今铜川市耀州区），详参附录 C。

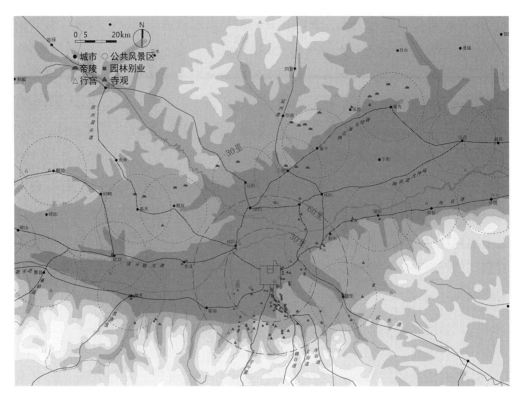

图 2-11　隋唐长安周边行宫、帝陵、寺观、公共风景区、园林别业等的分布
（图片来源：笔者据相关考古与文献资料及史念海《西安历史地图集》之《唐时期图》、严耕望《唐代交通图考》
之《唐代秦岭山脉东段诸谷道图》等绘制）

宫、琼岳宫、金城宫、神台宫[①]。这些行宫在紧邻长安城到距城 200 余里的范围内均有分布，近者在距离长安城 60 里的范围内，远者则往往与一定的县城保持着 30 里以内的距离[②]（详见附录 C）。帝王出游于行宫，需要邻近县城作为支撑，安置官曹等，此外应还有物资供应等的功能。元稹《两省供奉官谏驾幸温汤状》即记载了昭应县（今西安市临潼区）对华清宫的支撑作用："当天宝盈美之秋，

---

① 据吴宏岐所提供的材料统计，唐代关中行宫共有 21 座，其中隋建 7 座，唐建 14 所。（吴宏岐. 隋唐帝王行宫的地域分布 [J]. 中国历史地理论丛，1994（02）：71-85.）据介永强《关中唐代行宫考》，共有 19 座，其中隋建 8 座，唐建 11 所。（介永强. 关中唐代行宫考 [J]. 中国历史地理论丛，2000（03）：199-214.）较之介文，吴文遗漏太平宫，《元和郡县志》卷三载："隋太平宫在鄠县东南三十一里，对太平谷，因命之。"唐初，高祖李渊曾到这里避暑，唐太宗也于贞观十八年（664）四月到过太平宫。（见《旧唐书·太宗纪》贞观十八年一节）。吴文又多出弘义宫（太安宫、大安宫），《雍录》卷第四大安宫条："高祖以秦王功高，立宅以居之，……至贞观三年高祖为太上皇，徙而居之，……在宫城外西偏。"可见不管是从功能上还是位置上来看都不算是行宫。此外，吴文分南、北望春宫，介文以望春宫统论之，鉴于南北望春宫目前仍无定论，故本书也以之为一宫。吴文有曲江宫而介文无，考"曲江宫"之名并不多见，但论及曲江宫殿者多，故本书将之视为行宫之一。
② 只有玉华宫与万全宫例外，玉华宫的前身是高祖武德七年（624）所修造的作为前哨阵所的仁智宫，在贞观二十一年（647）建为避暑行宫后仅 5 年（永徽二年，651）即废弃，万全宫也仅使用了 6 年（678—683），与其他行宫的使用寿命相比是非常短暂的，由此可见，行宫的分布必定要以长安或一定的县城为中心，便于人的到达。

葺殿宇於骊山，置官曹于昭应，警跸于缭垣之内，周行于驰道之中，万乘齐驱，有司尽去，无妨朝会，不废戒严。"[1]

除行宫之外，开展宴游活动的场所还包括私人宅园与别业、寺观、公共风景区、自然山水等等。唐人热衷于诗歌，许多帝王或贵族本身即具有较高的文学艺术修养，并善于吟诗作赋；在以文取士的科举制度之下，官宦大臣亦多是文人雅士。在帝王率领群臣的宴集、游赏活动中，"帝有所感即赋诗，学士皆属和"[2]，从而产生了大量的应制诗，对这些应制诗进行研究，可以大致勾画出唐代皇室贵族宴集、游赏的空间轨迹。《全唐诗》中题名含有"应制"、"应诏"、"应令"、"应教"[3]、"奉和圣制"、"奉和御制"[4]、"侍宴"、"诏宴"、"赐宴"等词的诗共有728篇，均可认为是应制诗，其中336首以长安城为中心，以游赏、宴集为主题[5]。写作地点在城内的有127首，涉及宴游场所17处；城市近郊60里内有诗作202首，涉及宴游场所16处；远郊百里外有诗作7首，涉及宴游场所5处。可以发现：宴游的场所并不局限于城市内部，近者基本集中在城外60里的范围内，远者则在百里之外，主要以行宫为主；60里内为最多，活动更为频繁（详见附录D）。

综上，帝王的游憩之所以长安为中心，分布在两个层次上：距离城市60里内与60里之外；第一个层次较为密集，其中尤以30里内活动最为频繁、形式多样；第二层次以行宫为主，也与一定的县城保持着30里以内的距离（图2-12）。

帝陵是先代帝王的安葬之所，也是具有象征意义的政治符号，对于现世的帝王仍具有极为重要的意义。唐代礼制中对帝王陵寝的祭祀有详细的规定，包括在节令、生日、忌日等时间的皇帝拜陵或公卿巡陵以及日常"视死如生"式的对陵寝的供奉。唐太宗、高宗、玄宗分别于贞观十三年（649）、永徽五年（654）及六年（655）、开元十七年（729）亲自谒陵，开元之后，除懿宗咸通四年（863）亲自拜陵之外，皇帝拜陵之礼多数由贵族或大臣代为执行。[6]

唐代的帝陵共有20座，其中在关中的有18座。分别是高祖献陵、太宗昭陵、高宗乾陵、中宗定陵、睿宗桥陵、玄宗泰陵、肃宗建陵、代宗元陵、德宗崇陵、

---

① 《全唐文》卷六五一。
② （宋）计有功《唐诗纪事》卷九《李适》。
③ （清）赵殿成《王右丞笺注》卷七："魏晋以来，人臣于文字间，有属和于天子，曰应诏；于太子，曰应令；于诸王，曰应教。"
④ "奉和"意谓做诗词与他人相唱和，"奉和圣制"、"奉和御制"皆指与帝作相和。
⑤ 其余或以政治、咏物为题材、空间位置不明确，或空间位置明显远离长安。
⑥ 详见《旧唐书》与《新唐书》诸帝王本纪。

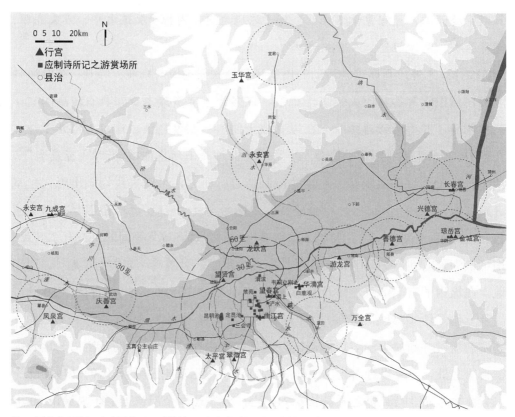

注：图中表现的行政建置为开元时的情形，但行宫建设是一个持续、变化的过程，在此时并不完备，为便于理解，
　　在同一底图上展示。

图 2-12　唐代长安周边帝王宴游之所的空间分布
（图片来源：笔者据《全唐诗》中应制诗等文献资料、行宫考古资料及史念海《西安历史地图集》之《唐时期图》绘制）

顺宗丰陵、宪宗景陵、穆宗光陵、敬宗庄陵、文宗章陵、武宗端陵、宣宗贞陵、
懿宗建陵、僖宗靖陵。这些陵墓均位于长安城以北的北山的南坡和山麓地带。
最西者为高宗乾陵（距长安约 70 公里），最东者为玄宗泰陵（距长安约 105 公里），
形成一个以长安为中心的扇面（详见附录 E）。

　　帝陵与长安城的距离在百里以上，但是与一定的县城保持着空间上的紧密
联系。唐代京兆府设有"次赤县"，其目的在于"奉陵寝"、"崇陵"①，皇帝在祭
拜陵寝之后往往会对临近县邑的官吏、百姓有所封赏，由此亦可见陵寝与县的

---

① （宋）王溥《唐会要》卷七十《量户口定州县等第例·州县分望道·关内道》载："新升（次）赤县京兆府
　云阳县，元和二年十月升，以崇陵故也，奉先县，开元十七年十一月十日升，以奉陵寝。"《新唐书》卷
　三十七《地理志》亦载："奉天，次赤。文明元年，析醴泉、始平、好畤、武功、豳州之永寿置，以奉乾陵。"

紧密关系。[1] 从开元二十七年（729）定奉先县为次赤县后，醴泉、奉天、富平、三原、云阳诸县先后被定为次赤县。这样 18 座帝陵以一定的县城为中心，被划分为 6 组，帝陵基本都分布在距离这些县城 30 里以内的范围（简陵、贞陵略有超出，为 40 里）。

这些县城都位于长安与外部沟通的重要驿路上。奉天、醴泉、云阳在西路，位于邠州——萧关道上，奉天设有奉天驿，醴泉设有醴泉驿，云阳自秦始皇修直道时便是重要的交通节点，此道是长安通往西域的"丝绸之路"的北路，是经济和交通的大动脉。三原、富平、奉先在东路，位于蒲津关道北路上，分别有三原驿、富平驿和昌宁驿，蒲津关道是河北道、河东道向长安运贡赋的主要通道（图 2-13）。

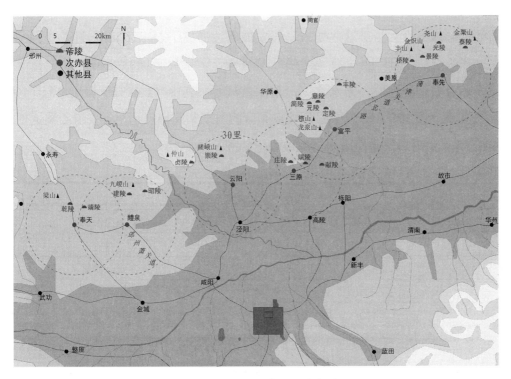

图 2-13 唐代关中帝陵分布与分区

（图片来源：笔者据相关考古资料、史念海《西安历史地图集》之《唐时期图》及严耕望《唐代交通图考》之《唐
代秦岭山脉东段诸谷道图》等绘制）

---

[1] 《旧唐书》卷二十五《礼仪五》：贞观十三年（639）正月，唐太宗李世民亲谒李渊献陵，礼毕之后"是日曲赦三原县及从官卫士等，……宿卫陵邑中郎将、卫士杂员及三原令以下，各赐爵一级。"《旧唐书》卷四《高宗本纪》：永徽六年（655）正月，高宗亲谒昭陵，礼毕之后"曲赦醴泉县民，放今年租赋。"（宋）王溥《唐会要》卷二十《亲谒陵》："开元十七年十一月（玄宗）上朝于桥陵，礼毕后下诏'黄长轩台，汉尊陵邑，名教之地，因心则为。宜进奉先县职望班员，一同赤县。所管万三百户，以供陵寝，即为永例。'"

2.3.4.2 普通市民：游赏于近郊

唐代经济的繁荣、文化的发展、人口的增加，使得市民群体逐渐兴盛起来，其生活也更为丰富多彩，但是，长安城中仍有严格的宵禁等管理制度，约束着市民的生活[1]，借由节日、宗教庆典等活动，百姓能够最大限度地抛开平日的约束，这种活动往往在城市周边或更远的乡野地区展开，远离城市的束缚，外出游赏、宴集是普通市民生活的重要组成部分。如《开元天宝遗事》所云："长安春时，盛于游赏，园林树木无闲地……都人士女，每至正月半后，各乘车跨马，供帐于园圃，或郊野中，为探春之宴。"[2] 唐代时令节日颇多，从正月迎新到到腊月辞岁，不同的节日总配合有不同的游赏宴集活动（表 2-7）。

普通市民的游赏活动，主要包括四种类型：赏景、登高、亲水、礼佛，赏景要寻风景优美之地，登高要到地势高敞之处或登临塔、阁，亲水要临近水泉，礼佛则需毗邻佛寺。基于这些要求，长安城周边形成了若干公共风景区：（1）曲江、慈恩寺、杏园片区；（2）乐游原、青龙寺、浐水片区；（3）昆明池、定昆池；此外还有城南诸寺院，灞水之滨、渭水之滨等。其中（1）、（2）满足以上四条要求，是最为繁华热闹的景区。这些风景区的一个共同特点是与长安城距离近便，都在 30 里以内，交通便捷，与城市联系紧密（图 2-14）。

唐代重要节日与典型活动[3]　　　　　　　　　　　表 2-7

重要节日	典型活动
正月七日人节	登高寻胜
正月十五上元节至二月初一中和节	探春醵聚
三月巳日上巳节	踏青祓禊
寒食节 清明节	扫墓赏春
四月初八佛诞日 七月十五中元节	礼佛聚会
九月九日重阳节	赏菊登高

注：本表的活动内容主要根据不同节日的唐诗所总结。

---

[1]《唐律疏议》卷二六《杂律》："昼漏尽，顺天门击鼓四百槌讫，闭门；后更击六百槌，坊门皆闭，禁人行。"
[2]（五代）王仁裕《开元天宝遗事》卷下。
[3] 唐代尚有其他节日，据张泽咸《唐代的节日》（见《文史》第 37 辑，中华书局，1993）等，唐代主要的节日尚有诞节、元日、乞巧、除夕、中秋、社日、端午。诞节的活动主要有：颁示全国休假一至三天，朝廷举行宴会赏赐官僚实物，各地进贡，这些与民众的游乐关系不是非常紧密。元日、乞巧、除夕的主要活动在城内或室内。中秋，在唐代并未十分盛行，主要是文人中的风尚。社日，主要是乡村百姓重视的节日。端午，唐代龙舟竞渡的资料主要在江南，在都城长安并不盛行。故此七节在本书中不予讨论。

2.3.4.3　官宦文人：聚饮于近郊，读书于山林

唐代科举考试放榜之后，会在曲江等公共风景区举行一系列的游宴活动，长达数月，甚至延长到仲夏。包括：相识、闻喜、樱桃、月灯打球、牡丹、看佛牙、关宴等等①，名目繁多。其中最为盛大的闻喜宴②与关宴③都是在曲江举行。在这一带的相关活动还有杏园探花④和雁塔题名⑤等，这一片区的胜景直到宋代仍为人所称道、追念⑥。在平时的节日中，官员们也往往呼朋唤友或携带家眷，成群结队地前往郊外游赏，"凡此三节（指晦日、上巳、重阳），百官游燕，……有司供设或径赐金钱给费，选妓携觞，幄幕云合，绮罗杂沓，车马骈阗，飘香堕翠，盈满于路。"⑦ 在这些活动中，官宦文人们前往毗邻城市的公共风景区进行游赏、宴集，与普通百姓共享游乐之所基本一致，详细分析见上节，在此不再赘述。

居住在长安城中的官宦文人虽身在官场，仍心系山林，而园林别业正是既满足入世之需，又可享林泉之乐的绝佳之所，他们往往在城市近旁拥有一处甚或多处别业。如《旧唐书》载："（李）林甫京城邸第，田园水硙，利尽上腴。城东有薛王别墅，林亭幽邃，甲于都邑，特以赐之。"⑧ "（杜佑）甲第在安仁里，杜城有别墅，亭馆、林池为城南之最，昆仲皆在朝廷，与时贤游从，乐而有节。"⑨ 凡此种种，不胜枚举。此外，亦多有于山林中读书的学子、隐逸的高人，武后之后，此风日盛⑩。这类行为一部分是在山林寺院中进行，另有一些则是在园林别业中进行的。韩愈即有《符读书城南》诗劝勉子韩符到城南别业勤学苦读。

根据李浩《唐代园林别业考录》"关内道"⑪的材料进行统计，可以确认属于长安官宦文人且与长安城位置关系相对明确的园林别业共有 86 所，又有史念海主编《西安历史地图集》的《唐长安城南图》中标示而李书未载的别业 14 所，

---

① （唐）王定保《唐摭言》卷三《谦名》。
② 《宋史》卷三《宋太宗本纪》："唐时礼部放榜之后，醵饮于曲江，号曰'闻喜宴'"。
③ （唐）王定保《唐摭言》卷一《述进士》："曲江大会在关试后，亦谓之'关宴'。"
④ （唐）李淖《秦中岁时记》载："进士杏园初宴，谓之探花宴，差少俊二人为探花使，遍游名园。"《旧唐书》卷十八《宣宗本纪》亦载："又敕自今进士放榜后杏园任依旧宴集，有司不得禁制。"可见此习俗唐前期较为盛行，后曾暂时废止过，宣宗时又重新恢复。
⑤ （唐）王定保《唐摭言》卷三《慈恩寺题名游赏赋咏杂记》："神龙已来，杏园宴后皆于慈恩寺塔下题名，同年中推一善书者纪之。"
⑥ （宋）陈思《宝刻丛编》卷七《陕西永兴军路·京兆府上》："唐人登科，燕集曲江，题名雁塔，一代之荣。观当时士风，以不得与为深恨。"
⑦ （明）胡震亨《唐音癸签》卷二七《谈丛》。
⑧ 《旧唐书》卷一〇六《李林甫传》。
⑨ 《旧唐书》卷一四七《式方传》。
⑩ （唐初）公立学校发达，士子群趋学官，……武后擅权，薄于儒术。……其后学官日衰，而士子读书山林者却日见众多。（严耕望. 唐人习业山林寺院之风尚[M]// 唐史研究丛稿. 香港：新亚研究所，1969.）
⑪ 李浩. 唐代园林别业考录[M]. 上海：上海古籍出版社，2005：3-80.

以及宋代张礼《游城南记》所载而此二书未载的方位明确的别业 1 所[①]，合计 101 所，其中，长安城东 24 所，城南 71 所，城西 4 所，城北 2 所。城南是园林别业最为集中的片区，在其中 59 所能够确定具体位置的别业中，有 29 所位于樊川，22 所位于终南山；其次密集的是城东。这两个密集区又可分为两个层次，城南樊川和城东的别业主要分布在距长安城 30 里内的范围内，主要是达官显贵、官宦文人休憩、游赏的场所；终南山的别业大多在距离长安城 50～60 里的范围，少量分布在较远的交通干道上，主要是文人学子读书、隐居的场所（详见附录 F）。

城南樊川风景秀丽又交通近便，是公卿建设园林别业的首选之地。正如宋人张舜民《画墁录》所云："唐京省入伏假，三日一开印，公卿近郭皆有园池。以至樊杜数十里间，泉石占胜，布满川陆，至今基地尚在。省寺皆有山池，各置船舫，以拟岁时游赏。"樊川是终南山义谷口到长安城外郭外五里左右的下杜城[②]（今西安市杜城村）之间的南北三十余里的狭长地带。长安外郭城南开安化、明德、启夏三门，均位于南面城墙较为居中的位置，出城南行不足 10 里即达樊川北缘。长安以南有锡谷道、义谷道、库谷道通往东南方向，抵达汉江谷地的金州（今安康）、兴元府（今汉中）等地。据辛德勇考证，这三条区域大道均自长安城南出启夏门，经朱坡，沿潏水至终南山下，再向东西分为三路，向南过山[③]。此三条大道南端共有的一段恰从樊川贯穿而过。《杜城郊居王处士凿山引泉记》描述樊川的杜佑郊居"路无崎岖，地复密迩"，可见此地交通条件之便利。

除樊川以外，长安城东也是官宦园林较为密集的地区，城东有灞、浐二水及由浐水引出的龙首渠，具备较好的自然环境。更为重要的是，东向是长安城主要的对外交通方向，长安出发的三大交通干线：蒲津关道、两京道、武关道均是东出长安，经长乐、滋水二驿，再分别通往东北、东以及东南三个方向。因而城东也成为官宦园林选址的佳处，城东的别业大多分布在城门外至浐灞间，距离长安城 30 里的范围内，与城市保持着紧密的联系。刘禹锡有《城东闲游》诗："借问池台主，多居要路津。千金买绝境，永日属闲人。竹径萦纡入，花林委曲巡。斜阳众客散，空锁一园春。"可见这一地区园林密集的景况。

---

① 通化门外的鱼朝恩庄。
② （宋）宋敏求《长安志》："杜县故城在长安县南十五里。"宋时的长安县南缘即唐皇城之南缘，据此推断，下杜城距唐长安外郭距离 5 里左右。
③ 见：辛德勇. 隋唐时期长安附近的陆路交通——汉唐长安交通地理研究之二 [J]. 中国历史地理论丛，1988，04：145-171. 此外，严耕望据清毛凤枝《南山谷口考》等，认为长安入谷路经鲍陂、引驾回（今引镇）等地。[严耕望. 唐子午道考——附库、义、锡三谷道 // 唐史研究丛稿 [M]. 香港：新亚研究所，1969.] 辛德勇认为此为后世路线。

终南山区也是园林别业的主要分布区。终南山距离长安城 50～60 里，既与长安城保持着一定的距离，又可以有适当的联系。终南山区的园林别业除了达官显贵的庄园，如：玉真公主山庄、驸马崔惠童的玉山别业等，还有大量的是文人隐居、读书之所在。从空间分布而言，终南山北麓的山谷口是别业较为集中的区域，本书所考的 22 所终南山别业中，有 9 所可以明确是在谷口，包括位于高冠谷的长孙家林亭、李洞圭峰溪居、岑参高冠草堂，位于沣谷的苏氏别业，位于豹林谷的令狐峘别业，位于石鳖谷的岑参别业，位于辋谷的王维辋川别业，位于石门谷的阎防石门草堂以及不确定位置的钱起终南别业。终南山山谷之处往往有河流流出，山水景致佳妙，与此同时，终南山横亘长安城南，诸山谷是长安的交通要道，交通较为便利。

综上，园林别业的分布有两个层次：（1）距离城市 30 里的范围内，主要是文人士大夫聚会，达官显贵游宴之所；（2）60 里左右的范围内，主要是文人幽居读书之所。这两个层次的共同之处是，别业大多处在交通较为便利的地方（图 2-14）。

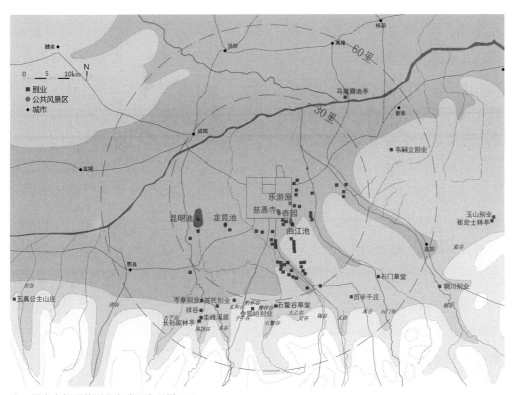

注：图中未标明的别业名称可参见图 4-7

图 2-14　唐长安周边公共风景区及园林别业分布
（图片来源：笔者据李浩《唐代园林别业考论》、史念海《西安历史地图集》之《唐长安城南图》等绘）

2.3.4.4 僧尼道冠：修行于山林

唐代的佛教、道教已不拘泥于魏晋时期绝离尘俗、不问世事的风气，而是逐渐从山林走向都市，与国家政治、学术思想、社会生活更紧密地结合起来，与儒家思想一起成为社会的主流文化。

长安是当时全国政治、文化的中心，也是宗教中心。长安城内寺庙宫观林立，据清徐松《唐两京城坊考》，长安城内共有佛寺 108 所，道观 40 所。长安城周边的郊野、山林也分布着大量的宗教建筑。据《续高僧传》、《宋高僧传》、宋宋敏求《长安志》与元骆天骧《类编长安志》的记载进行统计，唐代长安城周边（基本是唐代京兆府范围内）共有寺观 55 处。[①]

寺观是僧道修行之地，"梵境幽玄，义归清旷，伽蓝净土，理绝嚣尘"[②]，唐代政府也鼓励寺院建筑在名胜之地，"如有胜地名山，灵踪古迹，实可留情，为众所知者，即任量事修建"[③]，因而寺观选址一般都在风景清幽之处。同时，长安城外的寺观又与城市生活有着极为紧密的联系，唐人有游赏山寺的习俗，文人读书于寺庙者甚多，普通百姓也广泛参与到这些寺观的俗讲、法会等活动中。因而其选址亦要与城市有便捷的交通联系。在上文所统计的 55 处寺观中，长安城东 11 处，城南 32 处，城北 12 处，可见，长安城南是除长安城之外又一个宗教文化的中心。城南的 32 处寺观中，8 处分布在长安城外郭外约 30 里范围内、秦岭北麓的台塬上，4 处在各县城附近，20 处分布于终南山区（详见附录 G）。

在本书所考的位于终南山的 20 所寺观中，除云际大定寺位置不确之外，其余 19 所均分布于终南山北麓的谷口中。《宋高僧传》卷二十六载：唐中宗敕令高僧光仪"领徒任置兰若"，光仪"于（终南山）诸谷口造庵寮兰若，凡数十处，率由道声驰远，谈说动人"，可见谷口因风景幽美，又交通便利，便于物资供应及对外交流，是建寺之首选，而距离长安约 60 里范围内的高冠谷到石门谷一段是寺观分布最为密集的地区。

综上，长安周边 30 ~ 60 里范围内寺观最为密集，而终南山中的寺观又尤为集中（图 2-15）。

[①] 此两志的记载当然并不完备，另外还有大量失载的寺观，以及不知名的山寺、佛堂等，现已不可统计。
[②] 《魏书》卷一一四《释老》。
[③] （宋）王溥《唐会要》卷四八《议释教》。

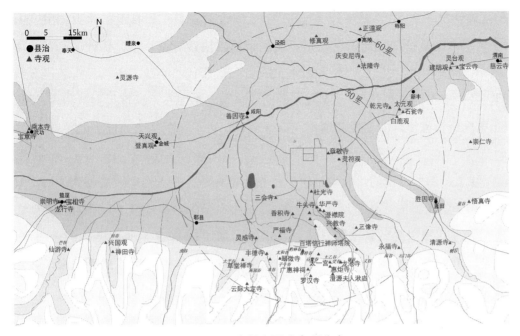

图 2-15　唐长安周边寺观分布
(图片来源：笔者据（宋）宋敏求《长安志》、（元）骆天骧《类编长安志》及史念海《西安历史地图集》之《唐
长安城南图》等绘)

2.3.5　本书界定的长安地区空间范围

区域是人居环境的一个重要层次，长安地区是不同阶层共有的生活场所，以长安城为中心，他们在长安周边开展着不同的社会活动，由此也界定了长安地区的范围。通过对秦汉隋唐时期长安地区人的活动的空间分布的研究可以看出：各阶层人的活动主要集中在距城百里内，大约就是自然地理与行政区划所界定的小都城地区的范围内，其中又以 60 里内最为密集，同时，借助交通线路辐射到大都城地区的局部。

这一活动密集区的分布态势是与当时的人的出行能力直接相关的。秦汉隋唐时期关中平原的交通主要依靠陆路，从秦汉至隋唐，陆路交通工具并没有实质性的变革，主要依靠车[1]、马[2] 及驴等，在很多情况下也依赖步行。各种交通方式的速度，据《吕氏春秋·悔过》："以车不过百里，以人不过三十里"；据《唐六典·尚书户部》："马日七十里，步及驴五十里，车三十里"。可以看出，在日常

---

[1]（唐）王定保《唐摭言》卷三《春季曲江》："十八九钿车珠鞍，栉比而至。"
[2]《旧唐书》卷四十五《舆服》："贵贱所行，通鞍马而已。"

的交通情况下 30 里 ① 是步行一日可及、借助交通工具一日往返的范围；相应的，60 里基本就是借助交通工具一日可及的范围，快者可及百里。历代的驿馆也多以 30、60 里为单位：汉代"驿马三十里一置"②，唐代"亭惟三十里"③，直至元代仍"每六十里为一驿馆"④。因此人的活动也主要集中在距城百里的范围内，又以 60 里内最为密集，即使沿交通线路向外辐射，也多在距某交通便利的县城 30 里的范围内。

综上，本书所说的"长安地区"是指小都城地区，大约以长安城为中心，城外百余里的范围内。从自然地理而言，是关中平原的中部地区，从行政区划而言，是都城与其周围关系紧密的县邑。其中距离都城 60 里之内是人活动的密集区，也是研究的重点范围。此外，人的活动也会随着主要的交通线路而外溢，在局部突破小都城地区的范围，拓展至大都城地区。

当然，长安地区的边界并不是明确、一成不变的，而是模糊、弹性的。因为人的活动范围并没有"一刀切"的边界，而且活动内容会随时代发展而有不同的情态，虽然大致范围相同，但具体的边界不可能完全固定。

2.4 秦汉隋唐时期长安城市和区域空间研究综述

秦汉隋唐时期的长安城市和区域一向是历史、考古、建筑与城市、历史地理等领域的研究者密切关注的研究领域。目前基于历史文献和考古成果的互证，已经在城市空间布局、区域历史地理等方面取得了卓著的成就，这为本书进一步开展地区设计的研究提供了很好的基础。同时，也要看到，现有的研究存在一定的局限，空间布局的研究主要集中在城市尺度，区域尺度上则更多地关注自然环境、交通、水利等，对于区域空间秩序的研究是相对欠缺的。此外，值得注意的是，既有城市空间布局研究虽然已经勾勒出了大致面貌，但是仍有若干辨识不清的问题，可以尝试从区域空间秩序的视角加以认识。

---

① 各代里制虽各不相同，但每里基本都在 400～500 米。
② 《后汉书》卷一一九《舆服志》。
③ （唐）高适《陈留郡上源新驿记》，《全唐文》卷三五七。
④ 《永乐大典》卷一九四一六《站赤》。

2.4.1　历史文献

有关长安地区的历史文献非常丰富，从汉人所著史书、地记直至明清之方志等等，虽然难免有流传中的错讹，但仍然是今天研究的坚实基础。

（1）史书

秦代祚短，未有相关文献传世。汉人著作《史记》、《汉书》中始有记载。其中《史记·秦始皇本纪》最为完整地记录了始皇扩建咸阳城的营建思想、宫室修造、交通布局等，《史记·高祖本纪》、《武帝本纪》等对汉长安城的建设与发展多有记载，《史记·河渠书》、《货殖列传》中分别记载了秦汉时期关中地区的河渠分布与水利建设、经济基础与地方物产等，这是咸阳与长安规划的地理基础。《汉书·地理志》则对秦汉都城选定、地理环境、行政区划等有所记载。关于隋唐长安的记载，可见于《隋书》、《新唐书》、《旧唐书》、《唐会要》、《资治通鉴》的诸多卷目，此外《太平广记》、《太平御览》、《册府元龟》、《玉海》、《文苑英华》等类书中也多有涉及。包括：地理环境、社会状况、城市选址、空间布局、社会生活、文化发展等，资料较为翔实丰富。

（2）地理总志

《括地志》成书于唐贞观十六年（642），由太宗第四子李泰主编，共 550 卷，分述各州县的沿革、山川、城池、古迹、传说、历史等，不仅反映了盛唐时期的地理情况和城市发展，更广泛征引前代史料，保存了许多珍贵的历史信息。唐代张守节作《史记正义》，主要靠此书注释古代地名。全书宋时散佚，清人孙星衍辑录为八卷，1980 年中华书局出版贺次君的《括地志辑校》共 4 卷，是迄今为止最为完整的辑本，其中有大量关于都城周边雍州、岐州的资料。《元和郡县志》成书于唐元和八年（813），李吉甫主编，体例仿效《括地志》，原书 40 卷并有附图，今图已佚失，文尚存 34 卷，其中 1～4 卷详述关内道沿革、山川、名胜、风俗等，保存完整。《历代宅京记》为清顾炎武所著，汇集上起伏羲，下至于元的历代都城史料，共 20 卷，1～2 卷总述历代都城变迁，3～6 卷专述关中历代都城建设与沿革，包括都邑城郭、宫室、寺观及建置沿革等，征引广博、考据精深，是研究长安地区历代都城建设的重要资料。

（3）地记与方志

唐以前已经有不少关于关中地区的地记，但今多有亡佚，略可寻得吉光片羽。

汉代辛氏《三秦记》是最早的关于关中地区的地记，于宋时已佚失，至今流传的是辑自其他书中引用的部分内容，包括：城市命名、宫殿、地理形势、秦始皇陵及人文掌故等。作于东汉或曹魏初的《三辅黄图》是保存至今的最早最完整的一部关于秦咸阳、汉长安的地记，内容包括城市布局、沿革、街市、闾里、宫室、苑囿、陵墓、礼制建筑等。唐代韦述著有《两京新记》，成书于开元十年(722)，根据作者的耳闻目睹，详尽地记述了唐长安、洛阳两京的沿革、社会生活等，全书5卷，今仅存第3卷。此外，尚有若干零星辑录的史料，包括：魏阮籍《秦记》、晋潘岳《关中记》、北周薛寊《西京记》等。后世的方志根据历史文献、前人记述，又有进一步的梳理、研究，形成了丰硕的成果，而且留存至今，虽在流传中难免错讹，但仍然是研究长安地区的重要基础文献，其内容涵盖：自然山川、城市沿革、宫室寺观、皇家陵寝、里坊街巷等，代表性的方志有：宋宋敏求《长安志》、宋程大昌《雍录》、元骆天骧《类编长安志》、清毕沅《关中胜迹图志》、清徐松《唐两京城坊考》、清毛凤枝《南山谷口考》等，此外还有明清时期大量的府志、县志等。

（4）文学作品

一个时代具有代表性的文学作品，往往是时人基于所见所闻有感而发，虽然不可避免地带有主观情感色彩，但是也具有一定的客观真实性，正如左思在《三都赋·序》中所言："余既思摹二京而赋三都。其山川城邑，则稽之地图；其鸟兽草木，则验之方志"；"美物者贵依其本，赞事者宜本其实。匪本匪实，览者奚信？"因而相关的文学作品是研究长安地区的鲜活的文献来源，尤其是在其他历史文献漫灭不清时，文学作品的意义更为重要。秦汉隋唐时期的长安地区孕育了无数辉煌灿烂的文学篇章，为研究提供了最为鲜活的材料。赋是汉代最流行的文体，其中的大赋多是对都城、宫殿、苑囿等的铺陈和赞美，其中包含有大量的历史信息。如：司马相如《上林赋》、扬雄《甘泉赋》、张衡《两京赋》、班固《两都赋》等。唐代是中国古代诗歌史上的高峰，据清人彭定求等编纂的《全唐诗》[①]及有关补遗，现存诗有52000余首，诗人2300多人。都城是国家政治文化的中心，也是大量诗人长期居住的地方，因而也成为诸多唐诗的摹写对象，内容涉及城市布局、社会生活的方方面面。此外唐文中也有不少相关信息，

---

① 共900卷。清彭定求、沈三曾、杨中讷、潘从律、汪士鋐、徐树本、车鼎晋、汪绎、查嗣瑮、俞梅等10人奉敕修纂，江宁织造曹寅负责组织及刊刻事宜。成书于康熙四十五年（1706）。

可见于清人董诰所编纂的《全唐文》①。唐以后,长安地区已非都城,但旧迹犹存,多有文人雅士游赏于其间,这种游赏往往又都带有"文物考察"和"历史考据"的性质,因而其游记对于都城时期长安地区的空间布局等也具有很强的参考价值。其中有代表性的是北宋张礼的《游城南记》、明何镗的《名山胜概记》、明赵崡的《石墨镌华》等。

（5）今人辑注

今人在传世文献的基础上又进行了一些辑录、校注及增订的工作,如平冈武夫《唐代的长安与洛阳·索引》、《唐代的长安与洛阳·资料》②,刘纬毅《汉唐方志辑佚》③、李健超《增订唐两京城坊考》④、刘庆柱《三秦记辑注·关中记辑注》⑤、陈晓捷《关中佚志辑注》⑥ 等。在图像资料方面,日本学者平冈武夫编纂的《唐代的长安与洛阳·地图》收辑了若干长安城图,包括古代方志和近现代日本学者的研究成果⑦。史念海主编的《西安历史地图集》⑧,基于扎实的研究,描绘出自新石器时代直至明清西安地区的自然与人文地理演变,历代的城市布局、宫苑及陵墓分布等都得到了体现。

2.4.2 考古成果

早在 20 世纪初便有法国与日本等国的学者对西安周边地区进行了最初的现代考古学意义上的调查,包括:关野贞、沙畹⑨、足立喜六⑩ 等,20 世纪 30 年代,当时的北平研究院史学研究会考古组、陕西省考古会、西京筹委会等也对部分地点进行了调查工作。⑪ 新中国成立之后,对这一地区的系统考古发掘逐步展开,取得了一系列令人瞩目的成果。

---

① 清董诰等于嘉庆十三年（1808）开始编纂,至嘉庆十九年（1814）修成。全书凡 1000 卷,辑录唐五代文 18488 篇,作者 3042 人。
② 平冈武夫,今井清. 唐代的长安与洛阳索引 [M]. 上海：上海古籍出版社,1991.；平冈武夫. 唐代的长安与洛阳. 资料 [M]. 上海：上海古籍出版社,1989.
③ 刘纬毅. 汉唐方志辑佚 [M]. 北京：北京图书馆出版社,1997.
④ （清）徐松. 增订唐两京城坊考 [M]. 李健超,增订. 西安：三秦出版社,1996.
⑤ 刘庆柱. 三秦记辑注·关中记辑注 [M]. 西安：三秦出版社,2006.
⑥ 陈晓捷. 关中佚志辑注 [M]. 北京：科学出版社,2006.
⑦ 平冈武夫. 唐代的长安与洛阳·地图 [M]. 上海：上海古籍出版社,1989.
⑧ 史念海. 西安历史地图集 [M]. 西安：西安地图出版社,1996.
⑨ 中国大百科全书总编辑委员会《考古学》编辑委员会,中国大百科全书出版社编辑部. 中国大百科全书·考古学 [M]. 北京：中国大百科全书出版社,1986：731.
⑩ 足立喜六. 长安史迹研究 [M]. 王双怀,淡懿诚,贾云,译. 西安：三秦出版社,2003.
⑪ 中国大百科全书总编辑委员会《考古学》编辑委员会,中国大百科全书出版社编辑部. 中国大百科全书·考古学 [M]. 北京：中国大百科全书出版社,1986：41.

由于历史上渭河不断改道、北移，秦都咸阳的遗址遭到严重侵蚀和破坏，1950年代至今的考古工作在诸多方面取得了突破，但尚未能探明其清晰的范围、布局，主要的考古成果有：（1）宫殿建筑遗址：位于渭北咸阳原的宫殿建筑群，据有关研究推测，已经发掘的1、2、3号宫殿遗址可能就是咸阳宫的一部分；渭水南岸今西安三桥一带的大型夯土台基为阿房宫遗址；咸阳周边的行宫遗址还有望夷宫、兰池宫、步寿宫、林光宫、谷口宫、梁山宫等。（2）手工业作坊遗址：包括铸铁、制陶、冶铜、骨器等，主要在渭河以北，咸阳宫以西的位置。[①]（3）陵寝遗址：位于秦都咸阳西北的毕陌陵区，有秦惠王、秦武王之陵；位于咸阳东北，今临潼区斜口镇韩峪乡骊山西麓的芷阳陵区，有4座秦王陵，具体归属尚有争议[②]；位于骊山北麓的秦始皇帝陵，包括陵园和大量陪葬坑；位于西安南郊神禾原的陵园，据推测为夏太后陵[③]。

经过20世纪50年代至今数十年来的系统考古发掘，西汉长安城的规模和布局已经基本明晰，对城郊的帝陵与陵邑、上林苑、部分离宫的考察工作也取得了一系列的成果。（1）城墙的范围、城门及主要城市道路已经明确[④]；（2）汉长安城的主要宫室未央宫[⑤]、长乐宫[⑥]、桂宫[⑦]及武库[⑧]的结构和布局已较为清晰，明光宫和城外的建章宫也有部分收获，东西市和手工业作坊[⑨]、城南礼制建筑（包括：宗庙、辟雍、社稷等）[⑩]等的位置和范围也已大致探明；（3）近年来结合阿房宫的考古，对上林苑，尤其是昆明池遗址及附近的建筑密集区进行了考古调查，取得了许多新的发现[⑪]。

新中国成立之后，围绕隋唐长安的考古工作大规模展开，城市的空间格局

① 陕西省考古研究所. 秦都咸阳考古报告 [M]. 北京：科学出版社. 2004.
② 赵化成. 秦东陵刍议 [J]. 考古与文物，2000（03）：56-63.；陕西省考古研究所秦陵工作站. 秦东陵第四号陵园钻探与试掘简报 [J]. 考古与文物. 1993（03）.
③ 张天恩，侯宁彬，丁岩. 陕西长安发现战国时期陵园 [N]. 中国文物报. 2006-1-25.；王学理. 二世未解神禾塬——墓主还是夏太后 [J]. 陕西历史博物馆馆刊. 2008，15.
④ 中国社会科学院考古研究所等. 汉长安城遗址研究 [M]. 北京：科学出版社，2006.
⑤ 中国社会科学院考古研究所. 汉长安城未央宫：1980-1989 年考古发掘报告 [M]. 北京：中国大百科全书出版，1996.
⑥ 刘振东，张建锋. 西汉长乐宫遗址的发现与初步研究 [J]. 考古，2006，10：22-29+2.
⑦ 中国社会科学院考古研究所，日本奈良国立文化财研究所. 汉长安城桂宫:1996-2001 年考古发掘报告 [M]. 北京：文物出版社，2007.
⑧ 中国社会科学院考古研究所. 汉长安城武库 [M]. 北京：文物出版社，2005.
⑨ 刘庆柱. 汉长安城的考古发现及相关问题研究——纪念汉长安城考古工作四十年 [J]. 考古，1996（10）：1-14.
⑩ 中国社会科学院考古研究所. 西汉礼制建筑遗址 [M]. 北京：文物出版社，2003.
⑪ 阿房宫考古工作队. 近年来阿房宫遗址的考古收获 [N]. 中国文物报. 2008-01-04.；刘振东，张建锋. 西安市汉唐昆明池遗址的钻探与试掘简报 [J]. 考古，2006（10）：53-65+103+2.

与重要建筑的布局已基本明朗，城市外围的帝陵、行宫也不断有新的考古发现，地区的空间形态初步浮现。主要成果有：（1）外郭城、皇城、宫城、街道、东西市及部分里坊的发掘，使得城市的基本空间结构得以实现初步复原[①]；（2）大明宫[②]、兴庆宫[③]等宫室、青龙寺[④]、西明寺[⑤]、实际寺[⑥]等寺观以及城南礼制建筑圜丘[⑦]等重要建筑物的位置和格局得到确认；（3）九成宫[⑧]、华清宫[⑨]等离宫遗址相继发掘，显露出其基本空间布局；（4）以昭陵、乾陵等为代表的十八座关中唐帝陵先后得到全面的勘测调查[⑩]，个别重要的陪葬墓得到发掘[⑪]；（5）隋灞桥[⑫]、唐东渭桥[⑬]以及部分秦岭中的道路遗迹被相继发现，对了解长安周边交通布局有重要意义。

2.4.3 城市空间布局研究

关于城市空间布局的研究成果非常丰富，西汉、隋唐时期的长安城市概貌已经得到了大致的勾勒，秦都咸阳则尚有不少疑问与争议。

伴随着考古发掘工作的推进，对于秦都咸阳城市空间布局的研究也日益丰富起来，但是总的来说，虽然在一些局部的零散的问题上达成了一定的共识，但在一些整体性、关键性的问题上纷争尤多。（1）城市范围：有学者认为秦都咸阳主要在渭水以北，如今虽部分被渭河冲毁，但主要部分仍留存[⑭]；有学者认为

① 中国社科院考古所唐城队. 唐长安城考古记略 [J]. 考古. 1963（11）.；中国社科院考古所唐城队. 唐长安城西市遗址发掘 [J]. 考古. 1961（05）.；中国社科院考古所唐城队. 唐长安明德门遗址发掘简报 [J]. 考古. 1974（01）.；中国社科院考古所唐城队. 唐长安皇城含光门遗址发掘简报 [J]. 考古. 1987（05）.；马得志. 唐长安发掘新收获 [J]. 考古. 1987（04）. 马得志. 唐长安城安定坊发掘记 [J]. 考古, 1989, 04：319-323+390.
② 马得志. 1959-1960 年唐大明宫发掘简报 [J]. 考古. 1961（07）.；中国社会科学院考古研究所. 唐大明宫遗址考古发现与研究 [M]. 北京：文物出版社, 2007.
③ 中国社科院考古所唐城队. 唐长安兴庆宫发掘记 [J]. 考古. 1959（10）.
④ 中科院考古研究所西安唐城队. 唐长安青龙寺遗址 [J]. 考古学报. 1989（02）.
⑤ 安家瑶. 唐长安西明寺遗址发掘简报 [J]. 考古, 1990（01）：45-55+102-104.
⑥ 柏明编. 唐长安太平坊与实际寺——西北大学校园考古新发现 [M]. 西安：西北大学出版社, 1994.
⑦ 安家瑶, 李春林. 陕西西安唐长安城圜丘遗址的发掘 [J]. 考古, 2000（07）：29-47+114-116.
⑧ 安家瑶, 丁晓雷. 隋仁寿宫九成宫 37 号殿址的发掘 [J]. 考古, 1995, 12：1083-1099+1155-1160.
⑨ 骆希哲, 廖彩良. 唐华清宫汤池遗址第一期发掘简报 [J]. 文物, 1990（05）：10-20+98.；骆希哲. 唐华清宫汤池遗址第二期发掘简报 [J]. 文物, 1991, 09：1-14+97.；骆希哲. 唐华清宫 [M]. 北京：文物出版社, 1998.
⑩ 杨正兴. 乾陵勘察情况 [J]. 文物. 1959（07）.；陕西省文管会. 唐乾陵勘察记 [J]. 文物. 1960（04）.；王世和, 楼宇栋. 唐桥陵勘查记 [J]. 考古与文物. 1980（04）.；刘庆柱, 李毓芳. 陕西唐陵调查报告 [M]// 《考古》编辑部. 考古学集刊 第 5 集 [M]. 北京：中国社会科学出版社. 1987：216-263.
⑪ 陕西省文管会. 唐永泰公主墓发掘简报 [J]. 文物. 1964（01）.；陕西省博物馆. 唐懿德太子墓发掘简报 [J]. 文物. 1972（07）.；陕西省博物馆. 唐章怀太子墓发掘简报 [J]. 文物. 1972（07）.
⑫ 陕西省志·文物志 [M]. 西安：三秦出版社, 1995.
⑬ 王仁波. 高陵县唐东渭桥遗址 [M]// 中国考古学会. 中国考古学年鉴. 北京：文物出版社, 1984：168.
⑭ 刘庆柱. 秦都咸阳几个问题的初探 [J]. 文物, 1976（11）：25-30.；刘庆柱. 论秦咸阳城布局形制及其相关问题 [J]. 文博, 1990（05）：200-211.

主要部分位于渭水之滨，如今已被冲毁[①]；有学者认为秦都咸阳应包括渭河两岸的广阔地域，但对于具体的范围仍有不同认识[②]。（2）基本结构：内城外郭说，认为有大小二城，小城在大城北部，是宫殿和官署建筑区，即现已发现的宫殿遗址的范围[③]；有宫城无郭城说，认为早期的咸阳城是以孝公时期的"冀阙宫廷"为基点向外展开的，而且仅有宫城，并不曾形成真正的外郭城[④]；分阶段说，认为咸阳城的结构应分阶段来看待，前一阶段筑有郭城，后一阶段是若干宫殿区的组合[⑤]。（3）城市中心：早期以咸阳宫为中心，学术界并无甚争议，对后期中心争议较多，有五种主要观点，分别是：咸阳宫[⑥]、阿房宫[⑦]、咸阳宫与阿房宫双中心[⑧]、极庙[⑨]、散点无中心[⑩]。（4）城市轴线：刘瑞认为秦都咸阳存在南北向的轴线，由咸阳宫指向渭南章台，向南为阿房宫、上林苑，向北为六国宫殿；[⑪]徐卫民进一步认为此轴线向南可延伸至秦岭子午谷，向北可达甘泉宫，与汉长安的轴线重合。[⑫]贺业钜认为除了咸阳宫的南北中轴线作为全城规划结构的主轴线外，渭河是东西向辅助轴线。[⑬]（5）规划思想：咸阳规划布局中具有"象天"的思想，这是诸家共识，但对于象天的方式有多种不同的认识，包括：象天设都的空间范围、咸阳整体所师法的星象的原型、不同宫室所象征的星宿等。[⑭]

由于西汉长安的考古发掘和文献记载较为充分，城市空间格局相较咸阳更为清晰，故而对其空间布局的研究主要集中在规划思想、城市轴线及城市性质上。

---

① 武伯纶. 西安历史述略 [M]. 西安：陕西人民出版社，1979.；曲英杰. 先秦都城复原研究 [M]. 哈尔滨：黑龙江人民出版社，1991.；张沛. 秦咸阳城考辨 [J]. 文博，2002，04：30-36.；张沛. 秦咸阳城布局及相关问题 [J]. 文博，2003，03：21-24+35.
② 王学理. 秦都咸阳 [M]. 西安：陕西人民出版社，1985.；时瑞宝. 秦咸阳相关问题浅议 [J]. 人文杂志，1999，05：131-133.
③ 刘庆柱. 秦都咸阳几个问题的初探 [J]. 文物，1976（11）：25-30.；刘庆柱. 论秦咸阳城布局形制及其相关问题 [J]. 文博，1990（05）：200-211.
④ 王学理. 秦都咸阳 [M]. 西安：陕西人民出版社，1985；王学理. 咸阳帝都记 [M]. 西安：三秦出版社，1999.
⑤ 李自智. 秦都咸阳在中国古代都城史上的地位 [J] 考古与文物，2003，2 期.
⑥ 朱士光. 关于秦都城咸阳及秦文化研究的几点见解 [C]// 秦都咸阳与秦文化研究——秦文化学术研讨会论文集. 西安：陕西人民教育出版社，2001.
⑦ 唐晓峰. 君权演替与汉长安城文化景观 [J]. 城市与区域规划研究，2011，03：17-29.
⑧ 徐卫民. 秦都咸阳的几个问题 [J]. 陕西历史博物馆馆刊.1999，06.
⑨ 刘瑞. 秦信宫考——试论秦封泥出土地的性质 [J]. 陕西历史博物馆馆刊.1998，05.
⑩ 王学理. 秦都咸阳 [M]. 西安：陕西人民出版社，1985.
⑪ 刘瑞. 秦信宫考——试论秦封泥出土地的性质 [J]. 陕西历史博物馆馆刊.1998（05）：37-44.
⑫ 徐卫民. 春秋战国时秦与各国都城的比较研究 // 袁仲一. 秦俑秦文化研究 [M]. 西安：陕西人民出版社，2000.
⑬ 贺业钜. 中国古代城市规划史 [M]. 北京：中国建筑工业出版社，1996. 312.
⑭ 胡忆肖. "以象天极阁道绝汉抵营室也"解 [J]. 武汉师范学院学报（哲学社会科学版），1980，Z1：64-66.；陈喜波. "法天象地"原则与古城规划 [J]. 文博，2000，04：15-19.；D.W. Pankenier. *Astrology and Cosmology in Early China：Conforming Earth to Heaven*[M]. Cambridge：Cambridge University Press，2013：317-329. Mark Edward Lewis. *The Construction of Space in Early China*[M]. New York：State University of New York Press，2005：170-171.

（1）规划思想：象天设都说，汉长安平面为不规则的方形，魏晋时期即有"斗城"之称，认为其效法南斗、北斗星象[1]，汉代文献中亦有载未央宫象征天象之紫宫[2]，当代学者从不同角度对汉长安城规划布局中对天象的仿效和象征进行了论述[3]；因地制宜说，元人李好文指出"斗城"之说并不确实，城垣的曲折形态是自然地形、水系和人工建设次序共同影响的结果[4]，当代学者多认同李氏观点，并进行了更为深入的研究，认为汉长安城是充分利用龙首原高亢地形、渭水与涝水等水系的走向等各方面因素综合形成的[5]；礼制思想说，有学者认为汉长安城是参照《考工记》中"匠人营国"条中的若干制度而加以规划设计的，体现出面朝后市、左祖右社、前朝后寝等特征[6]，也有学者对此持相反意见[7]；自然形成说，1950 年代有学者提出汉长安城是依托于不规则的地形而修筑的，是混乱无规划的城市[8]，至今仍有不少日本学者持此观点[9]。（2）城市轴线：目前被广泛讨论的汉长安城的轴线有两条，一为"横门——未央宫前殿——西安门"轴线[10]，一为贯通子午谷、长安城（安门）、长陵与后陵、天齐祠的超长基线[11]，对于后者尚存若干争议。（3）城市性质：1980 年代，有学者提出汉长安城继承了战国中原大国都城的制度，具有宫城的性质，并由此推论其外围还有郭城[12]，多数

---

[1] 《三辅黄图》卷一："城南为南斗形，北为北斗形，至今人呼汉京城为斗城是也"。《三辅黄图》、《三辅旧事》和《周地图记》等魏晋时著作皆认为是建城时有意为之，这一说法在元以前一直盛行，唐李吉甫《元和郡县志》、宋宋敏求《长安志》和元骆天骧《类编长安志》等著名志书都沿用了这样的说法。

[2] 班固《西都赋》："汉之西都，在于雍州，实曰长安。其宫室也，体象乎天地，经纬乎阴阳，据坤灵之正位，仿太紫之圆方。"

[3] Paul Wheatley. The Pivot of the Four Quarters[M]. Edinburgh：University of Edinburgh Press, 1971：441-444. 何汉南. 汉唐长安城建筑设计思想初探 // 陕西人民出版社文艺编辑部. 汉唐文史漫论 [M]. 西安：陕西人民出版社,1986. 李小波. 从天文到人文——汉唐长安城规划思想的演变 [J]. 北京大学学报（哲学社会科学版）,2000,02：61-69. 韩国河. 汉长安城规划思想辨析 [J]. 郑州大学学报（哲学社会科学版），2001，05：61-65.

[4] （元）李好文《长安志图》卷中。

[5] 王仲殊. 汉代考古学概说 [M]. 北京：中华书局，1984.；马正林. 汉长安城形状辨析 [J]. 考古与文物. 1992（05）.；刘庆柱. 汉长安城的考古发现及相关问题研究——纪念汉长安城考古工作四十年 [J]. 考古，1996（10）：1-14. 王社教. 汉长安城斗城来由再探 [J]. 考古与文物，2001（04）：60-62+84.；徐卫民. 汉长安城形状形成原因新探 [J]. 福建论坛（人文社会科学版），2008（02）：53-57.；马正林. 汉长安城总体布局的地理特征 [J]. 陕西师大学报（哲学社会科学版），1994（04）：60-66.；史念海. 汉代长安城的营建规模 [J]. 中国历史地理论丛，1998，02：1-14+45+16-40+249.

[6] 刘庆柱. 汉长安城的考古发现及相关问题研究——纪念汉长安城考古工作四十年 [J]. 考古，1996（10）：1-14.；史念海. 最早建置都城的构思及其影响 [J]. 中国历史地理论丛，1997（04）：5-44.

[7] 陈寅恪. 隋唐制度渊源略论稿 [M]. 上海：上海古籍出版社.1982：53.

[8] 刘致平. 中国建筑类型及结构 [M]. 北京：建筑工程出版社，1957.

[9] 大室幹雄. 劇場都市——古代中国の世界像 [M]. 東京：三省堂，1981：225.；陈力. 漢長安空間構造の移り変わり [M]. アジア遊学. 第78辑，勉诚出版，2005；佐原康夫. 漢代都市機構の研究 [M]. 東京：汲古書院，2002：79.（转引自黄晓芬. 论西汉帝都长安的形制规划与都城理念 [J]. 历史地理，2011.）

[10] 杨宽. 西汉长安布局结构的再探讨 [J]. 考古，1989（04）：348-356.；刘庆柱. 汉长安城未央宫布局形制初论 [J]. 考古，1995（12）：1115-1124.；王社教. 论汉长安城形制布局中的几个问题 [J]. 中国历史地理论丛，1999（02）：131-143+251.

[11] 秦建明，张在明，杨政. 陕西发现以汉长安城为中心的西汉南北向超长建筑基线 [J]. 文物，1995（03）：4-15.

[12] 杨宽. 西汉长安布局结构的探讨 [J]. 文博，1984（01）：19-24.

学者对此提出反对意见，认为目前考古所见的汉长安城遗址即为西汉都城的总体形制[①]。

隋唐长安城的城市空间布局，在文献与考古的互证之下已经得到了颇为清晰的呈现：宫城皇城居北，街道里坊严密划分，轴线清晰。[②] 对于规划思想、城市轴线的研究尚有多种意见，各种意见并非完全对立，而是互相渗透，有助于我们从多个角度形成对隋唐长安的综合认识。对于城市郊区的空间布局也有部分学者进行了初步的探索，开拓了学术的视野。(1)规划思想：因宜说与《周易》说，隋唐长安城区范围内有六条东北、西南走向的高坡，城市规划利用了这一地形，在高处布置重要建筑物，而这六条高坡则被比附为《周易》中的乾卦"六爻"，这在唐李吉甫《元和郡县志》中即已明载，当代学者对此进行了深入研究[③]，马正林、李令福还绘制了"六爻图"[④]，李小波认为长安的里坊数也有比附周易的象征意义[⑤]；象天说，有学者主张隋唐长安的宫城位于正北，象征紫微垣，城市布局与天象相比附[⑥]；礼制说，有学者认为隋唐长安城市空间布局体现出《考工记》中所描述的理想城市的某些特征，包括三朝制度、左祖右社、九经九纬等[⑦]；功能说，宫室、官署与普通居民区相分离，功能分区清晰，皇城、宫城位于城市北端，利于保卫[⑧]。(2)规划设计方法：傅熹年[⑨]、王才强[⑩]、王树声[⑪]、武廷海[⑫]等分别从模数制、60度三角形、"规画"方法等方面讨论了隋唐长安的平面布局生成方法。(3)城市轴线：太极宫、承天门、朱雀大街这一轴线已基本得到学界共识，近些年又有学者指出，唐太祖李虎的永康陵与大明宫、大雁塔形成一条南北向的

① 刘运勇. 再论西汉长安布局及形成原因 [J]. 考古, 1992 (07): 640-645+639.; 李遇春. 汉长安城的发现与研究 // 汉唐与边疆考古研究. 第1辑 [M]. 北京：科学出版社, 1994.; 刘庆柱. 汉长安城布局结构辨析——与杨宽先生商榷 [J]. 考古, 1987 (10): 937-944.; 刘庆柱. 再论汉长安城布局结构及其相关问题——答杨宽先生 [J]. 考古, 1992 (07): 632-639.
② 阎文儒. 唐西京考 [M]. 西安：新中国出版社, 1948.; 马正林. 隋唐长安城 [J]. 城市规划, 1978, (01): 37-44.
③ 史念海. 汉唐长安城与生态环境 [J]. 中国历史地理论丛, 1998 (01): 5-22+251.; 王维坤. 试论隋唐长安城的总体设计思想与布局——隋唐长安城研究之二 [J]. 西北大学学报 (哲学社会科学版), 1997 (03): 69-74.; 雍际春. 隋唐都城建设与六朝都城之关系 [J]. 中国历史地理论丛, 1997 (02): 3-15.
④ 马正林. 唐长安城总体布局的地理特征 [J]. 历史地理, 1983, 03: 67-77.; 李令福. 隋唐长安城规划与布局研究的新认识 [J]. 三门峡职业技术学院学报, 2007 (02): 33-36.
⑤ 李小波. 从天文到人文：汉唐长安城规划思想的演变 [J]. 北京大学学报 (哲学社会科学版), 2000 (02): 61-69.
⑥ 王维坤. 试论隋唐长安城的总体设计思想与布局——隋唐长安城研究之二 [J]. 西北大学学报 (哲学社会科学版), 1997, 03: 69-74.; 张永禄. 唐都长安 [M]. 西安：西北大学出版社, 1987.
⑦ 史念海, 史先智. 长安和洛阳 [J]. 唐史论丛. 1998, 07.
⑧ 陈寅恪. 隋唐制度渊源略论稿 [M]. 上海：上海古籍出版社. 1982.
⑨ 傅熹年. 隋唐长安洛阳城规划手法的探讨 [J]. 文物, 1995 (03): 48-63+1.
⑩ 王才强. 隋唐长安城市规划中的模数制及其对日本城市的影响 [J]. 世界建筑, 2003 (01): 101-107.
⑪ 王树声. 隋唐长安城规划手法探析 [J]. 城市规划, 2009, (06): 55-58+72.
⑫ 武廷海. 从形势论看宇文恺对隋大兴城的"规画" [J]. 城市规划, 2009, (12): 39-47.

轴线。[①] 此外，武伯纶、王静等学者对长安郊区的功能、性质也进行了一定的研究。[②]

2.4.4　区域历史地理研究

历史地理的研究勾勒了历代长安及其周边地区自然与人文地理的概貌，为进一步进行长安地区空间秩序的研究提供了基础。主要研究包括：（1）区域交通：既有全面的通史式的概括性研究[③]，也有针对秦、汉[④]、隋、唐[⑤] 各个时期的断代研究，还有针对川陕交通[⑥]、关中—汉中[⑦] 交通等专题的研究，此外关中虽以陆路交通为主，渭河及部分运河在一定的历史时期也曾经承担过运输职能[⑧]，大量研究基本勾勒出历史上长安地区交通演变的过程。（2）自然环境：在漫长的历史时期中，长安地区的自然地貌在逐渐发生变化，沟壑日深，塬面渐趋破碎[⑨]；同时伴随着人类对生产生活空间的开拓，自然植被由盛及衰[⑩]，以渭河为代表的自然河流也发生了变化，河道逐步迁徙、湖泽日渐干涸[⑪]，学者通过实地考察与史料考证相结合的方法，大致勾勒出了这一地区自然环境的演替过程。（3）区域水

① 秦建明，姜宝莲，梁小青等. 唐初诸陵与大明宫的空间布局初探 [J]. 文博，2003，04：43-48.
② 武伯纶. 唐代长安郊区的研究 [J]. 文史. 1963（03）：157-183.；王静. 终南山与唐代长安社会 // 荣新江. 唐研究（第九卷）[M]. 北京：北京大学出版社. 2003：129-168.
③ 王开. 陕西古代交通概述 [J]. 人文杂志，1985（03）：94-97.
④ 章巽. 秦帝国的主要交通线 [J]. 学术月刊，1957（02）：11-19.；曹尔琴. 秦始皇的驰道和法家路线 [J]. 西北大学学报（自然科学版），1975（01）：20-29.；史念海. 秦始皇直道遗迹的探索 [J]. 陕西师大学报（哲学社会科学版），1975（03）：77-93.；辛德勇. 秦汉直道研究与直道遗迹的历史价值 [J]. 中国历史地理论丛，2006（01）：95-107.；王子今. 秦汉交通史稿 [M]. 北京：中共中央党校出版社，1994.
⑤ 辛德勇. 长安城兴起与发展的交通基础——汉唐长安交通地理研究之四 [J]. 中国历史地理论丛，1989（02）：131-140.；辛德勇. 西汉至北周时期长安附近的陆路交通——汉唐长安交通地理研究之一 [J]. 中国历史地理论丛，1988（03）：85-113.；史念海. 隋唐时期的交通与都会 [J]. 唐史论丛. 1995，06：57.；王文楚. 唐代两京驿路考 [J]. 历史研究，1983（06）：62-74.；严耕望. 唐代交通图考 [M]. 上海：上海古籍出版社. 2007.
⑥ 黄盛璋. 川陕交通的历史发展 [J]. 地理学报，1957（04）：419-435.；陈明达. 褒斜道石门及其石刻 [J]. 文物，1961（Z1）：57-61+30.
⑦ 高景明，林剑鸣，张文立. 关中与汉中古代交通试探 [J]. 成都大学学报（社会科学版），1989（01）：25-30.
⑧ 黄盛璋. 历史上的渭河水运 [J]. 西北大学学报（哲学社会科学版），1958（02）：97-114.；辛德勇. 汉唐期间长安附近的水路交通——汉唐长安交通地理研究之三 [J]. 中国历史地理论丛，1989（01）：33-44.；辛德勇. 西汉时期陕西航运之地理研究 [J]. 历史地理，2006，21.
⑨ 史念海. 河山集·二集 [M]. 北京：生活·读书·新知三联书店，1981.；史念海. 西安地区地形的历史演变 [J]. 中国历史地理论丛，1995（03）：33-54.
⑩ 史念海. 河山集·二集 [M]. 北京：生活·读书·新知三联书店，1981.；史念海，朱士光，曹尔琴. 黄土高原森林与草原的变迁 [M]. 西安：陕西人民出版社，1985.；朱志诚. 秦岭以北黄土区植被的演变 [J]. 西北大学学报（自然科学版），1981（04）：58-65+74.；周云庵. 秦岭森林的历史变迁及其反思 [J]. 中国历史地理论丛，1993（01）：55-68.
⑪ 史念海. 论泾渭清浊的变迁 [J]. 陕西师大学报（哲学社会科学版），1977（01）：111-126.；环绕长安的河流及有关的渠道 [J]. 中国历史地理论丛，1996（01）：6-42.；李健超. 一千五百年来渭河中下游的变迁 [J]. 西北历史资料，1980（03）；杨思植，杜甫亭. 西安地区河流及水系的历史变迁 [J]. 陕西师大学报（哲学社会科学版），1985（03）：91-97.；史念海. 黄土高原主要河流流量的变迁 [J]. 中国历史地理论丛，1992（02）：1-36.；史念海. 论西安周围诸河流量的变化 [J]. 陕西师大学报（哲学社会科学版），1992（03）：55-67.；桑广书，陈雄. 灞河中下游河道历史变迁及其环境影响 [J]. 中国历史地理论丛，2007（02）：24-29.

利建设：既包括农田水利，也包括城市水利[①]，特别是对战国秦郑国渠[②]、隋唐城市水利[③]等研究尤众。(4)城市建设与自然环境的关系：史念海[④]、马正林[⑤]、朱士光[⑥]、妹尾达彦[⑦]、李令福[⑧]等学者，通过研究指出了本地区城市的兴起、发展与衰亡与自然环境之间的密切关系，体现出人对区域自然环境的利用与改造。

[①] 黄盛璋等. 关中农田水利的发展及其成就 // 中国农业科学院，南京农学院中国农业遗产研究室. 农业遗产研究集刊 [M]. 北京：中华书局. 1958.；李令福. 关中水利开发与环境 [M]. 北京：科学出版社，2004.

[②] 孙达人. 郑国渠的布线及其变迁考 // 黄留珠等. 周秦汉唐文化研究. 第 1 辑 [M]. 西安：三秦出版社，2002.

[③] 李健超. 隋唐长安城清明渠 [J]. 中国历史地理论丛，2004，02：60-66.；贾俊霞，阚耀平. 隋唐长安城的水利布局 [J]. 唐都学刊，1994（04）：6-11.

[④] 史念海. 龙首原和隋唐长安城 [J]. 中国历史地理论丛，1999，04：1-20+249.；史念海. 汉唐长安与关中平原 [M]. 西安：陕西师范大学出版社，1999.

[⑤] 马正林. 唐长安城总体布局的地理特征 [J]. 历史地理，1983，03：67-77.；马正林. 论西安城址选择的地理基础 [J]. 陕西师大学报（哲学社会科学版），1990（01）：19-24.

[⑥] 朱士光. 汉唐长安地区的宏观微观地理形势与微观地理特征 [C]// 中国古都学会. 中国古都研究（第二辑）——中国古都学会第二届年会论文集. 1986：89-101.

[⑦] 妹尾达彦. 唐代长安城与关中平原的生态环境变迁 // 史念海. 汉唐长安与黄土高原 [M]. 西安：陕西师范大学出版. 1998：202-222.

[⑧] 李令福. 隋大兴城的兴建及其对原隰地形的利用 [J]. 陕西师范大学学报（哲学社会科学版），2004（01）：43-48.；李令福. 秦都咸阳兴起的历史地理背景 [J]. 中国历史地理论丛，1999（04）：71-92.

第 3 章
──
秦汉之宏构铺设

秦汉是中国历史上第一个天下一统的时期，秦都咸阳和汉都长安是中国历史上前所未有的天下之都。其区域空间秩序营建所面临的核心问题是：如何在大规模的都城地区开发和定于一尊的制度文化建设中，塑造与天下之都地位相匹配的空间形象。

在秦汉长安地区的空间秩序营建中，一方面，基于辨方正位，建立区域轴线体系，将地区中的重要人工建设与自然山川的突出标志联系起来，树立了自然环境与人工环境之间的空间主干，既避免了大规模开发建设中空间秩序的零散、混乱，又凸显了天下之都与大地山川一体的宏大气魄。另一方面，基于象天思想，铺陈区域空间格局，根据天象"五宫"格局布置重要宫室、苑囿和陵寝，为地区空间的整体格局赋予了共有的精神内涵，既使得各项建设可以在一个整体的架构下进行铺设，又体现了都城作为天下之中的崇高文化地位，宣示了政权的正统性。这两种类型的地区设计实践，并非各自独立，而是相互关联、交缠，共同铺设了地区空间的宏观架构。

秦汉时期，社会文化处在一种"不可抑制的开拓、创新的亢奋之中"，"宏阔的追求成为秦汉文化精神的主旋律"[①]，鲁迅也曾盛赞秦汉气象："遥想汉人多少闳放"，"魄力究竟雄大"[②]。秦汉时期长安地区的地区设计实践正是这一社会文化下的产物，主要关注于宏观架构的铺设，气象宏大。

3.1　秦汉时期长安地区空间秩序营建的时代背景与需求

秦汉时期都城地区得到了空前的大规模开发，大一统的制度与文化建设也成为统治阶层的要务。从区域空间秩序营建的层面出发，则需要树立大尺度地区空间的宏观框架、塑造都城地区"定于一尊"的文化意象，形成与天下之都地位相匹配的空间形象。

---

① 张岱年，方克立. 中国文化概论 [M]. 北京：北京师范大学出版社，1994：88.
② 鲁迅. 坟 [M]. 北京：人民文学出版社，2006：206.

3.1.1 前所未有的天下一统与前所未有的天下之都

中华民族自古以来即有天下一统的观念，《诗经·小雅·北山》即有云："溥天之下，莫非王土；率土之滨，莫非王臣"。秦始皇并吞六国，一统天下，结束了诸侯争霸的混乱局面，将大一统的政治理想变成了现实，开创了空前的宏大事业；汉继秦而兴，承其余绪，仍为高度统一的强盛帝国。秦都咸阳和汉都长安作为帝国的都城，是前所未有的天下之都。

3.1.1.1 都城地区的大规模开发建设

伴随着天下的统一，长安地区的地位从一国之都变为天下之都之所在，秦汉统治者通过"移民实都"的方式实现了都城地区人口的大规模增长。自秦始皇时期起便开始自关东大规模向都城周边移民，始皇二十六年（前 221），"徙天下豪富于咸阳十二万户"[①]，三十五年（前 212）"徙三万家丽邑，五万家云阳"[②]，即使后者主要为地区内部流动，咸阳周边外来移民增加也在 60 万人以上。秦汉之际，关中虽因战火侵袭一度残破，人口骤降，但西汉建立后，又开始大规模移民，从关东迁入关中的人口累计近 30 万[③]。在长安周边建设陵邑是移民的一种主要方式，据《汉书·地理志》，长安、长陵、茂陵人口总数已逾 70 万，再考虑到其他县邑，则长安周边俨然已经是一个百万人口的大都市区，"四方辐凑并至而会，地小人众"[④]（表 3-1）。

		元始二年（公元 2 年）三辅人口总量与密度			表 3-1
郡	人口	占全国总人口比例（%）	面积（平方公里）	占全国总面积比例（%）	人口密度（人/平方公里）
京兆	682468	1.18	7145	0.18	95.5
左冯翊	917822	1.59	22718	0.58	40.4
右扶风	836070	1.45	24154	0.63	33.8
合计	2436360	4.22	54017	1.39	45.1

来源：据葛剑雄《元始二年郡国人口密度表》绘制（见：葛剑雄. 西汉人口地理 [M]. 北京：人民出版社. 1986：96.）

---

① 《史记》卷六《秦始皇本纪》。
② 同上。
③ 葛剑雄. 秦汉时期的人口迁移与文化传播 [J]. 历史研究，1992（04）：47-61.
④ 《史记》卷一二九《货殖列传》。

与此同时，秦汉时期社会生产力和工程技术得到了很大的提高，一些先秦时期不能完成的大尺度建设也得以实现，对于集天下之人力物力于一地的都城地区而言，更是如此。文献记载和考古资料共同证明，春秋时期，秦国是各国中最早的铁器使用者，到战国晚期，铁器已经在秦国广泛应用于农业和手工业。[①]牛作为一种新的、人力之外的动力源，在秦汉时期也得到了应用与推广。[②]

人口的增长与生产力的提高和集中共同促进了秦汉时期对都城地区大规模、大尺度的开发建设。首先，是对荒地的开垦和利用。秦孝公时即已开始大规模的土地开垦，商鞅变法专有开垦荒地的法令《垦草令》[③]。在先秦时期，关中平原宜农土地并未完全被开发利用，冲积平原及河流两侧的阶地有不少的大片森林；及至秦汉之时，关中地区只残余一些小块的林地[④]，这一时期的土地开发强度之大可见一斑。此外，秦汉时期还建设了区域性的大型基础设施。秦始皇元年（前246）开始于渭河之北修建300余里的郑国渠，关中东部渭河以北的四万余顷泽卤之地得到冲溉，关中平原得到了全面的开发，均为沃野[⑤]。汉武帝时还修造了漕渠、白渠、六辅渠等一系列大型水利工程。除了水利设施之外，以都城为中心的通向全国各地的驰道、直道的建设也渐次展开。

3.1.1.2 定于一尊的制度与文化建设

秦始皇在统一天下后，建立中央集权的政治制度，"别黑白而定一尊"[⑥]。当时的权臣吕不韦主持编撰的《吕氏春秋》一书的核心主张就在于建立统一的中央集权国家，明确提出"一则治，异则乱，一则安，异则危"[⑦]。秦代进行了一系列的制度与文化建设，以稳固中央集权统治，实现"定于一尊"，体现在社会生活的各个方面，包括：确立"皇帝"之号和皇权独尊的地位，树立"五德终始"的统治思想，推行郡县制，统一货币、度量衡及文字，等等。汉代"罢黜百家，独尊儒术"等举措也是出于同样的目的。

---

① 王学理，陕西省考古研究所秦汉研究室. 秦物质文化史[M]. 西安：三秦出版社，1994：10.
② 《战国策·赵策》载赵豹阐述赵无法与秦抗衡的原因："秦以牛田，水通粮，……不可与战。"可见战国时牛耕在秦国较之他国更为广泛。此外云梦秦简中还有"公车牛"之说，湖北云梦秦简《厩苑律》："以四月、七月、十月、正月肤田牛。……其以牛田，牛减絮，笞主者寸十"。《司空律》："官府假公车牛者□□□假人所。或私用公车牛，及假人食牛不善……"。也就是说牛拉车也已很常见。
③ 《商君书》卷一《更法》。
④ 史念海. 河山集·二集[M]. 北京：生活·读书·新知三联书店，1981：235，247.
⑤ 《史记》卷六《秦始皇本纪》。
⑥ 同上。
⑦ 《吕氏春秋》卷十七《审分览·不二》。

3.1.2　塑造与天下之都地位相匹配的空间形象

在前所未有的大一统的时代背景之下，天下之都所在的长安地区也面临着全新的时代需求：塑造与天下之都的地位相匹配的空间形象。可以看到，在都城规划中有两个具有代表性的举措：

（1）地区空间宏观骨架的树立。伴随着都城地区空前大规模、大尺度的开发建设，需要建构地区空间的宏观骨架，使得快速发展的地区空间避免陷入混乱，彰显出应有的恢宏和壮丽形象。正如萧何在修造未央宫时所提出的"非壮丽无以重威"[①]，在地区空间的尺度上也是如此。秦咸阳和汉长安建立了基于辨方正位的区域轴线体系，树立了都城地区空间的宏观骨架。

（2）都城地区文化意象的塑造。都城地区作为政治统治中心、帝王的居处之地，通常也是文化的中心，本身具有强烈的象征意义。因而，在进行定于一尊的制度和文化建设中，都城的文化意象也必然是其中的一个重要组成部分，以匹配天下之都作为中央集权统治之中心的地位，宣示政权的正统性。秦咸阳和汉长安基于象天思想建构区域空间格局，强化都城与天的紧密关系，塑造了都城地区的整体文化意象。

3.2　辨方正位：联系人工与自然的区域轴线体系

在秦汉时期长安地区大规模开发、拓展的过程中，秦都咸阳和汉都长安均通过辨方正位的方法，建立起了以核心宫、庙为中心，联系重要人工建筑物与突出自然地理标志的区域轴线体系，树立起了大尺度的区域空间秩序的主干。这一方面避免了空前大规模的开发建设中空间秩序的零散、混乱，另一方面更凸显了大一统背景下天下之都与大地山川相连通的宏大气魄。

3.2.1　秦咸阳、汉长安的区域轴线体系

通过辨方正位来确立空间轴线，是中国古代人居建设中的悠久传统。秦咸阳与汉长安超越了建筑和城市的尺度，建构起了区域尺度的轴线作为地区空间的主干。

---

① 《史记》卷八《高祖本纪》。

3.2.1.1 确立空间轴线的规划传统

"辨方正位"一词首见于《周礼》，"惟王建国，辨方正位，体国经野，设官分职，以为民极"。正如贾公彦《周礼注疏》所谓："谓建国之时辨别也，先须视日景以别东、西、南、北四方，使有分别也。'正位'者，谓四方既有分别，又于中正宫室、朝廷之位，使得正也。"就是辨别方向、确定位置。[①]

中国历史上有"辨方正位"的悠久传统，新石器时代已经有相当一部分房屋和墓穴的方向非常端正。[②]先秦时期即有通过立表测影与观察星象以辨认方向的记载。《考工记·匠人》中对这种技术方法有详细的记载："匠人建国，水地以县，置槷以县，眡以景，为规，识日出之景与日入之景，昼参诸日中之景，夜考之极星，以正朝夕。"通过观察日出、日入时的日影确定正南北方向，再以正午日影和夜晚极星位置加以校验，这种方法直到宋代《营造法式》中仍旧沿用[③]。

辨方正位为古人进行人居建设之大务，是人居建设开始之际最为重要的工作，具有基础性和结构性的作用。《考工记·匠人》即将确定四正方向的"匠人建国"放在首位，此后才是进行城邑布局的"匠人营国"和划分区域土地、建设水利、道路系统的"匠人为沟洫"。

辨方正位的核心，在于以一点为中心，辨明四方，确立空间结构的控制线，也就是轴线。三代之时，城市（如早期商代的都城偃师商城遗址）、建筑群（如夏偃师二里头遗址中的一、二号宫殿建筑）、单体建筑（如西周岐山凤雏村宫室遗址）等不同层次上已体现出明确的轴线。春秋战国时，各国都城或整体（如鲁曲阜）或局部（如赵邯郸、燕下都）都存在轴线。这些轴线往往串联起具有重要地位的一系列空间要素，成为各个层次上的空间主干。

3.2.1.2 秦汉长安地区区域轴线体系的建立

秦都咸阳和汉都长安也建立了明确的轴线体系，而且伴随着地区土地的大规模开发，这一轴线体系不再局限在建筑和城市的尺度上，而是进一步扩大，走

---

① 这是对"辨方正位"的狭义理解，还有一种广义的理解，"辨方"是以方位为线索，对于不同区域的土地及其所附着的自然资源进行综合调查、评估与利用，"正位"则是通过确定空间位置关系而建立社会秩序。（详见郭璐，武廷海. 辨方正位 体国经野——《周礼》所见中国古代空间规划体系与技术方法 [J]. 清华大学学报（哲学社会科学），2017（06）.）本书所说的"辨方正位"是狭义的概念。
② 冯时. 中国古代的天文与人文 [M]. 北京：中国社会科学出版社，2006：6.
③ （宋）李诫《营造法式·补遗·取正》。

向区域，成为区域尺度上的空间主干。

（1）秦咸阳

从《史记·秦始皇本纪》的记载可看出，秦在统一天下、政治局面初定之时，即着手建构都城咸阳新的空间格局，以极庙为中心的东向与北向的轴线体系是其重要组成部分；此后，在始皇三十三年至三十四年（前214—前213）的又一轮开疆拓土后，又建设了以阿房宫为中心的南向轴线，充实和拓展了极庙的轴线体系（表3-2，图3-1）。

《史记·秦始皇本纪》所载区域轴线体系构建过程　　　　　　表 3-2

时间	《史记·秦始皇本纪》记载	建设内容
二十六年（前221）	初并天下，分天下以为三十六郡。	统一天下，建立帝国
二十七年（前220）	作信宫渭南，已更命信宫为极庙，象天极。	①确立中心
	自极庙道通郦山。	②建构东向轴线
	作甘泉前殿，筑甬道，自咸阳属之。	③建构北向轴线
三十三—三十四年（前214- 前213）	为桂林、象郡、南海，以适遣戍。西北斥逐匈奴……筑亭障以逐戎人。	拓展西南领土，巩固北部边疆
	适治狱吏不直者，筑长城及南越地。	
三十五年（前212）	为复道，自阿房，渡渭属之咸阳，以象天极阁道绝汉抵营室也。	④完善极庙北向轴线
	除道，道九原抵云阳（即甘泉宫之所在），堑山堙谷，直通之。	⑤延伸极庙北向轴线
	立石东海上朐界中，以为秦东门。	⑥延伸极庙东向轴线
	先作前殿阿房，……自殿下直抵南山。表南山之颠以为阙。	⑦建构阿房南向轴线

《史记》中所记载的轴线体系包括两个层次：（1）天下尺度，东到东海之滨的上朐，北到长城以南的九原，长达上千公里，几乎涵盖了秦帝国的主要领土，在这个尺度上，轴线由直道、驰道等交通体系联结而成，已难以直接感知，并不代表着空间对位或者结构控制，更多的是观念中的空间关系（图3-2）。（2）区域尺度，也就是本书所关注的范围，在百里的尺度上，通过文献记载、考古发现及现实地理条件三者的比照，可以发现：以极庙为中心，存在东联芷阳、骊山，北通望夷宫、咸阳宫，南连社稷、抵子午谷的轴线体系；以阿房宫为中心，存在南对沣峪的轴线（或许因为渭南朝宫之建设并未完成，这一轴线体系尚待

丰富）。这些轴线在人的感知范围以内，且对地区空间结构发挥着切实控制作用（图3-3）。

（2）汉长安

汉承秦制，汉长安城主要利用秦咸阳在渭南的建设基础而发展，对于秦咸阳的区域轴线体系也多有继承，同时，又根据现实的建设情况，在秦的整体空间构架的基础上加以微调，形成了新的轴线体系。（1）长陵——高庙——安门——子午谷轴线：《三秦记》"长安正南，山名秦岭，谷名

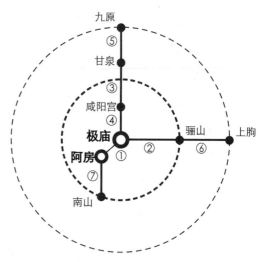

图3-1 《史记·秦始皇本纪》所载轴线体系构建过程

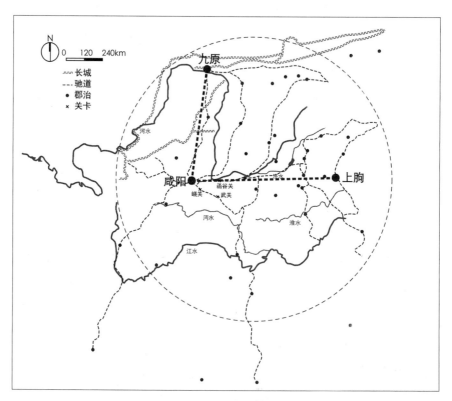

图3-2 秦帝国天下尺度上的轴线体系示意

（底图来源：秦疆域据谭其骧《中国历史地图集》之《秦时期全图》）

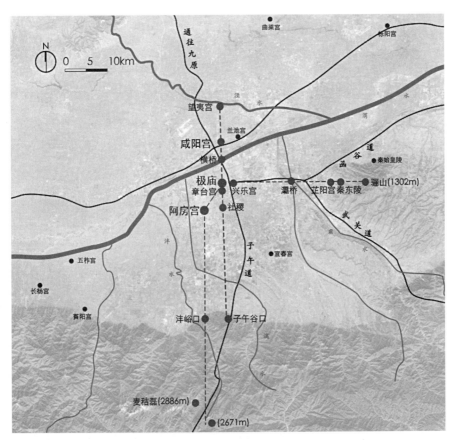

图 3-3　秦都咸阳区域尺度轴线体系示意

子午。"从今天的考古发现来看，汉长安安门与子午谷南北正直，北对渭河北岸的汉高祖长陵。（2）横桥——横门——未央宫——西安门——社稷轴线：通过近年来的考古发掘，汉长安城的结构已逐渐清晰，可以明确地看到一条由横桥，抵横门，到未央宫北宫门，过未央宫前殿再到长安城西门西安门，进而出城连通社稷的轴线（图 3-4）。

3.2.2　依核心建筑而立中定向

确立轴线的核心，在于以一点为中心，辨明方向，确定中心与外围的关系。轴线是地区空间的主干，这一点则是主干上的枢纽，是辨方正位、建立轴线的起点。地区空间中的轴线往往以具有核心功能的建筑为中心。

在先秦时期，祭祀先祖的庙与施政行礼的宫是都城中最为重要的场所。夏商西周时期的宫室建筑基本上是宫庙一体的，宗庙不仅是祭祀祖先的场所，也是

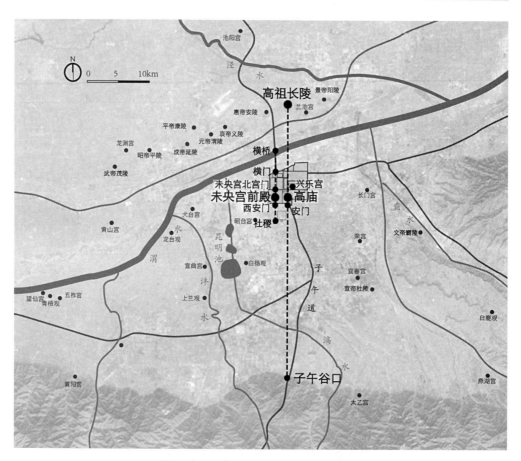

图 3-4　汉都长安区域轴线体系示意

重要的行政场所和重大礼仪活动的举行地。大约到春秋时期，宗庙与寝宫开始逐渐分离，"寝以安身，庙以事祖"[1]，共同拥有最重要的地位，从春秋战国时期秦人最主要的都城雍城的空间布局便可看出这种规律[2]（图 3-5）。

在诸侯国时期，渭北咸阳宫是咸阳最为重要的宫室，但是在始皇统一天下，建立秦帝国之后，着力营建的是新的宗庙——极庙和新的朝宫——阿房，二者在作为天下之都的咸阳中居于最为重要的地位，自然地成为构建轴线体系的中心。

---

[1] 《吕氏春秋》卷二《仲春纪·二月纪》。
[2] 尚志儒，赵丛苍. 秦都雍城布局与结构探讨 // 考古学研究:陕西省考古研究所成立三十周年纪念文集 [M]. 西安：三秦出版社，1993：482.

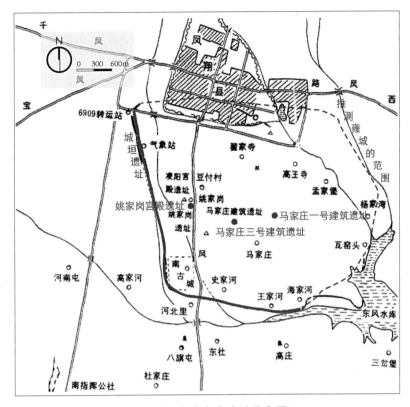

图 3-5　雍城宫庙遗址分布图

注：在春秋早期，宫庙一体（即姚家岗宫殿遗址），在春秋中期以后，宗庙与宫殿分离，
　　成为靠近城市中央但又分居东西的两组大型建筑（即原为宗庙的马家庄一号建筑
　　遗址和原为朝宫的马家庄三号建筑遗址）。

（底图来源：陕西省雍城考古队. 秦都雍城钻探试掘简报 [J]. 考古与文物，1985，

（02）：7-21.）

3.2.2.1　极庙的首要地位

极庙是始皇在生前为自己修造的生祠，享受四方朝贡，在始皇身后，二世又
尊其为帝者祖庙，欲世代供奉，是秦帝国最为重要的宗庙。

宗庙在先秦城市中占有极为重要的地位。宗庙的有无决定了城市的地位等
级，"凡邑有宗庙先君之主曰都，无曰邑"[①]；宗庙所在是空间布局的核心，《墨子·明
鬼篇》载三代圣王建都"必择国之正坛，置以为宗庙"，《吕氏春秋·慎势》："古
之王者，择天下之中而立国，择国之中而立宫，择宫之中而立庙"；宗庙在城市
建设序列中处于优先的位置，《礼记·曲礼》："君子将营宫室：宗庙为先，厩库

---

① 《左传·庄公二十八年》。

为次，居室为后"。秦始皇及秦二世对宗庙也非常重视，始皇初并天下与群臣回顾统一历程时即有言："赖宗庙之灵，……天下大定。"[①]《史记·李斯列传》载有二世登基后与赵高的谈话，将"安宗庙"作为执政目标之一，赵高在扶持公子婴为王时亦称："宗庙重事，王奈何不行？"[②]

正因为如此，极庙在帝都各项建设中居于首位，是一系列建设的中心。始皇统一天下的第二年（前220），开始向渭南扩建都城，首先修建者即极庙，二世即位后（前209），第一件事是归葬始皇于骊山，第二件事即与群臣商议尊始皇极庙为帝者祖庙。[③]可见极庙在秦都咸阳建设中的崇高地位。

关于极庙的位置，既无明确的历史记载，也无可信的考古发现，学术界主要存在以下两种观点：（1）今西安市草滩镇东南闫家寺村[④]，但刘致平在更早的研究中认为此为汉代建筑遗址[⑤]；（2）今汉长安城遗址范围内，何清谷认为大体在汉长安城的北宫（此为早期认定的汉长安北宫，即今认定的北宫与桂宫之间），位于现西安市北郊的南徐寨、北徐寨一带[⑥]，刘瑞、徐卫民等根据出土封泥等线索也基本持此观点[⑦]。本书根据文献记载、自然地形及后续影响几个方面，认为极庙的位置可能就在北宫与桂宫之间（详见附录H）（图3-6）。

3.2.2.2 阿房宫的规模与地位

阿房宫是除极庙之外，秦都咸阳的另一重要建筑。始皇三十五年（前212），欲于渭南营建新的朝宫，首先营建规模宏大的前殿，这是新朝宫最为重要的宫室，因建于"阿房"，故名为"阿房宫"[⑧]。前殿工程的规划设计非常宏大，"东西五百

---

① 《史记》卷六《秦始皇本纪》。
② 同上。
③ 同上。
④ 聂新民. 秦始皇信宫考 [J]. 秦陵秦俑研究动态. 1991（02），20-28.；王学理. 咸阳帝都记 [M]. 西安：三秦出版社，1999.
⑤ 刘致平. 西安西北郊古代建筑遗址勘察初记 [J]. 文物参考资料，1957（03）：5-11.
⑥ 何清谷. 关中秦宫位置考 // 秦文化论丛. 第二辑 [M]. 西安：西北大学出版社，1993.
⑦ 徐卫民认为在甘泉宫以南、兴乐宫以西、章台以北，大致也在此处，（徐卫民. 秦都城中礼制建筑研究 [J]. 人文杂志，2004（01）：145-150.）；刘瑞根据出土的封泥认为极庙在西安市汉长安城遗址内北侧的相家巷村，与上述位置接近。（刘瑞. 秦信宫考——试论秦封泥出土地的性质 [J]. 陕西历史博物馆馆刊.1998（05）：37-44.）
⑧ 关于阿房宫、阿房前殿、前殿阿房等名词的概念范围多有讨论，如：王丕忠. 阿房宫与《阿房宫赋》[J]. 西北大学学报（哲学社会科学版），1980（03）：61-65+92.；王学理. "阿房宫"、"阿房前殿"与"前殿阿房"的考古学解读 [J]. 文博，2007（01）：34-41.；辛玉璞. "阿房宫"含义别说 // 秦文化论丛. 第二辑 [M]. 西安：西北大学出版社，1993. 本书根据《史记·秦始皇本纪》的记载，认为阿房为地名，或者对该地的描述，所谓"先作前殿阿房"，"作宫阿房"，相当于是"先作前殿于阿房"，"作宫于阿房"，因而阿房宫是建于"阿房"的前殿的临时名称。作为一期工程的前殿直至秦末尚未完工，则新朝宫未被命名也是情理之中的事，本书就直接以新朝宫称之。

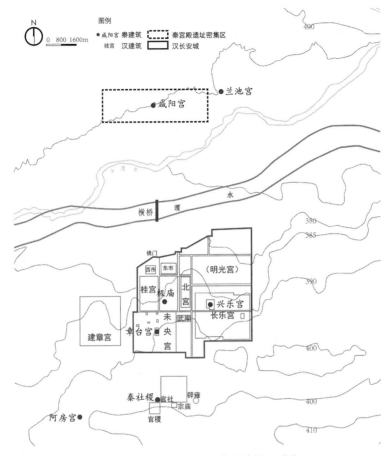

图 3-6　秦都咸阳主要宫室位置示意图

（图片来源：极庙位置为本书研究推测位置，其他遗址位置据《陕西省文物地图》
之《咸阳市渭城区文物图》及《西安市未央区文物图》。地形据马正林《汉长安
城总体布局的地理特征》中的《汉长安城附近地势与城市引水工程示意图》）

步（合今约 700 米），南北五十丈（合今约 115 米），上可以坐万人，下可以建五丈（合
今约 12 米）旗"[①]。直到秦二世即位，仍将修建阿房作为完成始皇遗愿的头等大
事[②]，但直至秦末也未完工。今天考古发现的前殿遗址位于古皂河以西，渭河以南，
今赵家堡、古城村一带。[③]

---

① 《史记》卷六《秦始皇本纪》载："始皇以为咸阳人多，先王之宫廷小，吾闻周文王都丰，
武王都镐，丰镐之间，帝王之都也。乃营作朝宫渭南上林苑中。先作前殿阿房，东西五百步，
南北五十丈，上可以坐万人，下可以建五丈旗。……表南山之巅以为阙……阿房宫未成；成，
欲更择令名名之。作宫阿房，故天下谓之阿房宫。"
② 《史记》卷六《秦始皇本纪》。
③ 李毓芳，孙福喜，王自力等. 阿房宫前殿遗址的考古勘探与发掘 [J]. 考古学报，2005（02）：205-
236+243-256.

3.2.3　以自然或人工标志作为参照

中心既已择定，其地位如何确立？要从中心出发在区域的尺度上寻找四围的参照，确立其自成为中心的地位，正如钱穆所说："所谓中心者，实不能成一体，因其不能无四围而单有一中心之独立存在。"[①] 从中国古代的很多空间用语中能看到这种向四围寻找参照以确立中心的意图，如：四方、四国、四野、四郊、四望、四海等等，都是以观察主体所在为中心，目光投射向四个方向，确立一个参照体系。这是辨方正位的关键，辨四围之方以正中心之位。秦都咸阳从极庙、阿房出发，在区域的尺度上寻找自然地理的突出标志与既有的重要人工建筑物，作为四围之参照。

3.2.3.1　突出的自然地理标志

（1）极庙东向骊山之巅，北抵泾水之滨，南对子午谷口

子午谷位于今西安市南秦岭之中，是秦岭北坡不足 5 公里长的一条短谷，子午谷谷口一段谷道端直，谷口两侧山峰对称如阙，与周邻其他山谷迥然有别。战国、秦时子午谷中的子午道已经是贯穿秦岭南北，由关中直抵汉中的重要通道。[②] 子午谷的名称带有强烈的象征意义，凸显了其自然地理标志的突出地位：首先，子居北位，午居南位，"子午为经[③]，是空间的南北主干。子午谷当然不可能南北端直，就子午道全线而言，也多有偏折，如此命名正凸显了其南北空间主干的象征意义（图 3-7）。其次，子午象征着王气，子午谷地位超群，《括地志·长安县》："王莽以皇后有子孙瑞，通子午道。盖以子、午为阴、阳之王气也。"[④] 最后，子午谷又有直谷之名，《长安志》卷十一《万年县》引《水经注》：直谷水"亦曰子午谷水"。直者，"正见也"，"十目所见是直也"[⑤]，这样的命名方式正说明子午谷有与城市相朝对的地理位置特点。

骊山是终南山向西北伸出的一个支阜，主峰海拔 1302 米，东西绵亘二十余

---

① 钱穆. 中国思想史 [M]. 北京：九州出版社，2012：自序.
② 《史记》载汉高祖刘邦由关中前往汉中，"从杜南入蚀中。"胡三省注《资治通鉴》、顾祖禹《读史方舆纪要》等都据《司隶校尉杨君孟文石门颂序》所载"高祖受命，兴于汉中，道由子午，出散入秦"，认为"蚀中"即为子午谷。《水经注·沔水》中也记载张良护送刘邦去汉中途中烧绝的栈道为子午道上的"褒阁"。
③ （唐）王冰《灵枢经》卷十一《卫气行》。
④ （唐）李泰等著，贺次君辑校，括地志辑校 [M]. 北京：中华书局，1980：14.
⑤ （汉）许慎《说文解字》卷十二下。

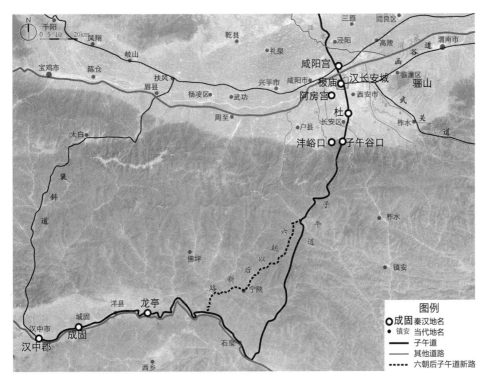

图 3-7　子午道路线示意

公里。它是咸阳以东、关中平原上最为突出的地理标志。芷阳宫与东陵即位于骊山西麓，秦始皇陵位于骊山北麓。极庙东连芷阳宫与东陵，也正与骊山之高峰相望（图 3-3）。

（2）阿房宫南对沣峪，以麦秸磊两山为门阙

《史记·秦始皇本纪》载：阿房宫"周驰为阁道，自殿下直抵南山，表南山之巅以为阙。"根据当代的考古发现与地形图的对应来看，阿房宫前殿遗址正与秦岭沣峪口相对。而沣峪的东西各有这一段秦岭的最高峰麦秸磊（海拔 2886 米）与另一海拔 2671 米的高峰，可谓是南山之巅相夹，呈现出"门阙"的形式（图 3-3）。阿房作为新朝宫的前殿并未建成，后一步应当还有更为宏大的规划。

（3）选择自然标志物的标准：地理边界，择取"天阙"

以极庙为中心的轴线体系，北至泾水、东对骊山、南面终南，以阿房为中心的轴线体系，亦南对终南山，恰好界定了长安地区所在的关中平原中部的自然地理边界。子午谷、骊山主峰及"南山之巅"都是这一边界上突出醒目的地理标志。

可以发现，在选择自然地理边界
的标志物时，除了高耸醒目这一标准
外，具有类似于门阙形态的自然物往
往被优先选择，如：阿房宫以南山为
阙，子午谷作为山谷也是两山夹峙的
阙的意象。先秦及秦汉时期盛行各种
阙类建筑，作为空间开口的标识物，
萧何在未央宫进行建设时修建了未央
宫北阙、东阙，长乐宫也有东西二

图 3-8　汉画像石——亭前迎谒（拓片）
（四川彭县出土）
（图片来源：刘志远等.四川汉代画象砖与汉代社会 [M].
北京：文物出版社，1983：6.）

阙[1]；而且，阙并非一般的出入口，传统上是悬示教令之处，其高大的形象可视
为政治权力的象征，人们经过阙门时都要下车表示礼敬[2]（图 3-8）。轴线的端点
是都城地区边界的标识物，也具有重要的象征意义，以"阙"为意象选择轴线
的自然标识物也成为很自然的事情。

3.2.3.2　既有的重要人工建筑物

（1）极庙北过横桥，连咸阳宫、望夷宫

咸阳宫是诸侯国时期都城的政治中心。在孝公移都咸阳时即已修造，秦孝公
十二年（前 350）"筑冀阙宫廷于咸阳"[3]；秦惠文公时，"取岐雍巨材，新作宫室"[4]，
进行增修；秦始皇时又进行了大规模的扩建，《三辅黄图》卷一《咸阳故城》载："始
皇穷极奢侈，筑咸阳宫，因北陵营殿，端门四达，以则紫宫，象帝居。"咸阳宫
是秦孝公至秦始皇时期君主处理政务、举行典礼的主要宫室，直到始皇三十五
年（前 212），"听事，群臣受决事"[5]仍然在咸阳宫。根据今天的考古发掘，今
咸阳秦都区西自毛王沟，东至柏家嘴，北起高干渠，南至咸铜铁路以北是秦宫
室遗址的密集区。其中聂家沟至姬家道沟建筑遗址分布最多、最密集、规模最大，

① 《汉书·宣帝纪》："三月辛丑，鸾凤又集长乐宫东阙中树上"，《汉书·刘屈氂传》："太子引兵去，四市人
凡数万众，至长乐西阙下，逢丞相军"。
② 《周礼·天官·大宰》："正月之吉，始和，布治于邦国都鄙，乃县治象之法于象魏，使万民观治象，挟日而敛之。"
郑玄注引郑司农："象魏，阙也。"《后汉书·五行志》注引《风俗通》："夫礼设阙观，所以饰门，章于至尊，
悬诸象魏，示民礼法也。故车过者下，步过者趋。"
③ 《史记》卷六十八《商君列传》。
④ 《三辅黄图》序。
⑤ 《史记》卷六《秦始皇本纪》。

似为宫殿中心区，[①] 咸阳宫应当就在此片区内，有学者认为现在发掘的牛羊沟 1、2 号建筑遗址即咸阳宫[②]，但仍存争议[③]（图 3-9）。

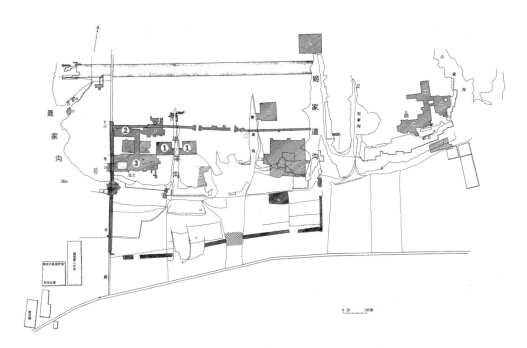

图 3-9　秦都咸阳宫城垣范围及其建筑遗址分布图
（图片来源：陕西省考古研究所. 秦都咸阳考古报告 [M]. 北京：科学出版社，2004.）

望夷宫是秦代的重要宫殿，建于泾水之滨，有望北夷、护都城之功能[④]。公元前 206 年，刘邦率农民起义军进逼关中，秦二世胡亥斋祀于望夷宫，祈求泾水之神保佑，后被逼自杀，指鹿为马的典故也发生在这里。考古研究认为望夷宫的位置有两个可能：（1）今泾阳县蒋刘乡余家堡东北的原畔[⑤]；（2）今蒋刘乡福隆庄[⑥]。二者相距不远，前者的赞成者更多。

横桥是秦都咸阳沟通渭河南北的最为重要的桥梁。《史记·孝文本纪·正义》引《三辅旧事》云："秦于渭南有兴乐宫，渭北有咸阳宫。秦昭王欲通二宫之间，造横桥，长三百八十步。"秦始皇统一六国后在扩建咸阳宫的同时，也扩建了横

---

① 陕西省考古研究所. 秦都咸阳考古报告 [M]. 北京：科学出版社，2004：14.
② 刘庆柱. 秦都咸阳几个问题的初探 [J]. 文物，1976（11）：25-30.；刘庆柱. 论秦咸阳城布局形制及其相关问题 [J]. 文博，1990（05）：200-211.
③ 例如，何清谷认为这三座宫殿规模较小，可能为咸阳宫的一部分。（何清谷. 关中秦宫位置考 // 秦文化论丛·第二辑 [M]. 西安：西北大学出版社，1993.）
④ 《三辅黄图》卷一《咸阳故城》载："望夷宫在泾阳县界，长平观道东，北临泾水，以望北夷。"
⑤ 泾阳县秦都望夷宫遗址 [G]. 中国考古学会. 中国考古学年鉴-1985. 北京：文物出版社，1985.
⑥ 何清谷. 关中秦宫位置考 // 秦文化论丛·第二辑 [M]. 西安：西北大学出版社，1993.

桥[①]，汉代承续。文献中明确记载横桥在西汉长安城横门外三里，[②]《三辅黄图·都城十二门》载长安城西北横门，"门外有桥曰横桥"。汉长安城横门遗址在今西安市未央区六村堡乡相小堡村西 50 米，横门外有一条南北向的大道遗址，在向北 1250 米后为淤沙堆积，不见路土，此处即应为秦汉横桥之所在。[③]

（2）极庙南连秦社稷

社为土神，稷为谷神，在农业社会这就是立国之根本，社稷向来被作为国家政权的标志，历代帝王往往修造社稷坛，"为天下求福报功"[④]。秦曾于咸阳修造社稷，李斯在向二世上书表功时重要的一项便是"立社稷，修宗庙，以明主之贤[⑤]。"秦社稷的具体建设时间难以考证。关于其位置，《三辅黄图·社稷》载："汉初除秦社稷，立汉社稷"。《汉书·郊祀志》颜师古注与此相类，也就是说汉社稷是在秦社稷的基础上建设的。当代的考古工作者认为，在汉长安城南发现的礼制建筑群中的第十三号遗址应当就是秦修汉葺的社稷之所在。[⑥] 这一建筑遗址的位置正与极庙的位置南北相对，而且从李斯之言中可以看出，社稷与宗庙（极庙）是作为一个整体来进行建设的。因而两者之间的对位关系很有可能是有意为之的。

（3）极庙东过霸水，连芷阳宫、东陵

芷阳宫原名霸宫，春秋时秦穆公为彰显自己的霸功，改滋水为霸水，并于其旁建霸宫[⑦]，这是秦在长安地区所修造的第一所宫室；战国时期，秦昭襄王对霸宫做了修葺、扩建，改名芷阳宫，在其地设置芷阳县。据考古调查，秦芷阳宫与芷阳城可能位于今西安市临潼区韩峪乡油王村一带。[⑧]

秦东陵是昭襄王时期起至秦始皇之前秦国君主的主要葬地，根据《史记·秦本纪》、《秦始皇本纪》与《吕不韦列传》等的记载，秦悼太子、宣太后、昭襄王及唐太后、庄襄王及帝太后均葬于芷阳[⑨]，因其位置在咸阳以东故又称为"东

---

① 《三辅黄图》卷一《咸阳故城》："渭水贯都，以象天汉；横桥南渡，以法牵牛。"
② 《史记》卷十《孝文本纪·集解》。
③ 刘庆柱. 论秦咸阳城布局形制及其相关问题 [J]. 文博，1990（05）：200-211.
④ （汉）班固《白虎通德论》卷二《社稷》。
⑤ 《史记》卷八七《李斯列传》。
⑥ 中国社会科学院考古研究所. 西汉礼制建筑遗址 [M]. 北京：文物出版社，2003：222-224.
⑦ 《史记》卷五《秦本纪》。
⑧ 张海云. 芷阳遗址调查简报 [J]. 文博，1985（03）：5-13.
⑨ 《史记·秦本纪》：昭襄王"四十年悼太子死魏，归葬芷阳。"《史记·秦本纪》：昭襄王"四十二年，安国君为太子，十月宣太后薨，葬芷阳郦山。"《史记·秦始皇本纪》："昭襄王享国五十六年，葬芷阳。"《史记·秦本纪》：孝文王立"尊唐八子为唐太后，而合葬于先王（昭襄王）。"《史记·秦始皇本纪》："庄襄王享国三年，葬芷阳。"《史记·吕不韦列传》："始皇十九年，太后薨，谥曰帝太后，与庄襄合葬芷阳。"

陵"[①]。当代的考古发现证实,秦东陵位于芷阳遗址之东,在今临潼区韩峪乡骊山西麓的山坡地带。[②] 事实上,秦始皇陵在某种意义上也可认为是这一陵区的一部分,都沿骊山山麓而建设,只不过是东陵在西麓,始皇陵在南麓,且二者之间可以通过沿骊山山脚的函谷道直接联系。

(4)新的建设融入地区既有重要人工建设,形成新秩序

从建设时间上来看,咸阳宫、横桥、望夷宫、芷阳宫、东陵、社稷均在极庙之前;从功能性质上来看,它们在秦都咸阳中都占有重要地位;从空间位置关系上来看,咸阳宫、横桥、望夷宫与极庙南北相对,而芷阳宫、东陵与极庙东西相对,这应当并非建设中的巧合,而是极庙在选址修筑之时,充分考虑了既已存在的空间秩序,并巧妙地加以利用和强化。

3.2.4 以感官为标准建立联系

中心与参照物均明确的基础上,则需要通过各种手段建立二者之间的联系,从而使其成为区域空间中的整体。这主要包括两方面,一是基于双目可见的视觉联系,二是基于双足可达的交通联系。

3.2.4.1 视觉联系

视觉联系是空间中最为直观的联系,在此处可见彼处,自然可以产生二者有密切联系的感受。

(1)人眼能见范围:百里之内

从当代科学对大气能见度的研究来看,在最好的情况下,可以看到 50 公里以外的景物[③],根据当代的观测资料,在 1979 年,位于西安市西南秦岭中段的太

---

① 《史记》卷五十三《萧相国世家》:"召平者,故秦东陵侯。秦破,为布衣,贫,种瓜于长安城东,瓜美,故世俗谓之'东陵瓜'。"

② 张海云,骆希哲. 秦东陵勘查记 [J]. 文博,1987,03:16-19+101.

③ 《中国大百科全书·大气科学分册》对大气能见度(visibility in atmosphere)有如下解说:"视力正常的人能从背景天空或地面中识别出具有一定大小的目标物的最大距离,也称气象视程,按观测者与目标物的所在高度不同分为水平能见度、斜视能见度和铅直能见度三项。在实际观测中分为十个等级。"

能见度级	能见距离	能见度级	能见距离
0	0 ～ <50m	5	2 ～ <4km
1	50 ～ <200m	6	4 ～ <10km
2	200 ～ <500m	7	10 ～ <20km
3	500 ～ <1000m	8	20 ～ 50km
4	1 ～ <2km	9	>50km

白山，大气能见度常年都在 25 ～ 35 公里 ①。从望夷宫到极庙约 20 公里，从极庙到子午谷口约 30 公里，合计约 50 公里；从极庙到骊山之巅，约 30 公里；从阿房宫到沣峪口约 25 公里，从沣峪口到到麦秸磊的直线距离约 25 公里，合计约 50 公里（图 3-10）。也就是说区域性轴线建立的前提是在视觉可见的范围之内，基于此，综合布局各人工建设物的位置并选择自然环境中的参照物，形成一个可以被人视觉感知的整体空间秩序。

（2）人眼最佳视区："正见"而非"直对"

在秦都咸阳的区域轴线体系中一个值得注意的现象是，组成轴线的各部分之间并非绝对的南北直对，有时会存在 2°～ 3° 的偏斜（图 3-10）。古人在描述轴线的对位关系时常用"直"字，如《西京记》曰：隋大兴"南直子午谷"，

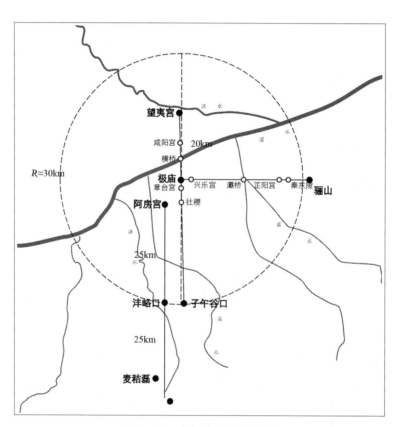

图 3-10　秦都咸阳轴线尺度

---

① 彭艳, 王钊, 李星敏等. 近 60a 陕西关中城市群大气能见度变化趋势与大气污染研究 [J]. 干旱区资源与环境, 2011, 09：149-155.

所谓"直"者，"正见也。……今十目所见是直也。"① 可见，在中国古人的认识中，"直"并不代表地理位置上的精确对应，而是从感官出发，以视觉感受上的"正见"为准。在建筑、建筑群的尺度上（一般是十数米到数百米），一般轴线都是笔直正对的，稍有偏斜人便会感觉到；但是在区域的尺度上，轴线尺度达到百里，轴线上各点的距离也以十数里或数十里计，空间位置关系上有小的偏差并不会影响"正见"的感受。根据现代人体工程学的研究，人眼水平视区中的最佳视区，即人眼辨别物体最清晰的区域，范围大约在 10° 以内，其中又以 1°～3° 为最优②，可以说在这一范围内，人眼的感受都是较为集中、清晰、正直的。

3.2.4.2　交通联系

除了视觉的联系之外，交通的联系也非常重要，人亲身从此处到彼处，自然可以将两处联系起来。

（1）驰道联系望夷宫、咸阳宫与极庙。从极庙到望夷宫有驰道相通，此道可北通甘泉宫，与直道相连，直抵北部边疆九原。汉宣帝甘露三年（前 51）春，匈奴呼韩邪单于与宣帝先后南入长安，其行程为甘泉宫——池阳宫——长平坂——渭桥——建章宫③。如前文所述，望夷宫在"长平观道东"④；渭桥当为横桥，在咸阳宫与极庙之间；建章宫在长安城西，极庙在其东北向。秦汉都城周边的交通线路没有实质性的变化，从宣帝的行程可以看到，自望夷宫（长平坂）到咸阳宫再到极庙有一条交通线路联系其中，应是秦驰道的一部分。（2）子午道联系极庙与子午谷。如前所述战国、秦时期子午道已经是贯穿秦岭南北的重要通道，南通秦岭以南的汉中。（3）武关道、函谷道联系极庙与骊山。《史记·秦始皇本纪》载："自极庙道通郦山"，极庙与骊山之间是有道路直接相通的。鸿门宴上刘邦从位于戏水之西的新丰鸿门逃回霸上军中，便是"从郦山下，道芷

---

① （汉）许慎《说文解字》卷十二下。
② 徐军，陶开山. 人体工程学概论 [M]. 北京：中国纺织出版社，2002：115.
③ 此事见《汉书》卷八《宣帝纪》、卷九四《匈奴传下》，《汉书》卷八《宣帝纪》载："三年春正月，行幸甘泉，郊泰畤，匈奴呼韩邪单于稽侯狦来朝，赞谒称藩臣而不名。赐以玺绶、冠带、衣裳、安车、驷马、黄金、锦绣、缯絮。使有司道单于先行就邸长安，宿长平。上自甘泉宿池阳宫。上登长平阪，诏单于毋谒。其左右当户之群皆以观，蛮夷君、长、王、侯迎者数万人，夹道陈。上登渭桥，咸称万岁。单于就邸。置酒建章宫，飨赐单于，观以珍宝。"
④ 《三辅黄图》卷一《咸阳故城》。

阳间行"[1]，霸上可直通秦都咸阳以极庙为中心的核心区，秦末刘邦进军霸上，秦王子婴曾到霸水以东的轵道亭投降[2]，汉初吕后亦由此入长安[3]。这条道路在骊山西麓分叉，向东北者通往函谷关，抵东方诸国，向东南者通往武关，达荆楚之地。（4）阁道联系阿房宫与南山。《史记·秦始皇本纪》载："先作前殿阿房，……周驰为阁道，自殿下直抵南山。"可见，阿房宫有阁道直抵南山之下，同时与极庙也有复道相连。当代的考古发掘中并未发现阿房宫通往外部的阁道遗址，一个很大的可能是这一道路体系本在规划之中，只是阿房本身就未完成，其所附属的阁道自然也并未成为现实。

综上，可以看到，秦都咸阳的轴线体系并非是空中楼阁，而是与具有切实功能的交通系统紧密结合在一起的，轴线的各个组成部分均可以通过道路互相连通。与此同时，这一道路体系分别向东、南、北方向延伸，与帝国的广大领土相勾连，使得以这一轴线体系为骨架的都城地区成为天下空间格局的中心和有机组成部分（图 3-11）。

3.2.5 在既有基础上调适增华

秦亡汉兴，虽经战火焚毁，但秦都咸阳仍残存有不少建设基础，且汉初国力不足，难以支撑大规模的城市和宫室建设，汉长安便是在渭南秦代宫室遗存的基础上建设起来的。秦咸阳的空间主干——区域轴线体系也被汉继承了下来，同时，根据条件的变化与实际的需要，进行了调整与创造。

关于汉长安城的轴线问题，学界向来多有讨论，有以安门——子午谷一线为轴线者，有以横门——未央宫一线为轴线者，二者均有考古资料的证实，争议不下。若从历史的、发展的眼光来看，汉长安事实上继承了秦制，存在着宫庙并立的双轴线体系，而且这个轴线体系是在秦的基础上经过微调而得到的，其中"宫"，是指汉长安的朝宫未央宫前殿，"庙"是指汉高祖的高庙。

---

① 《史记》卷七《项羽本纪》。
② 《三辅黄图》卷一，《水经·渭水注》，《史记》卷六《秦始皇本纪》。
③ 《汉书》卷三七《五行志》。

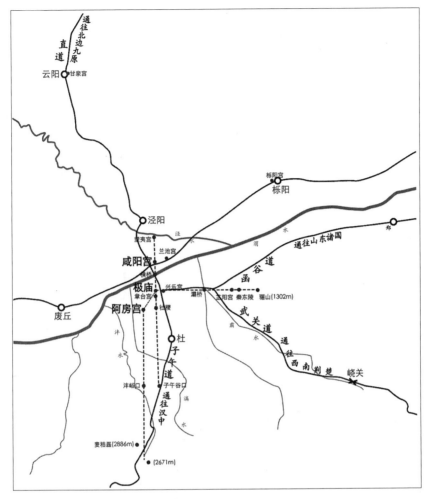

图 3-11　秦都咸阳轴线体系与交通干线体系的复合

3.2.5.1　因循旧基，建立未央宫轴线

汉初，高祖刘邦在以秦兴乐宫为基础而修建的长乐宫听政，高祖七年（200）到九年（前 198）萧何主持修造未央宫，这是汉帝国真正的朝宫，高祖晚年已于此会见群臣，从惠帝起，后世帝王正式移居未央听政。未央宫位于汉长安城的西南角，前殿是未央宫的核心，位于中心位置。

经过近几十年来的考古发掘，汉长安城的空间布局已经得到了较为清晰的勾勒，可以明显看到，渭河上的横桥、长安城北门横门、未央宫北门、未央宫前殿、西安门以及汉社稷，南北相对，形成了一条以未央宫前殿为中心、贯穿汉城南北的轴线。据当代学者研究，未央宫前殿有可能是在秦章台宫的基础上建设的；

汉社稷也位于秦社稷的位置；南北贯穿的交通系统与跨越渭河的横桥也为秦旧，可以说这条轴线就是对秦代建设的继承（图3-12）。

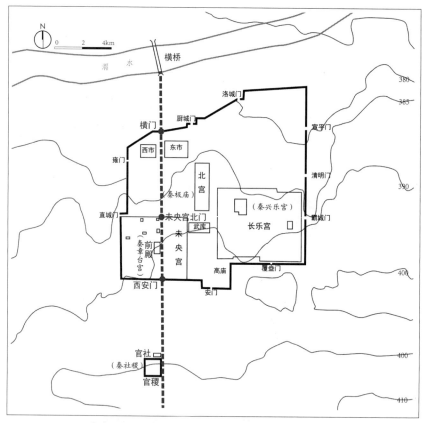

注：图中长安城为汉惠帝时的情形

图3-12　汉长安城未央宫轴线及其与秦旧基的关系
（图片来源：笔者自绘，汉长安城布局据刘庆柱、李毓芳《汉长安城》之
《汉长安城遗址平面示意图》[①]）

3.2.5.2　继承思想，建立高庙轴线

高庙为奉祀汉高祖之宗庙，与秦始皇之极庙的性质相同。《三辅黄图》载："高庙在长安（安）城门街东。"[②]《史记·叔孙通传》记载汉惠帝想修造一条联

---

① 后文中汉长安城布局均自此图绘制，不再注明。
② 见《汉书·叔孙通传》晋灼注。刘庆柱、李毓芳认为，此句有佚字，应为："高庙在长安城安门街东"。见：刘庆柱，李毓芳. 关于西汉帝陵形制诸问题的探讨 [J]. 考古与文物，1985（05）：102-109.

系未央宫和长乐宫的复道，但是被叔孙通劝阻，因为其会横跨在安门大街之上，而安门大街正是每月将高祖衣冠从渭河以北的高寝迎回城中高庙的必经之路。可见，高庙应位于汉长安城中、安门东、武库南的位置，在未央宫与长乐宫之间，临安门大街。惠帝庙就修建在高庙旁 [①]，至文帝始才将皇帝的宗庙迁出城外。[②]

高庙向北正对渭河北岸的高祖长陵，向南出安门，直对子午谷口，形成了一条贯穿渭河南北，直抵终南山下的轴线，总长近 50 公里，较之未央宫轴线气势更为宏大（图 3-4）。秦咸阳以极庙为中心的轴线，南对具有南北主干、王气等深刻文化内涵的子午谷，东连先王陵寝东陵（事实上始皇陵也属于这一陵区）。高庙轴线具有与之相同的性质，北连高祖陵寝，南对子午谷，尺度也与由望夷宫到子午谷的轴线近似。可以说是汉代在继承秦代的规划思想和手法的基础上，根据新的建设需求进行了化用。

3.2.6　联系人工环境与自然环境的区域轴线体系

总而言之，轴线并不是指空间中明确存在的一条孤立的直线，而是基于辨方正位所形成的一种朝对关系。就区域尺度的轴线而言，区域中的各个部分，都共同遵守这一朝对关系，既包括人工建设的部分，也包括自然环境的部分，且尤其重视观察自然、发现规律，将地理单元边界的标志物作为朝对关系的重要组成部分。正是基于此，区域尺度的轴线体系将人工环境与地区的自然环境紧密地结合在了一起，交织成网，形成空间秩序上的一个整体。这个轴线体系就是地区自然环境与人工环境之间的空间主干，正如后世所谓"千里江山一向间"[③]。李约瑟曾经高度赞扬中国古代建筑与自然和谐的形式，"中国人在建筑中以一种诗一般的壮美融合了人与自然，形成了为任何其他文化所不及的整体和谐的建筑形式"[④]。事实上在区域的尺度上也存在这样的"整体和谐"。

---

① 《三辅黄图》卷五《宗庙》："惠帝庙在高帝庙后。"《长安志》卷五引《关中记》："惠帝庙在高庙之西。"
② 《汉书·五行志》："古之庙皆在城内，孝文庙始出城外。"
③ （清）赵九峰《地理五诀》卷一《五行歌诀罗经学法·论五常》。
④ （英）李约瑟. 中华科学文明史 [M]. 上海交通大学科学史系，译. 上海：上海人民出版社，2001-2003：58.

3.3 象天设都：融合精神与物质的区域空间格局

除了建构联系人工环境与自然环境的区域轴线体系，形成宏阔的区域空间主干。秦都咸阳还将社会文化信仰融入地区物质空间建设中，将天象布局与地区空间格局联系起来，使得地面上的人工建设在空间位置关系和功能内涵等方面与天空中的星辰相呼应。汉承秦制，也在城市与建筑的尺度上实践了象天设都的思想。这一方面为地区空间的整体格局赋予了共有的精神内涵，使得各项建设可以在一个整体的架构下进行铺设；另一方面，也体现了大一统的时代背景下，都城作为天下之中乃至宇宙之中的崇高文化地位，宣示了政权的正统性。

3.3.1 秦汉都城地区的象天之举

象天设都是中国古代人居建设中历史悠久的传统，先秦时期即已萌芽，秦汉时期得到发展和弘扬，"五宫"格局可能是象天设都的一种基本空间模式。[①]

3.3.1.1 先秦都城建设中对天象的模仿

将都城建设与天相联系是先秦时期即已产生的规划传统。在人类社会早期，即借助通天的巫术，显示权力与上天之间的密切联系，以保证统治的稳定性和权威性。伴随着社会发展，巫术色彩逐渐淡去，君主仍要借助一些手段向民众昭示其统治权来源于上天。人力自然无法直接作用于天，"天人关系"往往是通过人对大地的经营，建立"天地关系"来实现的。《易·系辞》有云："古者包羲氏之王天下也，仰则观象于天，俯则观法于地"，"在天成象，在地成形"[②]，"王天下"是从仰观俯察、建立天地联系开始的。都城作为政治权力的中心，具有强烈的象征性和唯一性，在都城建设中模仿天象，就成为建立天人关系、树立政权正统性的一个重要手段。殷商人自诩都邑为"天邑"，自称王朝为"天邑商"，意即作邑建都追求上天的体认，按照上帝的意志安排都邑位置与筑邑时间。[③]据

---

① 需要特别指出的是，咸阳象天是史有明载的，但是秦都咸阳的具体城市格局在学界尚无明确共识，渭南新朝宫等始皇心目中的宏伟规划蓝图亦未完全实现，故而本书所提出的象天设都的格局只是对一种可能性进行探讨，希望借此探究其基本模式和思想方法，而非刻意考证具体细节。
② 王弼，韩康伯注，孔颖达疏. 周易注疏 [M]. 北京：中央编译出版社，2013：337.
③ 《尚书·多士》："予一人惟听用德，肆予敢求尔于天邑商"，孔颖达疏引郑玄注："言天邑商者，亦本天之所建"。甲骨文中所记载的信息可为此提供证据："王乍（作）邑，帝若（诺）。[王乍］邑、帝弗若？"（帝即上帝，详参：刘桓. 殷墟卜辞'大宾'之祭及'乍邑'、'宅邑'问题 [J]. 中国史研究，2005（1））。

《吴越春秋》的记载，春秋时的吴国和越国在都城规划建设中都有象天的举措，伍子胥规划吴都时"象天法地，造筑大城。"[①] 范蠡规划越都时"乃观天文，拟法于紫宫，筑作小城"[②]。

3.3.1.2 象天设都的秦都咸阳与汉都长安

秦始皇统一天下后所推行的政治、法律、经济、社会、文化等各方面的制度，都明显地是在各诸侯国旧有制度的基础上整合、提炼、完善而成的，带有很强的兼收并蓄、集成创新的特点。象天设都作为源远流长的城市规划设计传统对秦及继之而兴的西汉的都城建设产生影响是十分自然的。

秦汉时期的社会文化观念和天文学知识的发展，也为象天设都提供了思想和技术的土壤。"天人相应"是秦汉主流的社会文化观念，是其政治制度制定的指导思想之一，认为天与人结构相同，人事与天事规律相近，可以互相感应。《吕氏春秋·明理》中对天象与人事的对应关系进行了系统分类和阐述，兴盛于汉代的谶纬之说，更是对此思想的进一步发挥。与此同时，秦汉时期已经有较为精确的天文观测，天文学知识发达并日趋成熟定型、阴阳术数盛行，三垣、二十八宿、十二次等体系已经被熟知并得到应用。

《史记·秦始皇本纪》有两处明确提出始皇在扩建咸阳城时有以天上之星辰与地上之宫殿相比附的思想："作信宫渭南，已更命信宫为极庙，象天极"，"为复道，自阿房，渡渭属之咸阳，以象天极阁道绝汉抵营室也"[③]。天极、阁道、营室都是星宿的名称。《三辅黄图》卷一有载："始皇穷极奢侈，筑咸阳宫，因北陵营殿，端门四达，以则紫宫，象帝居"，紫宫为天上星座，与渭北咸阳宫相应。汉都长安的规划仿效了秦都咸阳的规制。张衡《西京赋》述汉长安之规划"正紫宫于未央，表峣阙于闾阖。疏龙首以抗殿，状巍峨以岌嶪"。"紫宫"指居于中天位置的星辰群体，"闾阖"意为天门，可见汉都仿效秦都，运用了象天思想。

---

① 赵晔. 吴越春秋 [M]. 南京：江苏古籍出版社，1982：25.
② 赵晔. 吴越春秋 [M]. 南京：江苏古籍出版社，1982：107.
③ 《史记》卷六《秦始皇本纪》。中华书局 1982 年版将此断句为"为复道，自阿房渡渭，属之咸阳，以象天极阁道绝汉抵营室也"。从考古发现来推理，阿房宫距离渭河较远，不可能直接由此渡渭，但是以其为起点再转而到其他位置渡渭是可能的，故而有本书的断句方式。

3.3.1.3　秦汉时人观念中的天象结构

要想研究秦汉长安地区空间秩序营建中对象天思想的运用，首先必须要了解当时社会，尤其是上层社会所掌握的天文学知识的情况。《史记·天官书》是研究这一时期天文学最直接也是最可信的资料。太史是皇家机构中掌握天文知识的人。司马迁在撰写《史记》之前曾参与修订《太初历》，其历算、天文水平自不待言。《史记·天官书》虽成书于西汉中期，但其所包含的天文知识汇总了入史以来，尤其是春秋战国时期的天文学成果，体现了秦汉时期皇家天文机构所掌握的天文知识的概貌。[①] 李约瑟称之为中国古代天文学最重要的文献。[②]

《史记·天官书》将浑天星象划分五区，即所谓五宫。中宫是"紫微大帝"及其子属、正妃与藩臣所居，东宫苍龙，南宫朱鸟，西宫白虎，北宫玄武，分别包括了分布在四个方位的二十八星宿（图3-13）。本书即以《史记·天官书》中对于星象的认识为基础来进行象天设都模式的研究，同时以《晋书·天文志》、《隋书·天文志》等内容为辅[③]。

3.3.2　以极庙象征天极，确立地区中心

在天空的星象中，居中者为中宫天极，是整个天象结构的中心。在秦都咸阳的规划布局中，以始皇的生祠——极庙象征天极，确立了整个地区空间的中心。

始皇二十七年（前220），于渭南修建极庙，这是始皇生前为自己修建的生祠，秦二世元年（前209）奉其为"帝者祖庙"。极庙象征天极是《史记·秦始皇本纪》明载的："已更命信宫为极庙，象天极"[④]。关于天极的性质和地位，《史记·天官书》载："中宫天极星，其一明者，太一常居也"；《正义》："泰一（即太一），天帝之别名也。刘伯庄云：泰一，天神之最尊贵者也。"可见天极居于中心，为众星所环绕，在天空中具有至高无上的地位。这也与始皇所筑之极庙的地位是相应的，这是始皇的生祠，是帝都咸阳的中心。极庙周边在诸侯国时代已有章台、

---

① 伊世同.《史记·天官书》星象（待续）——天人合一的幻想基准 [J]. 株洲工学院学报，2000（05）:6-10.
② Joseph Needham et al., Science and Civilisation in China, Vol. 3, Mathematics and the Sciences of the Heavens and the Earth[M]. Cambridge：Cambridge University Press, 1959：200.
③ 《晋书·天文志》与《隋书·天文志》均由唐初天文学家李淳风所著，李淳风家学渊源，父李播是《天文大象赋》的作者，李淳风历任太常博士、太史丞、太史令等职，曾创制了黄道浑仪，撰写了法象志，编撰了《乙巳占》和麟德历等。《晋书·天文志》与《隋书·天文志》在正史诸天文志中具有很高的地位，《明史·天文志》开卷即有言："论者谓《天文志》首推晋隋"。二者之内容较《史记·天官书》更为详细，且时代距离尚不甚玄远，可以作为《天官书》的补充和注释。
④ 《史记》卷六《秦始皇本纪》。

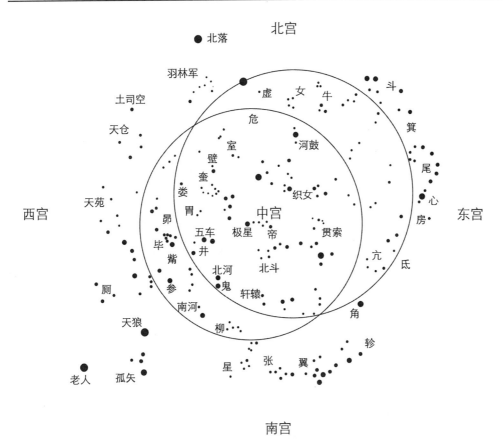

图 3-13 《史记·天官书》星图
（图片来源：笔者据陈遵妫《中国天文学史》之《五官（宫）坐位图》自绘）

兴乐等宫，还有秦诸宗庙，这些都是渭南具有重要地位的建筑，它们将极庙环绕于中，共同组成象征中宫的宫殿群。其中极庙自当象征帝星，章台与兴乐二宫，环护极庙于左右，恰与匡衡十二星拱卫帝星的格局相似。

3.3.3　以"五宫"格局重新定位、展拓既有建设

以中宫天极为中心，天象上还有东、西、南、北四宫环列于周，形成"五宫"格局。在确立了极庙象中宫天极的中心地位之后，一方面，渭河南北的既有建设被选择性地纳入天象的"五宫"格局之中，被赋予新的含义和地位，包括极庙以东的始皇陵、以北的渭北诸宫、以西的皇家苑囿等；另一方面，根据"五宫"格局的需要，在既有建设的基础上，进行展拓、新建，形成了整体的宏大格局。

3.3.3.1　帝陵为东宫

始皇即位后即开始在当时的朝宫咸阳宫东南方向的骊山修治陵墓，但其在位的前十年，政权主要掌握在权臣手中，这一时期的陵墓营建应当也是由吕不韦等人主导的，可能就是秦东陵的扩展。始皇十六年（前231），始皇"初置丽邑"，充实人员，作为大规模开展陵墓建设的保障，而始皇陵真正大规模的营建是从始皇三十五年（前212）开始的。[①]《三辅黄图》卷一载："始皇穷极奢侈，筑咸阳宫，因北陵营殿，端门四达，以则紫宫，象帝居。"此处所述当为始皇统治早期，以咸阳宫为政治中心之所在，进行扩建，比象紫宫（即中宫）。这样来看，丽山位居咸阳宫东南，恰好位于东宫的位置上。天下统一后，都城中心南移，帝陵也仍在中心之东，可认为仍处于东宫的位置。

从空间位置和象征意义出发，将东宫各星与秦始皇陵的各项建设进行比照，从中可以发现一些可能的对应关系。（1）封土与氐。氐星代表"路寝"[②]，是处理国家大事的办公地点，也就是秦汉时期所谓的前殿，在建筑群中具有最为重要的地位，这与封土在陵墓建筑群中的地位相应。《三辅黄图》卷五《宗庙》记载汉高祖刘邦的长陵在陵上作有建筑"以象平生正殿路寝也"。（2）丽邑与天市垣。丽邑遗址位于今临潼区刘寨村附近[③]，在帝陵陵园的北部。始皇曾经迁徙关东六国及秦内部的豪族大贾于此，以强本弱末、统御六国，同时"丽亭"、"丽市"等陶文[④]的出土也都证明丽邑有市亭，有手工业与商业机构。在氐星的东北有一组左右环绕的二十二颗星，即后世所谓的天市垣，分别以宋、齐、韩、楚等诸侯国的名称命名，其中又有四星曰天市，六星曰市楼，《宋史·天文志》：

---

① 《史记》卷六《秦始皇本纪》："隐宫徒刑者七十余万人，乃分作阿房宫，或作丽山。发北山石椁，乃写蜀、荆地材皆至。……因徙三万家丽邑，五万家云阳。皆复不事十岁。"此外，《史记·秦始皇本纪》："及并天下，天下徒送诣七十余万人，穿三泉，下铜而致椁，宫观百官奇器珍怪，徙臧满之。令匠作机弩矢，有所穿近者辄射。以水银为百川江河大海，机相灌输，上具天文，下具地理。以人鱼膏为烛，度不灭者久之。"《文献通考》引《汉旧仪》："使丞相李斯将天下刑人隶徒七十二万人作陵，凿以章程。"所说都为此事。
② 《史记正义》引《星经》云："氐四星为路寝，听朝所居"。唐张铣注《西京赋》曰："周曰路寝，汉曰正殿，皆朝见诸侯也"。
③ 《史记·秦始皇本纪》载："十六年，置丽邑"。该地与《括地志》、《水经注》所载西周的骊戎邑、西汉新丰地望相吻合，又《汉书·地理志》载：新丰"秦曰丽邑"，《史记·高祖本纪》"汉高祖十年（前197），更名丽邑曰新丰"。由此可知汉新丰是在秦丽邑的基础上改筑而成。
④ 1994年，在刘寨村东南杜村基建工地内发现大量砖、罐、盆、筒瓦、板瓦以及灰土、木炭等秦汉遗物，很多器物有陶文。陶文内容总计有3类49种。第一类为中央官署制陶作坊类，有"大匠"、"大毂"、"北司"、"宫丙"、"宫各"、"宫烦"、"宫易"、"宫之"、"宫口"、"居室"、"都船掩"、"右歇"；第二类为官营徭役性制陶作坊类，有"泥阳"、"西道"、"西处"、"安邑皇"、"安邑禄"、"安奴"、宜阳工武"、"宜阳工昌"……第三类为市亭类，有"丽亭"、"丽市"。（王望生. 西安临潼新丰南杜秦遗址陶文 [J]. 考古与文物,2000(01)：7-15. ）

天市"象天王在上,诸侯朝王……其率诸侯幸都市也亦然"。这与"隆上都而观万国"[①],且具有手工业与商业功能的丽邑是相呼应的。(3)马厩坑与房。在帝陵陵园外城东南的上焦村一带有一个规模庞大的马厩坑遗址,埋藏有大量马骨和陶俑,代表中央厩苑。秦人向来以善于养马著称于世,[②] 此遗址亦为至今为止在始皇陵周边发现的规模最大的陪葬坑。氐星东南为房星,"房为府,曰天驷"[③],"是马祖也"[④],以马厩象房星,自然在情理之中。且房星为东宫的重要星宿,与心宿同为东宫的主星,其地位也与马厩坑遗址的地位相应。(4)兵马俑陪葬坑与衿、辖。兵马俑陪葬坑位于帝陵以东,上焦村马厩坑东北,由 4 个大小不一的兵马俑坑组成[⑤],一般研究认为其代表威震东方、护卫帝王的军队。在房星东北有钩衿二星,其北又有一星曰辖(辖),即键闭。钩衿二星为"天子之御"[⑥],"天之管钥"[⑦],"为主钩距,以备非常也"[⑧],键闭亦为"掌管钥"[⑨]之星。可见,这一组小星均含有锁钥、防卫的含义,与兵马俑坑的功能性质一致,且其成组成团分布的特点也与兵马俑坑的布局特点有接近之处。

从《史记·天官书》的记载来看,东宫是帝廷、路寝、明堂、军队、市邑、臣属、庙宇等齐全的另一个天庭。如果将极庙所在视为中宫,是最重要的帝王之廷,那么陵墓选址在东宫位置,是另一个天庭之所在,也可认为在某种意义上印证了《吕氏春秋·安死》中"世之为丘垅也""若都邑"的说法。

始皇帝陵直至秦末尚未完全建成,可以设想规划中可能还有其他的重要建设与心、天角等东宫中的其他重要星座相对应,形成一个更加完整的天人相应的空间图景(图 3-14,图 3-15)。

---

① 这是班固在《西都赋》中对西汉陵邑的描述,丽邑作为陵邑之先驱,也具有同样的性质。
② 《战国策·韩策》:"秦马之良,戎兵之众,探前趹后,蹄间三寻者,不可胜数"。
③ 《史记》卷六《秦始皇本纪》。
④ 《史记·天官书·正义》:房星"亦主左骖,亦主良马,故为驷。……"
⑤ 面积分别为:面积为 1.426 万平方米、6000 平方米、520 平方米,4 号坑未建成。
⑥ 《汉书》卷二十六《天文志》。
⑦ 《晋书》卷十一《天文志上》。
⑧ 《史记·天官书·索隐》引《元命包》。
⑨ 《史记·天官书·正义》引《星经》。

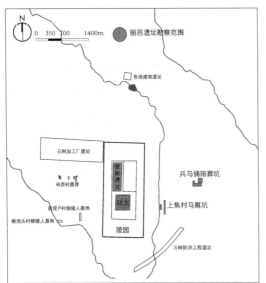

图 3-14　秦始皇陵区遗址分布图
（图片来源：笔者自绘，遗址分布据《秦始皇帝陵考古报告 2001—2003》之《秦始皇帝陵区重要遗迹分布图》）

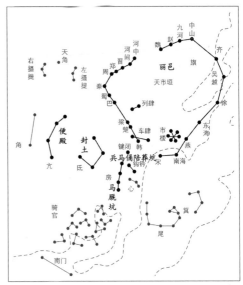

图 3-15　秦始皇陵区象东宫模式设想
（图片来源：笔者自绘，星象据刘操南《古代天文历法释证》之《东宫星图》[①]）

3.3.3.2　渭北宫室为北宫

在诸侯国时期，咸阳作为都城，其重心主要在渭北，建设了以咸阳宫为主的若干宫室。始皇统一天下前后，又开展了营建六国宫室、扩建咸阳宫等建设行为。在咸阳地区的象天格局中，渭北诸宫室正位于北宫位置。

从空间位置和象征意义出发，将北宫各星与渭北宫室进行比照，可以发现彼此之间存在一定的相互呼应的关系。

（1）咸阳宫与营室，渭桥与阁道。孝公自栎阳移都咸阳时即建有咸阳宫，后世又不断经营建设，长期以来都是咸阳最为重要的宫室。始皇统一天下，于渭南确立极庙为新的中心，位于渭北的咸阳宫在整个都城地区中的地位也相应地发生了变化。《史记·天官书》：中宫"后六星绝汉抵营室，曰阁道。"营室属北宫，阁道为中宫北端跨越天河的一组星，联系了天极和营室。《史记·秦始皇本纪》："为复道，自阿房，渡渭属之咸阳，以象天极，阁道，绝汉抵营室也。"此意甚明，极庙是为天极，咸阳宫是为营室，横跨渭河的渭桥是为阁道。从其他文献记载

[①] 一般星图中方向为上北下南，左东右西，本书为与地面上的空间布局进行对应和比较，在绘图中均将其作镜像处理，即左西右东。

来看，营室星是重要的天子离宫别馆、布政之宫[①]，这一点是与咸阳宫的功能性质相同的，咸阳宫是定都咸阳时最早建设起来的最为重要的宫室，自然成为后世营建宫室时的参照。

（2）六国宫室与虚宿。六国宫室是始皇仿效战败的诸侯国宫室所建，《史记·秦始皇本纪》载："秦每破诸侯，写放其宫室，作之咸阳北阪上，南临渭，自雍门以东至泾、渭，殿屋复道周阁相属。"这应当是一个较长的过程，从始皇十七年（前230）灭韩开始，在统一天下后应当达到极盛，其具体位置今天尚没有完全可靠的考古证据[②]。史籍所载的六国宫室位于"咸阳北阪"且"南临渭"。根据今天的地形来看，渭河以北的地区从西南向东北抬升，故六朝宫室最有可能是位于咸阳宫的东北方向。北宫营室之东北有虚宿，《史记·天官书·正义》："虚主死丧哭泣事，……亦天之冢宰，主平理天下，覆藏万物。"六国战败，是为"哭泣之事"，而秦则"平理"之，"覆藏"之，收六国之精华于此一隅。六国宫室应与北宫虚宿相呼应。

（3）望夷宫与北落师门。望夷宫是秦代的重要宫殿。建于泾水之滨，有望北夷、护都城之意义。此处必定屯有重兵，守卫咸阳，抗击北夷。据《史记·秦始皇本纪》，秦都咸阳"自雍门以东至泾渭，殿屋复道相连，周阁相属"，位于泾河边缘的望夷宫应当是都城宫殿区的北端边缘。在北宫星宿中，营室星正北[③]有羽林天军、垒、北落（又名北落师门）诸星。据《史记·天官书·正义》：羽林天军为"天宿卫之兵革出"，垒星为"天军之垣垒"，都具有明确的军事防卫的功能。北落是营室之北的较为瞩目的大星，象征天军之门，北落师门的位置与性质与望夷宫一致，羽林天军、垒等星则应象征望夷宫周边所屯守的重兵（图3-16，图3-17）。

[①]《史记·秦始皇本纪·正义》："营室七星，天子之宫，亦为玄宫，亦为清庙，主上公，亦天子离宫别馆也。"营室是重要的天子之宫，（唐）杨炯《少室山少姨庙碑》："太微营室，明堂布政之宫。"《史记·天官书》："荧惑为勃乱，残贼、疾、丧、饥、兵。……其入守犯太微、轩辕、营室，主命恶之"，太微、轩辕都是天子理政的处所，将扰乱太微、轩辕、营室的星象共同视为战乱的象征，也可见营室与这二者有相近的性质。

[②] 刘庆柱认为其在咸阳宫东西两侧，即牛羊村附近（刘庆柱. 秦都咸阳几个问题的初探 [J]. 文物,1976(11): 25-30.；刘庆柱.《谈秦兰池宫地理位置等问题》几点质疑 [J]. 人文杂志, 1981（02）:97-99.）王学理认为在今咸阳东的渭城湾到杨家湾之间的北原（王学理. 秦都咸阳 [M]. 西安：陕西人民出版社，1985：74.）徐卫民认为在已经发掘过的秦都咸阳一、二、三号建筑遗址北的怡魏村一带，与王学理认为的位置相近（徐卫民. 秦都城研究琐议 [J]. 浙江学刊, 1999（06）:140-144.）

[③] 此处考虑的空间模式是将全天星象正投影，则天极位于正中，北宫位于其北，越远离天极则越北，这与传统天文研究中以天极为北的方位观不同。

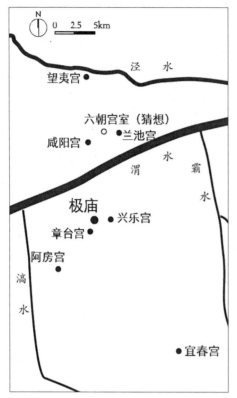

图 3-16 秦都咸阳主要宫室分布示意图

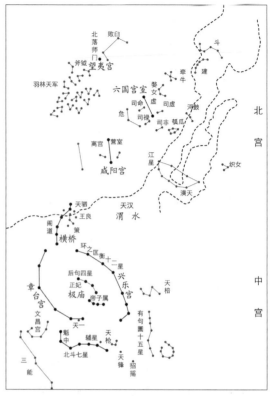

图 3-17 秦都咸阳渭河南北宫室象天模式设想
（图片来源：笔者据刘操南《古代天文历法释证》之《中宫星图》、《北宫星图》自绘）

3.3.3.3 西部皇家苑囿为西宫

诸侯国时期，咸阳周边便建有宫廷苑囿，昭王时秦有五苑，《韩非子·外储说右下》中曾经记载诸侯国时期应侯请求将秦"五苑"中的"蔬菜橡果枣栗"发放给遭遇饥荒的民众。秦始皇时期对渭南苑囿多有扩建，《史记·滑稽列传》载始皇"欲大苑囿，东至函谷，西至陈仓"，后虽因优旃之谏而放弃，但是对于苑囿的小规模扩建仍然是很有可能的。

秦代苑囿的具体位置今已难考，西汉在秦苑的废墟上建设了汉之苑囿，《三辅黄图·苑囿》有言："汉上林苑，即秦之旧苑也。"只能根据汉苑之记载来初步推测秦苑的范围。班固《西都赋》云："西郊则有上囿禁苑，林麓薮泽，陂池乎连乎蜀汉。缭以周墙，四百余里。离宫别馆，三十六所。"《三辅黄图·苑囿》载有汉西郊苑，与此相类，可见西郊应当是秦汉时期禁苑的核心区域。《史记·秦始皇本纪》载：始皇三十五年（前 212），"乃营作朝宫渭南上林苑中。"证明秦时渭南有上林苑，其范围史无详载。亿里根据《史记·秦始皇本纪》、《长安志》、《秦封宗邑瓦书》等的记载及秦代行政建置的情况，认为上林苑范围基本是"西界沣水，东至今西安市劳动公园，北起渭水，南临镐京"[①]。这一范围恰是在极庙、章台、兴乐等宫殿群的西南方向。此外，秦咸阳西南方有一组供帝王游猎的宫苑，包括长杨宫、萯阳宫、五柞宫等[②]。这一组宫苑位于终南山北麓，毗邻涝水，山林秀美，风景宜人，研究者普遍认为此间为秦一大禁苑。考古与文献记载也证实，秦咸阳在渭南的主要池沼也都在极庙西南方向，包括镐池[③]、滮池[④]等（图 3-18）。

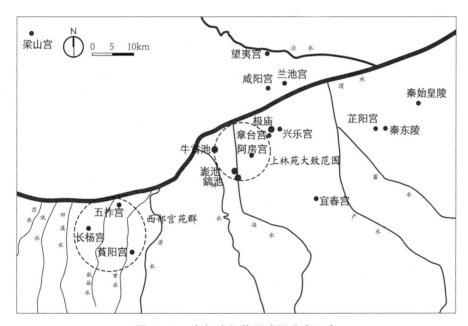

图 3-18　秦都咸阳苑囿池沼分布示意

---

① 亿里. 秦苑囿杂考 [J]. 中国历史地理论丛, 1996（02）：105-110.
② 《汉书·地理志》载：盩厔县"有长杨宫，有射熊馆，秦昭王起"，《三辅黄图·秦宫》："长杨宫，本秦旧宫，……门曰射熊观，秦汉游猎之所"；"萯阳宫，秦（惠）文王所起，在今鄠县西南二十三里。"《元和郡县志·卷二》："秦五柞宫在（鄠）县东南三十八里。"
③ 《三辅黄图》："镐池在昆明池之北，即周之故都也。"又引《庙记》："长安城西有镐池，在昆明池北，周匝二十二里，溉池三十二顷。"秦始皇时候已有此池，《史记·秦始皇本纪》：三十六年（前 211），"有一持璧遮使者曰：为吾遗滈池君。"《集解》：孟康曰，"长安西南有滈池也"。
④ 在周代就有滮池，并被用于灌溉。《诗·小雅·白华》："滮池北流，浸彼稻田。"《水经·渭水注》："滈水又北流，西北注与滮池水合。"

秦汉时的皇家禁苑与后世主要用于观赏游乐的皇家园林不同，它物产丰富，并饲养羊、鹿等牲畜以供给郊祀或宴客，同时也是天子射猎的场所。可以提供"蔬菜橡果枣栗"①，"财用足以奉郊庙，御宾客，充庖厨"②，《汉旧仪》中记载上林苑中饲养有"百兽禽鹿"，可供祭祀、宴飨、射猎等③。

据《史记·天官书》的记载，西宫诸星可提供祭祀牺牲（娄）、五谷（胃）、粮草（刍），可用于游猎（毕）、饲养禽兽（天苑）。这些功能与秦皇家苑囿的功能是一致的。其位居西方的位置也与处于极庙宫殿群西方的诸苑囿相当。西宫有咸池星，代表天池，也是太阳洗浴的地方④，这也与位于极庙以西的诸池沼的位置和含义是相应的。

3.3.3.4 营阿房以象南宫太微

始皇三十五年，欲于渭南营建新的朝宫，首先营建规模宏大的前殿，这是新朝宫最为重要的宫室，因建于"阿房"，故名为"阿房宫"。前殿工程的规划设计非常宏大，但直至秦末也未完工。今天考古发现的前殿遗址位于古皂河以西，渭河以南，今赵家堡、古城村一带。⑤这一位置处在极庙、章台、兴乐这一建筑群的西南方向。

据《史记·天官书》的记载，南宫有衡宿，即后世所谓的太微垣的主要构成部分，这是天帝的南宫，乃三光（日、月、五星）入朝的宫廷，其中央有五帝座⑥，其前后左右有大臣、大将、执法的官员、诸侯、蕃臣等坐。其旁有权宿，又名轩辕，象征后宫。《淮南子·天文训》中论述了太微与紫宫的关系："太微者，太一之庭也。紫宫者，太一之居也。"也就是说太微是天帝处理政务之宫庭，紫宫为天帝居处之寝宫。太微的性质及位置，恰是与阿房宫的功能及其与极庙的

---

① 《韩非子·外储说右下》。
② （汉）扬雄《羽猎赋》。
③ 《汉旧仪》："武帝时使上林苑中官奴婢，及天下贫民资不满五千，徙置苑中养鹿"。除了鹿，上林苑中还养羊。《史记·平准书》："初，式不愿为郎。上曰：'吾有羊上林中，欲令子牧之。'式乃拜为郎，布衣屩而牧羊。岁余，羊肥息。上过其苑，善之"。《汉旧仪》上林苑六厩令治下的"天子六厩，未央、承华、骑騄、骑马、辂軨、大厩也，马皆万匹"。
④ 《楚辞·九歌·少司命》："与女沐兮咸池"，王逸注："咸池，星名，盖天池也。"《淮南子·天文》："日出于旸谷，浴于咸池。"
⑤ 李毓芳，孙福喜，王自力等. 阿房宫前殿遗址的考古勘探与发掘[J]. 考古学报，2005（02）：205-236+243-256.
⑥ 《史记·天官书·正义》："黄帝坐一星，在太微宫中，含枢纽之神。四星夹黄帝坐：苍帝东方灵威仰之神；赤帝南方赤熛怒之神；白帝西方白昭矩之神；黑帝北方叶光纪之神。五帝并设，神灵集谋者也。"

相对位置相呼应的。此外,史载阿房宫"表南山之巅以为阙"[①],南宫有天阙星[②],即阙丘二星,象征"天子之双阙"[③],此二星在太微以南,或与阿房宫所表之阙有呼应关系。可以推断,阿房宫可能是象南宫而建的。

3.3.3.5　对都城地区宫殿的整体充实

始皇规划的渭南新朝宫事实上只兴建了前殿阿房宫,且尚未最终完成,但是从历史记载来看,这一时期,始皇有一个规模宏大、对都城地区的宫殿进行整体充实的规划。《史记·秦始皇本纪》载:始皇三十五年(前212),"乃令咸阳之旁二百里内,宫观二百七十,复道甬道相连。"《三辅黄图·秦宫》载始皇广扩宫室:"规恢三百余里,离宫别馆,弥山跨谷,辇道相属,阁道通骊山八十余里。"

如前文所述,秦始皇将渭河两岸,南至终南山,北至泾水,西至长杨、五柞宫,东至丽山园,包括宫室、陵墓、苑囿、自然山脉与河流等的广阔区域,以一个统一的思想规划为一个整体,以极庙为中宫天极,其他四宫各有所象。西起长杨,东至丽山,共80余公里,汉一里约为415米,这一范围可能正是所谓"咸阳之旁二百里"的范围。始皇在统治的最后几年中有一个对这一范围进行全面充实和建设的宏大规划,可以想见,如若这一规划完全实现,以极庙为中宫天极,宫观苑囿与天空中之星象相比附,环绕于四周,将是一幅天地交辉、群星灿烂的壮阔图景(图3-19)。

3.3.4　汉承秦制,在小尺度上应用象天思想

汉长安城之规划建设"览秦制,跨周法"[④],仿秦都之象天模式,许多方面都体现出这一思想,但尺度与气象均不及秦人宏大,并没有对于整个地区的宏观设想,而是在城市、建筑群等尺度上进行基于象天思想的谋篇布局。

---

① 《史记》卷六《秦始皇本纪》。
② 《史记·天官书》:"钺北,北河;南,南河;两河、天阙间为关梁。"
③ 《史记·天官书·正义》。
④ (汉)张衡《西京赋》,薛综注曰:"跨,越也,因秦制,故曰览,比周胜,故曰跨之也"。见(南朝)萧统《六臣注文选》卷二《京都上》。

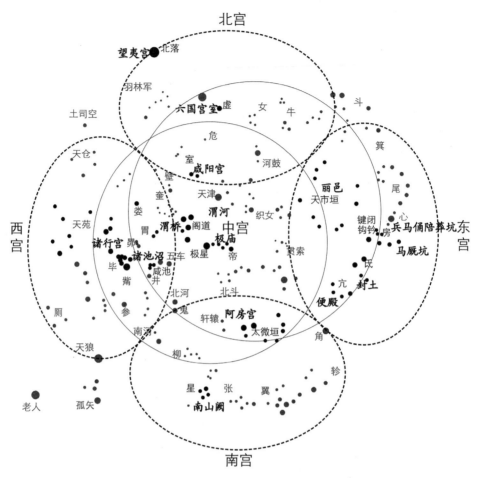

图 3-19 秦都咸阳地区象天模式设想
（图片来源：笔者自绘，星象据陈遵妫《中国天文学史》之《五官（宫）坐位图》）

3.3.4.1 都城主体的象天格局

汉长安在建都之初，便追求天人相应，班固《西都赋》有云："乃至大汉受命而都之也，……天人合应，以发皇明，乃眷西顾，实惟作京。"张衡《西京赋》亦有云："及帝图时，意亦有虑乎神祇，宜其可定，以为天邑"，因而在其规划设计中"体象乎天地，经纬乎阴阳"[①]，非常自然地运用了象天的思想进行空间布局。如前文所引张衡《西京赋》所述，汉长安城"览秦制，跨周法，……正紫宫于未央，表嶢阙于闾阖"，仿效秦都，具有象天设都的思想。从历史记载来看，

---

① （汉）班固《西都赋》。

汉长安城的营建者也多为秦匠，应当对秦都的规划与营建有所了解，客观上促成了西汉长安城对秦都象天而立的思想的继承。

（1）正紫宫于未央。未央宫建于汉高祖晚年，是西汉皇帝居住和听政的主要场所，是汉长安城政治活动的中心。《西京赋》有云："正紫宫于未央"，紫宫亦即中宫，汉之未央与秦之极庙都象征天象之中宫。《西都赋》记未央宫："据坤灵之正位，仿太紫之圆方。"刘良注曰："坤，地也，言得地灵中正之位。放，学也，谓学太微、紫微星宫以为规矩。"[1] 也就是说，未央宫居于地之中央，并仿效天象而进行布局。未央宫既居于地之中央，又象天之中宫，是天地之中的对应点。将未央宫的宫室布局与中宫诸星相比较，可以发现彼此之间各部分的象征关系。前殿象征帝星：未央宫的主体建筑为前殿，是西汉时期在未央宫内举行国家大典和进行重大政治活动的最重要宫殿，在全宫居中的位置上，恰与居于中宫中心的帝星相呼应。椒房象征正妃之星：前殿以北为皇后居住的椒房殿，恰与帝星之北、居于后句四星末端的正妃之星相呼应。其他诸宫室象征匡衡十二星：环绕着前殿有各类宫室建筑，包括官署、少府等，中宫中环绕着帝星有匡衡十二星，代表藩臣[2]，恰与这些环绕前殿的宫室在性质与形态上相呼应，《西都赋》、《西京赋》中都有类似的描述，《西都赋》载："徇以离殿别寝，承以崇台闲馆，焕若列星，紫宫是环。"《西京赋》载："若夫长年神仙，宣室玉堂，麒麟朱鸟，龙兴含章。譬众星之环极，叛赫戏以辉煌。"

（2）未央宫以北宫室象征北宫诸星。未央宫位于汉城西南角，其北还有诸多宫室，与未央宫象征中宫的意义相呼应，这些宫室与天象北宫诸星有一定的关联。其中，筑阁道象征阁道星。《西都赋》有云："辇路经营，修除飞阁。自未央而连桂宫，北弥明光而亘长乐"，李善注引如淳曰："辇道，阁道也"[3]。阁道是两座宫殿的二层之间架空相连的一条有栏杆、屋顶的走廊。天空中亦有名为阁道的星宿，为横跨天河，连接中宫与北宫营室星的六颗星，起到沟通天河南北的作用。桂宫象征营室星。《西京赋》有云："于是钩陈之外，阁道穹隆。属长乐与明光，径北通乎桂宫。"如若以未央宫为中宫，阁道所连之桂宫位于未央之北，则应象征着北宫中的营室星。相应的，明渠则象征天河。明渠是未央宫与桂宫之间有

---

[1] （南朝）萧统《六臣注文选》卷二《京都上》。
[2] 《史记》卷二十七《天官书》："环之匡卫十二星，藩臣。"
[3] （南朝）萧统《六臣注文选》卷二《京都上》。

一条人工修造的引水渠道，^① 经长乐宫东出城。恰好与天河位于紫宫与北宫之间的位置相同，且走势亦颇为相近。此外，汉城西北城门横门象征北落师门。北宫一端有星名北落师门，《史记·天官书·正义》："长安城北落门，以象此也。"从长安城的布局来看，应当是桂宫以北的横门（图3-20，图3-21）。

值得指出的是，这一格局的形成并非一次性按照统一规划完成的。高祖时仅有未央、长乐、北宫、武库，至惠帝时始筑城墙，到武帝时方有桂宫，是在原有格局的基础上不断增添、完善，巧于创造，才得到的整体空间格局。

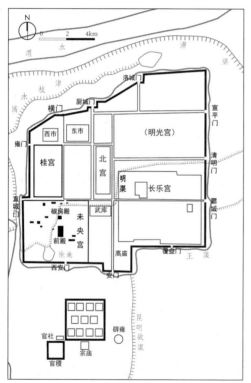

图3-20 汉长安西半部主要宫室布局

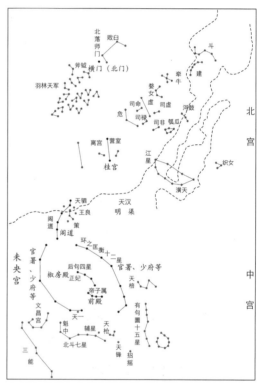

图3-21 汉长安城象天模式设想
（图片来源：笔者自绘，星象据刘操南《古代天文历法释证》之《中宫星图》、《北宫星图》）

3.3.4.2 局部的象天之举

与秦都咸阳将整个都城地区都纳入统一的象天思想之下进行规划布局不同，汉长安城似乎并没有这样的整体设想，除了都城主体的象天格局之外，尚有不

---

① （北朝）郦道元《水经注·渭水》载："故渠出二宫（未央宫、桂宫）之间，谓之明渠也。"

少局部的象天之举，自成体系。

（1）建章宫象全天星象。建章宫位于长安城以西，为汉武帝所修造，是当时皇帝活动的主要宫室，取代了未央宫的功能，直到汉昭帝时才又重新迁回未央宫。关于建章宫的布局《史记·孝武本纪》中有详细的记载：

> 前殿度高未央，其东则凤阙，高二十余丈。其西则唐中，数十里虎圈。其北治大池，渐台高二十余丈，名曰太液池，……其南有玉堂、璧门、大鸟之属，乃立神明台、井干楼，度五十余丈，辇道相属焉。

将之与天象相对应，可以看到一个自成体系的全天格局。前殿居中，其南为正门，名为"阊阖"[①]，"阊阖，天门也"，"上帝所居紫微宫门也"[②]，是以前殿应象中宫；以前殿为中心，东为凤阙，象东宫角星，"角星为天关，其间天门"[③]；西有虎圈，象西宫天苑，天苑星为"天子养禽兽所"[④]；其北有太液池，象中宫以北的天河，太液池中有渐台，临天河也有星曰渐台[⑤]（图 3-22）。

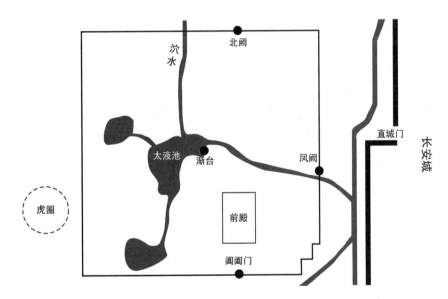

图 3-22　建章宫平面示意

（图片来源：笔者据史念海《西安历史地图集》西汉建章宫图自绘）

---

① 《三辅黄图》卷二："（建章）宫之正门曰阊阖。"
② （汉）王逸《楚辞》卷一《离骚经章句》。
③ 《史记》卷二十七《天官书》。
④ 《史记·天官书·正义》。
⑤ 《隋书·天文志》："东足四星曰渐台，临水之台也。"

（2）甘泉宫象紫宫。甘泉宫位于汉长安城西北的甘泉山上，遗址位于今陕西省淳化县北凉武帝村。秦时此处已有宫苑，汉武帝时进行了扩建，武帝每于五月到此避暑，八月乃归。甘泉宫是这一时期政治活动的中心，也是武帝祭祀天神太一之处。从汉人的论述中可以看出，甘泉宫作为武帝时都城之外的一个重要的政治和信仰中心，有比象紫宫的含义。扬雄《甘泉赋》："閌阆阆其寥廓兮，似紫宫之峥嵘。"刘歆《甘泉宫赋》："迴天门而凤举，蹑黄帝之明庭。……按轩辕之旧处，居北辰之闳中。"黄帝之明庭，是指传说中中央天帝黄帝之天宫，即紫宫。轩辕之旧处，也是此意。

（3）昆明池象天河。昆明池位于汉长安城西南，其遗址在今沣河东岸的斗门镇一带。此处在西周时已经有人工湖泊，武帝时又进一步开凿，形成"周匝四十里"[①]的昆明池。昆明池有比象天河的含义，《三辅黄图》卷四引《关辅古语》："昆明池中有二石人，立牵牛、织女于池之东西，以象天河。"《西京赋》也有类似的描述："乃有昆明灵沼，……牵牛立其左，织女处其右，日月于是乎出入。"今昆明池遗址两岸仍有"石爷"、"石婆"石塑，即武帝时所塑牵牛、织女像[②]。

3.3.5 融合精神内涵与物质空间的区域空间格局

通过象天设都的方法进行区域空间格局的铺陈，事实上就是将当时社会各阶层所秉持的文化信仰与物质空间建设结合起来，形成具有特定精神内涵的区域整体空间架构。天象的格局和含义是一定的，需要根据千差万别的地面条件进行灵活变通的规划设计。

秦始皇对秦都的大部分建设是在前人基础上改建、扩建而成的，并不是完全的新创。始皇正式掌握政权之前，帝陵已经开始营建、渭北咸阳宫用之日久，渭南已有章台、兴乐、上林等，阿房据载亦已在惠文公时有所营造。秦始皇在此基础上，基于象天思想，对原有宫室进行了有选择的扩建，并适当地增添新的建设，从而在既有建设秩序的基础上，脱胎换骨般地形成了一个气魄宏大、意味深远、前所未有的全新的天下之都。

《淮南子·诠言训》有言："神贵于形也。故神制则形从，形胜则神穷。"这

---

① 《三辅黄图》卷四《池沼》。
② 伊世同对此有详细的论述与考证，见：伊世同.《史记·天官书》星象（续完）——天人合一的幻想基准 [J]. 株洲工学院学报，2000，（06）：1-5.

个过程中规划设计所具有的"神"，也就是"象天"，起到了"点石成金"的作用，使得原本普通的物质空间之"形"，具有了特殊的精神内涵，所谓"全新"，不是物质建设的全新，而是精神气象的全新。

象天的精神内涵是如何体现在物质空间建设中，形成一个有机的整体？笔者认为，一种可能模式是以当时社会文化观念中的天象"五宫"格局为蓝本，以天极为中心，四方相对，天地垂直投影，建立地上之人工建设与天上之星宿之间在空间位置关系和功能性质上的对应关系。一定时期内，人们对于天象的认识是一定的，但是规划设计所面对的自然地形、建设基础则各有不同，不可能将一定的天象完全机械地"投影"到地面上，而是要通过人的巧思，在提炼天空中星象的基本空间规律及象征意义的基础上，根据地面上的实际条件，进行协调、妥协，从而将在天之象与在地之形融合为一个整体。

《史记·太史公自序》引司马谈《论六家要旨》："神者，生之本也；形者，生之具也。不先定其神，而日我有以治天下，何由哉？"象天设都的模式也体现出这样的特点，以"神"（即精神内涵与基本规律）为本，不完全拘泥于具体的形态。中国传统文化中向有"尚象治器"的传统，象天的思想体现在中国古代的各设计门类，如古琴："上圆下方，法天地也"[1]，这是以形态象天；车舆："轸之方也，以象地也。盖之圆也，以象天也。轮辐三十，以象日月也；盖弓二十有八，以象星也"[2]，这是以形态和数目象天；董仲舒有"服制象天"之说："剑之在左，青龙之象也；刀之在右，白虎之象也；钩之在前，赤鸟之象也；冠之在首，玄武之象也。"[3]，这是以位置排布来象天；凡此种种，并无直接与星象机械对应的例子，都是从自然现象中提取出某种相对抽象的模式，再根据所治之器的实际情况，进行创造。基于象天思想，铺陈区域格局的基本思想方法也应当是类似的。

---

[1]　（汉）蔡邕《琴操》卷上《序首》。
[2]　见《考工记·辀人》。贾谊《新书·容经》中也有类似说法："古之为路舆也，盖圆以象天，二十八橑以象列宿，轸方以象地，三十幅以象月。"
[3]　（汉）董仲舒《春秋繁露》卷六《服制像》。

第 4 章 —— 隋唐之全面充实

隋、唐是经历了自汉后数百年的分裂、战乱、碰撞、交融之后相继建立的统一的强盛帝国。隋唐长安城是当时世界著名的多元文化汇聚的大都市。其区域空间秩序营建所面临的核心问题是：如何在日益增长的社会生活需求和日益加剧的环境压力下，为繁荣而多元的社会文化提供空间平台。

隋唐长安地区在对动荡之后残留的历史遗存进行修葺、利用，对历史上流传下来的规划思想进行传承、扬弃的基础上，展开了一系列规划设计实践。其中颇具特色的有两个方面：一方面，据营高敞，在区域空间中地形突出、视野开敞的高点建设重要建筑，经营区域空间中的重要节点，通过局部经营实现了对地区空间秩序的整体控制，既营造了有利于各种活动开展的小尺度人居环境，又塑造了地区尺度的空间秩序；另一方面，保育地区，通过兼顾利用与保护的环境保育手段，实现了较高利用强度下对地区环境的整体保护，地区的生存之本得到了基本保障。

隋唐文化以充实、光辉为特色，"整个来说，是表现孟子所谓充实之谓美，而光辉及于世界的文化。"[1] 经济的富足、社会的繁荣、文化的隆盛，以及通过地区设计实现的对地区空间的有序的全面充实，都可以说是这一社会文化主旋律的体现。

4.1 隋唐时期长安地区空间秩序营建的时代背景与需求

隋唐时期在经历了长时期的纷乱之后重新建立了统一的帝国。社会生活富足、繁荣，山水审美等艺术追求勃兴，相应地，都城地区开发强度增大，环境压力较之前代更为加剧。在地区空间秩序营建的层面，既要在各阶层多样的空间需求中寻得共同秩序，还要在高利用强度下保证地区的生存之本，为繁荣而多元的社会文化提供空间平台。

---

[1] 唐君毅. 中国人文精神之发展 [M]. 桂林：广西师范大学出版社，2005：15.

4.1.1 大碰撞、大交融之后的再统一与多元文化汇聚的大都市

隋文帝结束了南北朝时期长期分裂的局面，国家重新恢复了统一，国力渐次恢复，臻于富强。在经历了南北朝时期各种文化长期碰撞、交融之后，隋唐时期兼收南北方的文化，融入了佛教等外域文明[①]，呈现出兼容并包、强健活泼的气象，宗白华将之喻为中国文化史上的"浓春季节"[②]。长安（大兴）作为隋唐两代的都城，与此前各个时代的都城相比，规模更大，人口数量更多，构成更为复杂，文化类型更为多元，社会生活更为繁荣，是一个多元文化汇聚的大都市。

4.1.1.1 社会生活繁荣，山水审美勃兴

隋代重建统一国家，结束了魏晋南北朝三百余年割据纷争的局面，全面改革，国力富庶，"古今国计之富莫如隋"[③]，"开皇年间，天下储积，得供五六十年之用"[④]。唐继隋而兴，唐代（尤其是前期、中期）是中国历史上物质生活较为富足的时期。《新唐书·食货志》载贞观年间："外户不闭者数月，马牛被野，人行数千里不赍粮。"

在这样相对富足、稳定的社会背景下，人口数量迅速增长起来，虽然在隋唐之交，因为战争有所减少，但又很快恢复。唐代京兆府及其周边的四辅州在籍人口总数超过 310 万，人口密度约为 64.7 人 / 平方公里[⑤]，汉代三辅地区人口密度约 45.1 人 / 平方公里，总数约 240 万[⑥]（表 4-1），虽然汉长安及周边陵邑等已经形成了一个百万人口的都市区，与唐长安人口并无太大差距，但是从整个长安地区来看，唐代的人口密度显著地高于汉代，地区人口全面增长，且人口结构也更为多样，"长安和巴格达一样，成为国际著名人物荟萃之地"[⑦]。

---

① 陈寅恪. 隋唐制度渊源略论稿 [M]. 上海：上海古籍出版社，1982：1.
② 宗白华. 论《游春图》// 宗白华. 宗白华全集 第 3 卷 [M]. 合肥：安徽教育出版社. 1994：278.
③ 林天蔚. 隋唐史新论 [M].3 版. 台北：东华书局股份有限公司，1989：383.
④ （唐）吴兢《贞观政要》卷八《辨兴亡》。
⑤ 此数据仅为在籍人口，关中的实际人口要超过此数，首先，作为国都所在，有大量特定类型的人口不归郡县管理，而归中央政府诸司管理。包括：皇室成员、宦官、宫女、京师近卫军等等，此外还有大量的流动人口。
⑥ 其范围超过京兆府及四辅州，多陇州等州县，详见图 2-5。
⑦ （英）李约瑟. 中国科学技术史 第 1 卷 导论 [M]. 袁翰青，王冰，于佳，译. 北京：科学出版社. 1990：127.

州府	户数	人口	人口密度（人／平方公里）
京兆府	362921	1967188	82.3
华州	33187	213613	
邠州	22977	135250	
同州	60928	408750	
凤翔府（岐州）	58486	380463	
总计	538499	3105264	64.7

天宝年间关中人口　　　　　　　　　　表 4-1

数据来源：诸州郡人口自《旧唐书·地理志》，土地面积据谭其骧《中国历史地图集》估算。

与经济的富足、人口的增长所伴生的，是社会生活的高度繁荣。魏晋时期兴起的寄情山水、雅好自然的私家园林，在隋唐时期全面兴盛起来，这与官宦文人经济条件的富足关系密切。市民群体逐渐兴起，钱穆指出："中国文化史上平民社会日常人生之活泼与充实，实在是隋、唐时代一大特征"[①]。尤其是在节日中，往往会在城市及其周边地区展开一系列的游赏、宴集活动，上巳修禊、清明踏青、元日观灯，等等（图 4-1）。除此之外，这一时期佛教、道教的发展，也为社会生活增加了更为丰富的内容。佛教自汉代传入中国，经魏晋南北朝的发展，至

图 4-1　长安南里王村唐墓壁画：郊野聚饮
（图片来源：尹盛平. 唐墓壁画真品选粹 [M]. 西安：陕西人民美术出版社. 1991：24-25.）

---

① 钱穆. 中国文化史导论 [M]. 2 版. 北京：商务印书馆，1994：172.

隋唐时期已臻于鼎盛，除唐武宗外，自隋文帝、炀帝至唐代诸帝王，均崇信佛教，大力推广；道教创立于东汉，至于隋唐时期已趋于完备成熟，李唐皇族尊老子为祖，极力推崇道教。寺院、道观以及与之伴生的各类社会生活蓬勃发展，文人墨客常于寺观读书、游憩，唐诗中多见文人与僧、道唱和之作，普通百姓也广泛参与到寺庙道观的俗讲、法会、游赏等活动中来。

除了富足的物质生活之外，隋唐时期的文化艺术也达到了一个新的高度，其艺术成就为后世提供了"长久学习、遵循、模拟、仿效的美的范本"[1]。尤其值得注意的是，隋唐时人对于山水审美的发展，继承魏晋传统，臻于新境。以辉煌灿烂的山水诗为标志，出现了一大批山水诗人，李白、王维、孟浩然等都是其中的佼佼者。从山水画来看，隋唐开始，山水不再只是人物画的背景与陪衬，而是成为一个独立的画科，从留存至今的展子虔《游春图》[2]、大小李将军的青绿山水、敦煌壁画中大量山水风景的画面以及唐人大量的题山水画诗中，都可看出隋唐以自然山水为审美对象的山水画的蓬勃兴盛。

4.1.1.2　开发强度增大，环境压力加剧

隋唐时期都城地区人口密集、生活繁荣，开发强度日益增加，人多地狭成为地区面临的主要环境问题。自北魏太和九年（485）到唐建中元年（780）的近300年间，历代政府均广泛推行均田制，即将无主荒地分配给无地或少地农民耕种。直到唐代已经发展到"四海之内，高山绝壑，耒耜亦满"[3]。长安地区作为都城之所在，人口密度更高，及至北朝末期，关中平原地区"基本上没有林区可言了"[4]，都城周边都是经人工开垦的农田，"稻花香泽水千畦"[5]的景象举目可见。即便如此，仍然存在耕地不足的问题，政府曾经因长安地区土地不足，只得将洛阳周边的土地也统一进行调配[6]，京师的粮食供给问题则需要依赖漕运，调运关东粮食来解决。

此外还有其他一系列的环境问题，例如：地下水污染，自西周秦汉以来，长

---

① 李泽厚. 美学三书 [M]. 合肥：安徽文艺出版社，1999：141.
② 关于《游春图》的年代存在争议，傅熹年认为传世的《游春图》为北宋摹本，但"山水树石画法，较多地保留了底本的面貌"（傅熹年. 关于"展子虔《游春图》"年代的探讨 [J]. 文物，1978（11）：40-52.）
③ （唐）元结《元次山集》卷七《问进士》。
④ 史念海. 河山集·二集 [M]. 北京：生活·读书·新知三联书店，1981：247.
⑤ （唐）韦庄《户杜旧居二首》。
⑥ 《新唐书》卷五十五《食货志》"二十九年，以京畿地狭，计丁给田犹不足，于是分诸司官在都者，给职田于都畿，以京师地给贫民。"

安地区一直是都城之所在，长期的高密度人口聚集造成了地下水的污染。隋文帝兴建隋大兴城的一个原因就是"汉营此城，经今将八百岁，水皆咸卤，不甚宜人"①。森林面积减少，如前所述，关中地区土地开垦面积不断扩大，平原地区森林绝迹，山地的高大林木也非常稀少。自然灾害增加，隋唐时期，人口的增长、森林的减少、气候的变化等，综合导致了自然灾害的加剧。通过历史的长时段的比较可以看出，隋唐时期关中地区的水旱灾害可以说空前频繁，远高于秦汉魏晋时期。②

4.1.2　为繁荣而多元的社会文化提供空间平台

在大碰撞、大交融之后的再统一中，隋唐长安作为多元文化汇聚的大都市，与前代都城一样，仍然有塑造天下之都形象的需要，与此同时，更为迫切的新问题是：如何为繁荣而多元的社会文化提供空间平台。

首先，要在各阶层多样的空间需求中寻求共同秩序。繁荣的社会生活相应地带来了空间利用范围的拓展，隋唐时期地区空间较之秦汉时期得到了更为充分的利用，除了帝王的陵寝、行宫外，还有数量更为庞大的园林别业、公共景区、寺庙道观等；同时山水审美意识的勃兴也使得人们对于自然山水寄予了更为深厚的审美情愫，热衷于居游于山水之间。文人的园林别业多在城市之外、风景秀美之处；市民的游赏、宴集活动多集中在空间充裕、环境宜人的城郊；寺庙道观则多在清幽的郊野乃至山林之中。社会各阶层的空间需求类型多样、数量庞大、范围广阔。如何既保证小环境的宜人，又实现大地区的有序，是地区发展面临的主要问题之一。

其次，要在较高利用强度下保证地区生存之本。隋唐时期，长时期的战乱破坏以及高于此前历史时期的地区利用强度，带来了空前的地区环境压力。如何在对地区进行合理利用的前提下，实现环境保护，保证生存之本，是地区发展面临的另一个严峻挑战。

---

① 《隋书》卷七十八《庚季才传》。
② 殷淑燕等. 历史时期关中平原水旱灾害与城市发展 [J]. 干旱区研究，2007，(01)：77-82.

4.2 隋唐长安地区空间秩序营建中对前代遗产的扬弃

隋唐时期，在经历了长时期的战乱之后，长安地区仍然留存有大量的历史遗产，但是大多已经不甚完整。秦汉时期营建长安地区空间秩序的思想和方法，在经历了多元文化的冲击、融合之后，也有所演化。隋唐长安的地区空间秩序营建中，既有对历史遗存的修葺、利用，也有对规划思想的传承和扬弃。这使得长安地区在经历了长时期的战乱之后，又能将历史发展的脉络接续起来，并迅速地繁荣、勃兴。

4.2.1 隋初长安地区的发展基础

东汉时期，政治中心转移到了洛阳，长安被称为西京，是前朝宗庙陵寝之所在。西晋愍帝在长安被立为帝，此后，长安还先后成为前赵、前秦、后秦、西魏、北周的都城。在频繁的政权更迭中，长安地区因其军事和政治地位屡遭战火劫掠，但也因同样的原因得到了一定的维护和修复。西汉末年，更始帝入都长安，第二年（25），赤眉军抢掠，长安成为废墟，城外的宗庙、陵园也都被挖掘。[①] 东汉末年，长安城陷入战乱，整个都城地区都遭到了重创，"二三年间，关中无复人迹"[②]，西晋愍帝永嘉五年（311）在长安即位时，"城中户不盈百，墙宇颓毁，蒿棘成林"[③]，一派萧条。虽然政权更迭频繁，社会动荡不安，但是统治者仍然对长安地区进行了一些维护和修缮。东汉时期，旧都遗迹犹存，班固《西都赋》有"徒观迹于废墟，闻之于父老"之说。东汉帝王曾对部分宫室、陵寝有所修缮[④]。三国时，曹操为与刘备抗衡，曾移民万余户以充实关中[⑤]，并延长成国渠、兴修临晋陂[⑥]。十六国和北朝时期曾对汉长安城进行了一定程度的建设，前赵、西魏、后赵时期都对未央宫进行过大规模的修缮，后赵时更是征发了十六万人来进行此项工程。[⑦]

因此，在隋文帝夺取政权时，长安地区虽已颇为败落，但仍有部分历史遗迹

---

① 《汉书》卷九十九下《王莽传下》。
② 《后汉书》卷七十二《董卓列传》。
③ 《晋书》卷五《孝愍帝纪》。
④ 详见《后汉书》卷一《光武本纪》，卷二《明帝纪》，卷三《章帝纪》，卷四《和帝纪》，卷五《安帝纪》，卷六《顺帝纪》，卷七《桓帝纪》。
⑤ 《三国志》卷二十五《魏书·杨阜传》。
⑥ 《晋书》卷一《宣帝纪》。
⑦ （清）顾祖禹《读史方舆纪要》卷五十三《西安府》。

留存。唐人李庾的《两都赋》中就对长安四郊的历史遗产进行了描述：东有秦之骊山（始皇陵、丽邑等）、鸿门，南有隋代经营之南山宫苑，西有丰镐遗址，北有汉之祭坛。[①] 可见长安地区物质遗存虽经战火破坏，已不复完整，但仍非常丰富。

4.2.2 历史遗存的修葺与利用

隋唐时期，长安地区多有对历史遗存加以修葺和重新利用的实例。在追思古风的同时，使历史遗存与现实生活结合起来，焕发出新的活力。

唐时的昆明池、华清宫等都是在秦汉时期的基础上营建的，汉长安城也被纳入禁苑范围内。昆明池开凿于汉武帝元狩三年（前120），唐时屡次修浚，太宗贞观中、德宗贞元十三年（797）、文宗太和九年（835）都曾修浚昆明池，使这一古池得以始终保有一潭清水，在规模上也较汉代有所扩大。唐德宗《修昆明池诏》有曰："昆明池俯近都城，古之旧制。蒲鱼所产，实利于人。宜令京兆尹韩皋充使，即勾当修堰涨池。"[②] 也就是说修浚昆明池的原因，一为因循古制，一为利于当世。华清宫位于长安城东的骊山，传说自周幽王时即于此设离宫，秦始皇、汉武帝、北周武帝、隋文帝等均有不同程度的修造。唐太宗贞观十八年（644）加以扩建，命名为汤泉宫。玄宗天宝六年（747）更名为华清宫，"又筑罗城，置百司及十宅"[③]，更加扩大了规模，使得华清宫成为那一时期最为重要的行宫。事实上，隋唐之间也多有承继，除了众所周知的对都城的继承外，唐代长安地区有诸多行宫，今名称可考者约19座，其中沿袭隋代建置的8座[④]。

对历史遗迹的修葺和利用，一方面是为追思古风，例如唐武宗阐述重修汉代未央宫之缘由为"欲存汉事，悠扬古风耳"，"庶得认其风烟，时有以凝神于此也"[⑤]。另一方面是出于节用省力、利于当世的考虑，如唐太宗继承隋代仁寿宫，扩建为九成宫，便认为："隋氏旧宫，营于曩代，弃之可惜，毁之则重劳，事贵因循，

---

① （唐）李庾《两都赋（并序）》："其四郊也，或有乘时之旧址，亡国之遗踪。天子迎四气，盡然改容，曰是足以怀伤於耳目，作戒於心胸。昔秦政肆刑，秦民其倾。楚泽大呼，分隳列城。徒骊山，役休上林。秦址既迁，鸿门至今。此东郊之事也。隋苑广袤，囚笼南山。占地万顷，不为人间。齐门失耕，禽游兽闲。代谢物移，缭垣不完。此南郊之事也。丰水悠悠，文王作周。传难子孙，衰平遂迁。乃眷镐都，武王宅居。国失都逊，郑镐乃芜。此西郊之事也。汉设五時，以主淫祀。栾诳徐诳，将求永生。天子亲拜，太牢黍牲。事凶地存，为天下笑。此北郊之事也。"
② （宋）王溥《唐会要》卷八十九《疏凿利人》。
③ 《新唐书》卷三十七《地理志》。
④ 分别是长春宫、兴德宫、凤泉宫、九成宫、太平宫、琼岳宫、金城宫、神台宫。
⑤ （唐）裴素《重修未央宫记》，《全唐文》卷七六四。

何必改作。……彼竭其力，我享其功者也。"[①] 其最终目的是服务于现世的生活。

4.2.3　地区轴线的传承与演化

如前文所述，秦都咸阳、汉都长安都建立了区域性的轴线体系，而且二者在空间上多有重叠，轴线体系也有继承和演化。及至隋唐，城址迁移，交通系统也随之改变，区域轴线体系相应地产生了新的变化，既有对历史遗产之精髓的传承，也有基于历史传统与现实需求的新创造（图 4-2）。

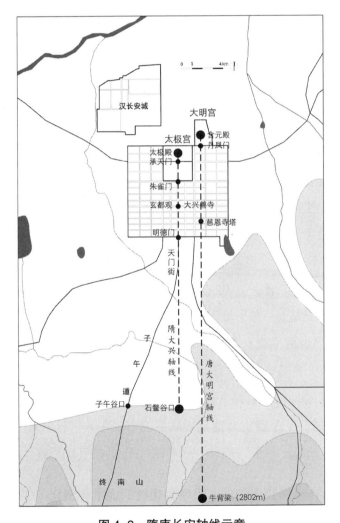

图 4-2　隋唐长安轴线示意

（图片来源：笔者自绘，道路体系据史念海《西安历史地图集》之《唐时期图》）

---

① （唐）魏徵《九成宫醴泉碑铭》，《全唐文》卷一四一。

4.2.3.1 太极宫——子午谷轴线：传承南直子午之象征意义

在唐人的文献中，隋唐长安城南与子午谷相直，《唐六典·尚书工部》载："今京城隋文帝开皇二年六月，诏左仆射高颎所置，南直终南山子午谷。"唐韦述《西京记》亦有此说。但是宋人程大昌《雍录》中认为："今据子午谷乃汉城所直，隋城南直石鳖谷。"隋代营建大兴城时，有一条非常明确的中轴线，北起大兴宫（唐太极宫）沿承天门街出皇城南门朱雀门，沿朱雀门街到外郭南门明德门。明德门的经度约为 E108°56′，石鳖谷谷口的经度也约为 E108°56′，子午谷谷口的经度约为 E108°53′，显然轴线与石鳖谷谷口南北相对，形成一条明确的自太极宫出朱雀门、明德门直抵南山的区域性轴线。

与此同时，对于唐人坚称长安（大兴）与子午谷相对也应加以思考，不应简单地将其当作谬误。唐代已有非常精确的测量技术[1]，子午谷与石鳖谷相距十余里，且石鳖谷一线也是唐长安、万年两县的分界线，韦述等人长期生活在长安，不大可能辨识不清。秦咸阳、汉长安的轴线均与子午谷相直，子午谷本身具有贯通南北的含义，并隐含有"王气"的意义，子午谷本身已经成为一种具有特定文化内涵的符号（详见 3.2.3.1），隋唐长安城意欲继承都城轴线与子午谷相对这一历史传统以彰显政权的正统性，是完全有可能的。有学者推测唐代石鳖谷也有子午谷之名[2]，也就是说隋唐长安通过重新命名的方式传承了都城"南直子午"的象征意义。此外，从交通联系的角度来看，沿长安城中轴出明德门，在朱雀门街的延长线上，有一段正南北方向，长度在 5～6 里的大道，俗唤"天门街"，宋张礼《游城南记》载："（翠台）庄之前有南北大路，俗曰天门界，北直京城之明德门，皇城之朱雀门，宫城之承天门，则界为街俗呼之讹耳。"可见此道为轴线之延续。这条道路并没有接着向南直通，而是到韦曲后向西折，入子午谷，连子午道。子午谷也通过交通联系的方式融入了长安城的轴线之中，"承天门街——朱雀门街——天门街——子午道"连缀成了一个整体。

4.2.3.2 大明宫——终南山轴线：表南山传统的继承和演化

唐代高宗朝起，长安的政治中心转移到位于城东北角的大明宫，大明宫与周

---

① 一行已经利用日影等测得与现代测量值极为相近的子午线一度之长；地图测绘也非常繁荣，每州郡 3～5 年即要造图一次送呈中央，全国地图《海内华夷图》、与现代等高线相近的《五岳真形图》等均绘于唐代。
② 王子今，周苏平. 子午道秦岭北段栈道遗迹调查简报 [J]. 文博，1987，（04）：21-26+20.

边的城市地区形成了一条新的轴线。这是与秦汉时期轴线在空间位置上没有直接联系的一条全新的轴线，但是依然继承了前代轴线以南山为参照的传统。

大明宫初建于贞观八年（634），龙朔二年（662）改名蓬莱宫并大加增扩，后成为唐代帝王居住与进行各类政治活动的主要场所。大明宫内部存在一条轴线，自南向北，贯穿紫宸殿、宣政殿、含元殿等核心宫殿，南端为大明宫南门丹凤门。丹凤门外，穿原有的翊善、永昌两坊，开辟丹凤门大街，作为轴线的延续。[①] 这一轴线向南延伸，又产生了一条区域尺度轴线，北起大明宫，南对终南山，杜甫《秋兴八首》有云："蓬莱宫阙对南山"，蓬莱宫即指大明宫。将大明宫轴线南延，正对今天称为牛背梁的山峰，海拔 2802 米，是秦岭东段的最高峰。从唐宋文献中可以明确地看到大明宫与终南山之间的视线联系[②]，《全唐诗》也中有多首由大明宫望南山之诗作。[③]

4.2.4　象天思想的流传与式微

象天设都的思想在秦汉时期的长安地区空间秩序营建中发挥了非常重要的作用。及至隋唐时期，这一思想虽仍得到了一定的继承，但已式微，并逐渐被其他思想所取代。

《旧唐书·天文志》记载乾元元年（759）三月改太史监为司天台，时置敕曰："建邦设都，必稽玄象"，并说兴庆宫为"上帝廷也……合置灵台"[④]。可见隋唐时期仍旧继承了象天设都以昭示皇权正统性的规划设计思想。以宫城象北极是隋唐长安象天的主要体现。隋大兴在规划中有一个突出的特点就是将宫城置于都城北部居中的位置。在唐人诗作中，多有将宫城称作"北辰"、"北极"之作。如：张子容《长安早春》："天国维东井，城池起北辰。"李适《奉和立春游苑迎春》："天杯庆寿齐南岳，圣藻光辉动北辰。"李白《君子有所思行》："凭崖望咸阳，宫阙

---

① 《长安志》卷六《宫室》载："（丹凤门）本当京城翊善坊北门，置宫后分翊善、永昌，各为二坊，当北门街，广一百二十步，南北尽二坊之地，南抵永兴坊北门之东。"
② 《唐会要》卷三十《大明宫》："（大明宫）北据高原，南望爽垲"。宋王谠《唐语林》卷八："含元殿凿龙首冈以为址，彤墀扣砌，高五十余丈。左右立栖凤、翔鸾二阁，龙尾道出于阙前，倚栏下视，南山如在掌中。"《长安志》卷六《宫室》："（大明宫）每天晴日朗，南望终南山如指掌，京城坊市街陌俯视如在槛内，盖其高爽也。"
③ 有平日望者，如王建《宫词》："上得青花龙尾道，侧身偷觑正南山"；有雨后望者，如张九龄《奉和吏部崔尚书雨后大明朝堂望南山》"迢递终南顶，朝朝阊阖前。揭来青绮外，高在翠微先"；有雪中望者，如王建《和少府崔卿微雪早朝》："粉画南山棱郭出，初晴一半隔云看"；有夜晚望者，如白居易《中书寓直》："天晴更觉南山近，月出方知西掖深"。
④ 《旧唐书》卷三十七《天文志》。

罗北极。"显然是以北部居中的宫城象征天上之极星。宿白指出，隋时东都洛阳特意有别于大兴，将宫城与皇城都布置于城市的西北角而非正北，是低于京城一等的表现[①]。这似乎可为大兴宫城居北部正中以象北极提供旁证。

将宫城北置应同时具有功能上的考虑，也就是所谓的"隋文新意"[②]，将宫室、官署与居民里坊区分开，并将之置于城北以便防卫。与此同时，为历代所称道的隋唐长安最具特色的规划思想是以城中六条高坡，比附《周易》之六爻（详见4.3.5.1）。此外，《长安志》中还记载了隋唐长安的里坊数目与时令、周礼王城之制的比附关系，虽不甚可信，但也说明城市规划思想中融入了除象天之外的诸多其他人文思想。

综上，可以看到，在唐长安城的布局中，象天设都的思想虽仍存在，但较之秦汉，已经渐趋淡化，多元的文化思想逐渐融入都城的规划布局中。

4.3 据营高敞：对区域空间重要节点的全面控制

隋唐时期，长安地区人口众多，社会生活繁荣，对地区的利用范围不断拓展。隋唐时人在区域空间中地形突出、视野开敞的高点建设重要建筑，全面控制了区域空间中的重要节点。既营造了有利于各种活动开展的小尺度人居环境，又塑造了地区尺度的空间秩序。

4.3.1 隋唐长安地区人居营建中对高敞的追求

中国古代人居建设中一直有将重要建筑物布置在高敞之地的传统。隋唐时期，社会生活更繁荣，空间需求更旺盛，地区空间利用更为充分，对高敞的追求体现在了整个地区的尺度上，形成了沿着地区高敞地形的若干人工建设条带。

4.3.1.1 在高敞之地营建重要建筑物的传统

中国古人向有登高望远以通视全局的传统，所谓"居高致远"。在中国古代

---

① 宿白. 隋唐长安城和洛阳城［J］. 考古，1978（06）：409-425+401.
② （宋）宋敏求《长安志》卷七《唐皇城》载："自两汉以后，至于晋齐梁陈，并有人家在宫阙之间，隋文帝以为不便于事。于是皇城之内，惟列府寺，而使杂人居止，公私便利，风俗齐肃，实隋文新意也。"

的文学作品中有众多登高远望之词句，如"登景夷之台，南望荆山，北望汝海，左江右海，其乐无有。"①"楼观沧海日，门对浙江潮。"② 等等。中国传统绘画中常见"鸟瞰式透视法"，画家之视角如鸟在空，一览无余，唐代的敦煌壁画中便有不少这样的典例。

古代人居建设中的一个传统就是占据高敞之地，并着力经营，历代文献中对此多有记载。所谓"高敞之地"是指自然地形相对较高、视野开阔可极目远眺，且空间开敞便于营建的地方，正如《说文解字》中所述："高，崇也。象台观高之形。"③"敞，平治高土，可以远望也。"④ 而在高敞之地营建的往往都是重要建筑，包括级别、形制较高的建筑，如宫室、皇陵等，以及具有公共属性的建筑，如庙宇、台阁等（详见附录Ⅰ）。

中国传统聚落选址时便倾向于选择地势较高的地方，所谓"高足以辟润湿"⑤，秦汉时期长安地区的营建中也呈现出择高敞之地建重要建筑物的特点，秦都咸阳的咸阳宫依渭北二级阶地南缘而建，占据了渭河北岸的地形高点，兴乐宫、章台宫、阿房宫、极庙则利用了龙首原的地形，占据了渭河南岸的地形高点；汉都长安承秦而建，长乐宫、未央宫仍在龙首原北坡的高点上，此外，长安周边的汉诸帝陵则利用了渭北黄土台塬与二级阶地相交处的高点，以及渭南白鹿原、杜原的地形（图 3-4，图 3-6）。

4.3.1.2　隋唐长安地区营建中对区域高敞之地的全面经营

隋唐时期，伴随着社会生活的多元繁荣与山水审美的勃兴，人的足迹遍布地区空间各个部分，对于高敞之地的利用较之前代范围更广，数量更大，区域中可资利用的地形高处大多被人工建筑物所"占用"。这些占据高敞之地的人工建设形成了地区空间中若干沿地形展开的"条带"，包括北山帝陵带、南山寺观行宫带以及长安城与城郊沿原畔形成的几条重要建筑带。这些条带贯穿整个区域，起到了全面控制地区空间秩序的作用（图 4-3、图 4-4）。

唐人舒元舆《长安雪下望月记》有言"长安多高"，长安城中多有可写目放

---

① （汉）枚乘《七发》，（南朝）萧统《文选》卷三十四。
② （唐）宋之问《灵隐寺》，《全唐诗》卷六。
③ （汉）许慎《说文解字》卷五下。
④ （汉）许慎《说文解字》卷三下。
⑤ 《墨子》卷一《辞过》。

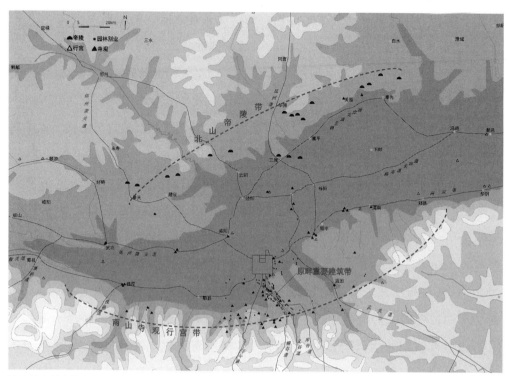

注：长安城内的建筑带尺度过小，此图不予表示，详见后文图4-7

图4-3　唐长安地区空间中的几个"条带"

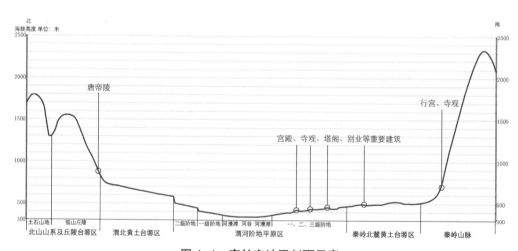

图4-4　唐长安地区剖面示意

抱，四望开敞之高处。从唐人诗歌中可以看到长安城中一些高敞之处所能观望
到的区域尺度的景致。慈恩寺塔观眺之景，包括：秦陵、终南山、芙蓉园、曲
江池、昆明池、龙首原、宫室、汉陵、市井等；青龙寺观眺之景，包括：终南山、

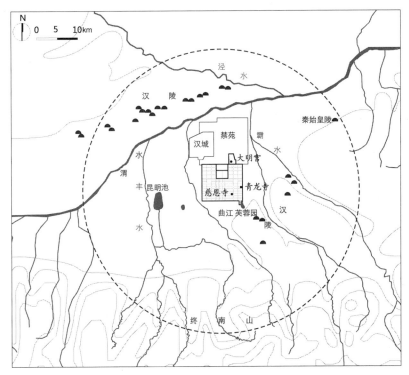

图 4-5　唐诗所记慈恩寺塔、青龙寺、大明宫观眺之景

龙首渠、汉陵、城墙、市井等；大明宫观眺之景，包括：终南山、渭水、汉宫、禁苑、市井等，大致百里内的范围都可纳入视野（详见附录 J）（图 4-5）。

　　唐代帝陵也都位于山坡的高敞地带，追求视野开阔。文献记载与考古发掘都证明，唐陵在陵山顶上还修建有建筑。《唐会要·陵议》载昭陵："因九嵕层峰，凿山南面……顶上亦起游殿。"[1] 所谓的"游殿"，是供皇帝的灵魂游览观眺之地，今九嵕山山顶为一平整之地，可知其上原有建筑物。北山在唐代为皇家陵寝所在之地，普通人难有登临之机，从后世文献中仍可看出其居高临下、睥睨长安地区的气势。明人赵崡有《游九嵕》："既达其巅，则分东西二峰，见地脉从崆峒来，至此界以泾，仲山、嵯峨障其东，泾出山后，渭绕其前，南则中南太乙，亘若列屏，平川一带，俯视无际，长安万户，城若弹丸矣。"[2] 直至 20 世纪初，日本学者足立喜六登临高宗乾陵所在之梁山时，仍然"可以隐隐约约地看见秦岭，

① （宋）王溥《唐会要》卷二十《陵议》条注。
② （明）赵崡《石墨镌华》卷七《访古游记·游九嵕》。

泾阳、兴平、咸阳、咸宁、长安诸县分布于平原之上，皆在指顾之间"①。在北山皇陵，视线可以横扫平原，越过渭河，直达秦岭。

其他重要的建筑，如寺观、宫室，乃至园林别业等，也往往追求视野的开敞，如长安西北的九成宫，"前视八水，傍临九嵕"，因为形势高敞，故而可以"明四目，达四聪，凝睿想，播元风"②，尽观望之兴。长安东南的悟真寺直到明清仍为"蓝田绝胜处，人多游眺于此"③。

4.3.2　择取地区高处的宏观选址

渭河自西向东横穿关中平原中部，地形由河床向南北两侧逐渐抬升，北有北山山系，南有秦岭山脉（终南山），两山之间是高低不平、原隰相间的地带，原是其中地势较高的地方。在隋唐长安地区的营建中，往往将重要的人工建设都选址于这些地形高点上，在渭南诸高冈梁原上修建长安城，依北山山脉修筑帝陵，因浅山地带建造行宫、寺观。

4.3.2.1　择原以营城

《隋书·高祖纪上》载隋文帝下令营建新都的诏书："龙首山川原秀丽，卉物滋阜，卜食相土，宜建都邑。"④隋唐长安是建设在广义的龙首原⑤，即从终南山北麓伸向渭河的诸高冈梁原上，其地形特征是高低不平，原隰相间。

隋唐长安城的选址在汉城以南。秦汉在这一地区进行人居营建的经验之一便是注意对高敞之地的选择，不同的是龙首原北坡的地形相对简单，需要控制的高地不多，而龙首原以南因为秦岭北坡河流的冲刷等作用，地形多样，原隰相间，高下的区分很复杂，而且隋都之规模亦远大于汉都。因而在规划大兴城之初，宇文恺对这一地区的地形进行了仔细的踏勘，辨析高下变化，择取选址范围内

①　（日）足立喜六. 长安史迹研究 [M]. 王双怀，淡懿诚，贾云，译. 西安：三秦出版社，2003.
②　（唐）李子卿《驾幸九成宫赋》，《全唐文》卷四五四。
③　（清）《（光绪）蓝田县志》卷六《土地志》。
④　《隋书》卷一《高祖纪》。
⑤　龙首原又称龙首山。广义的龙首原是指浐水、滈水之间的高冈地，是从南山北麓伸向渭水河畔的诸高冈梁原的统称。其最北侧的黄土梁相对高度较大，肖似昂扬的龙首的一段，是狭义的龙首原。本书中若无特别说明，提及龙首原，均指狭义的龙首原。

六条高坡①，作为城市规划中的关键地段，于其上精心营建一些重要的建筑，《元和郡县志》卷一《关内道》对此有详载。

六坡只是城市范围内的原隰地形，在城市之外这种地形特征仍旧在延续，六坡以南有少陵原、神禾原为代表的若干原。史念海在研究历史原隰变迁的基础上指出："以六爻为六道高坡，这是隋唐时人对于长安城六道高坡的解释，长安城外的高坡也就置之不论了。如果兼言城内城外，则由韦曲之北少陵原南边说起，直至渭水之滨的一面漫坡之中，一共有八道高坡。在城里的称为高坡，在城外的称为原。"② 隋唐长安城的营建过程中，在隋初的规划以后，伴随着城市的不断发展、人口的增加、活动需求的增强，城外的高坡地形也都逐渐被占据，建设了诸多园林、寺观等。可以认为这六道坡就是长安城中一个个的小原，原面呈西南向东北的长条形，少陵原、神禾原是长安城外的原，原面呈东南向西北方向，它们可以被统称为"八坡"（图 4-6）。

这些高地在政府的主导之下，建设了若干具有重要意义的建筑。（1）初九至九三高地，建设有太极宫、大明宫等重要宫室和百司衙署，是隋唐的政治核心之所在。（2）九四至上九高地，建设有荐福寺、青龙寺、慈恩寺等寺观，是皇家重视、政府主导的官方大寺，荐福寺是隋炀帝的旧宅，唐睿宗文明元年（684）在高宗驾崩百日后，立为寺院以资纪念③；兴善寺初建于晋武帝年间（265—290），开皇二年（582）隋文帝建置新都，先置此寺，可以认为是隋大兴城营建的基点，玄都观也是在同一年由汉长安故城中迁建于此，《元和郡县志·京兆府》载："九五贵位，不欲常人居之，故置玄都观与兴善寺以镇之"，足见其地位之重要。青龙寺是隋文帝以追荐因建城而陵墓遭徙掘的亡灵而建设的，是建都之初即确立的重大工程。慈恩寺是唐高宗在东宫时为母亲文德皇后立的寺庙④，与大明宫南北相对，具有特殊的意义。这些寺观也是宗教文化的中心，大兴善寺、大慈

---

① 关于六坡之划分，历来多有争论。宋人程大昌《雍录》中已有所探讨。隋唐距今已逾千年，雨水、河流的冲刷，人类的耕作与建设等行为已经使自然地形发生了不小的变化，今天已经比较难以辨识宇文恺规划大兴时的自然地貌。1980 年代，马正林第一次根据当代地形图绘制出六坡的具体分布，影响深远（马正林. 唐长安城总体布局的地理特征 [J]. 历史地理，1983（03）：67-77.）20 余年后，李令福又根据更为详尽的地质地貌图，重新进行了划分（李令福. 隋唐长安城六爻地形及其对城市建设的影响 [J]. 陕西师范大学学报（哲学社会科学版），2010（04）：120-128.）凸显了原、隰相间的地貌特征。关于六坡的具体划分，二者的争议之处集中在乐游原属于九五还是上九（九六）高地，本书根据 1933 年 1∶10000 西安地形图 [台湾中央研究院藏 http://catalog.digitalarchives.tw]，从地形变化的幅度出发，取马正林观点，认为乐游原属于九六高地。
② 史念海. 河山集·九集 [M]. 西安：陕西师范大学出版社，2006：281.
③ （宋）宋敏求《长安志》卷七《唐皇城》。
④ （宋）宋敏求《长安志》卷八《唐京城》。

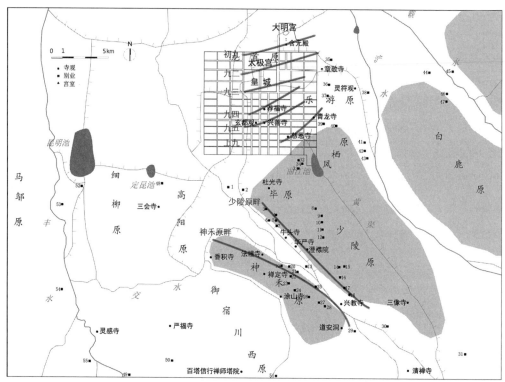

1—韦司马别业；2—何将军山林；3—杜邠公林亭；4—韦曲庄；5—郑谷；6—韩愈庄；7—权载之别业；
8—岑参别业；9—韦虚心宅；10—杜甫别业；11—韦应物宅；12—韦庄宅；13—杜佑郊居；14—王诜庄；
15—白序庄；16—李羽杜城别业；17—于宾客庄；18—杜曲闲居；19—郑潜耀庄；20—裴度庄；
21—李忠臣别业；22—杜相公别；23—刘得仁别业；24—李中丞别业；25—于司徒庄；26—韦澳别业；
27—牛徽别业；28—崔护居；29—杜固；30—牛僧孺别墅；31—员半千庄；32—于长史山池；
33—仇士良庄；34—南亭；35—李公别业；36—长宁公主东庄；37—霸上闲居；38—霸上闲居；
39—贾岛野居；40—太平公主南庄；41—浐川别业；42—浐川林池；43—浐川山居；44—张尹庄；45—灞东郊园；
46—骆家亭子；47—霸陵别业；48—安乐公主山庄；49—苏氏别业；50—黄谷；51—石鳖谷草堂；
52—李少师别业；53—沣上幽居；54—沣西别墅；55—岑参别业

图 4-6 长安城及周边的高地及其上的人工建设示意
（图片来源：笔者自绘，地形据史念海《西安历史地图集》之《西安市唐时期自然环境图》）

恩寺、大荐福寺是长安的三大佛经译场，兴善寺是佛教密宗祖庭、慈恩寺是唯识宗祖庭。与此同时，长安城中的公共活动也常聚集在这些寺观中，青龙、荐福、慈恩三寺是长安城内最重要的公共娱乐场所，《南部新书》卷五载："长安戏场多集于慈恩，小者在青龙，其次荐福。"（3）少陵原、神禾原上有大量的寺观以及长安城中仕宦名流的园林别业，其中华严寺是佛教华严宗祖庭，兴教寺是高僧玄奘埋骨处，有"护国兴教寺"之名，香积寺是高僧善导埋葬处，高宗李治多有赏赐，凡此种种，不胜枚举。

4.3.2.2　据高山以筑帝陵

关中共有唐代帝陵十八座，除献陵、庄陵、端陵和靖陵外，其他十四座唐陵均位于北山山脉南麓，因山为陵，海拔在 750 至 1200 米。长安城的海拔只在450 米左右，且这一帝陵群体绵亘于关中北部，自西向东近 150 公里，确有背倚山原，面临平川，居高临下，雄视京都的宏伟气势。虽较之西汉帝陵距离长安较远，但获得了积土为陵所无法达到的气魄，与北山一起构成了长安城北面的巍峨屏障（表 4-2，图 2-13）。

唐代关中据山而建的帝陵			表 4-2
名称	皇帝	山峰	高度（米）
泰陵	玄宗	金粟山	852
光陵	穆宗	尧山	1091
景陵	宪宗	金帜山	872
桥陵	睿宗	丰山	743
丰陵	顺宗	金瓮山	851
定陵	中宗	龙泉山	751
章陵	文宗	西岭山	783
元陵	代宗	檀山	851
简陵	懿宗	紫金山	889
崇陵	德宗	嵯峨山	1422
贞陵	宣宗	仲山	1003
昭陵	太宗	九嵕山	1188
建陵	肃宗	索山石马岭	783
乾陵	高宗	梁山	1069

4.3.2.3　因浅山以建行宫、寺观

长安地区有大量的行宫与寺观，以长安城以南的终南山中最为密集。包括：凤泉宫、太平宫、翠微宫、万全宫、华清宫、琼岳宫等近 10 处行宫，以及仙游寺、永福寺、悟真寺等 20 处寺观，向有"长安三千金世界，终南百万玉楼台"之称。这些行宫与寺观分布在终南山的浅山地带，往往规模宏大、华丽壮美，点缀在终南山的青山绿水之间，如一串蜿蜒于长安城南的珍珠项链（详见附录 C、G）（图 4-7）。

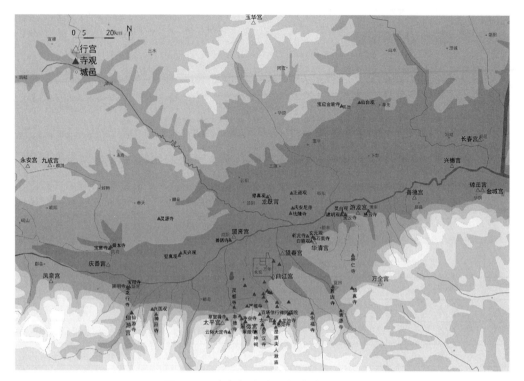

图 4-7　隋唐长安地区行宫寺观分布

4.3.3　追求视线开敞的微观选址

在地区的宏观尺度上，渭河以南诸原、北山、南山是地形高处。从微观的角度来看，这三条地形带上，还有地形最为突出，视线最为开敞之地，这些位置并不一定是海拔高度的最高点，但重要建筑物的选址往往就在此。

4.3.3.1　城市重要建筑：背倚高坡，据守前位

在对长安"八坡"的经营中，尽管每一处地形各有特点，但是规划布局有一个鲜明的共同特点就是重要建筑物并不是位于地形最高点，而是几乎都选址在每条高坡向前凸出的高点上，背倚高坡而建，地形相对高起，面向地势较低的开敞空间，从而获得了显赫的形象和开敞的视野。

（1）龙首原东趾——大明宫

狭义的龙首原是三级阶地残留在二级阶地上的一段，地势高于南北两侧，秦汉宫室据其北端而建，唐大明宫则是倚龙首原南坡而建设的。唐人康骈《剧谈录》载：大明宫含元殿"凿龙首山以为基址……高五十余丈"。沈佺期《人日重宴大

明宫赐彩缕人胜应制》中也有"凭高龙首帝城春"之说。大明宫的主要宫殿含元殿特别选择了龙首原南坡向前突出的一部分来建设，《唐六典》卷七《尚书工部》载："（含元）殿即龙首山之东趾也，阶上高于平地四十余尺。"《元和郡县志》卷一《京兆府》有载：大明宫"其地即龙首山之东麓，北据高原，南俯城邑，每晴天霁景，下视终南如指掌。"既建于"东麓"，又何以"北据"？这应与龙首原的地形有关，龙首原是一条东西走向的黄土梁，含元殿恰好就在其东部地形向外突出的一块台地上（图4-8）。

（2）乐游原南坡——青龙寺

今天人们通常所说的乐游原是大雁塔东北面，曲江池以北、铁炉庙附近的起伏梁地。乐游原呈长梁状，沿东北—西南方向延伸，宽200～350米，长约3.5公里，高出两侧平地10～20米，最高处海拔467米，相对高度约27米。实际上，

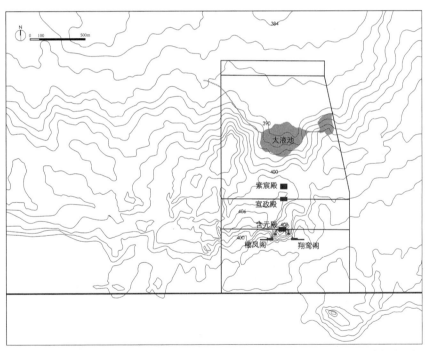

注：本图地形据1933年地图描绘，因大明宫以南为陇海铁路沿线，故而地形改变较大，较为零碎，但是从整个地形的走势上还是可以看出龙首原东部向南突出的地形。

图 4-8　大明宫地形与建筑布局

（图片来源：笔者据 1933 年 1∶10000 西安地形图① 及《陕西唐大明宫含耀门遗址发掘记》之《大明宫遗址实测图》绘制）

---

① 1933 年日军曾绘制有 1∶10000 西安地形图，http://digitalarchives.tw 提供扫描版，后文图4-9、图4-10的等高线均据此描绘。

它是被河流侵蚀而残留在渭河三级阶地上的梁状高地。[1] 唐代的乐游原比今天的范围可能要再大一些。

青龙寺位于乐游原接近最高处、临近原畔的地方，主体建筑被布置在乐游原南坡向前突出的一部分上。舒元舆《长安雪下望月记》云："百许步登崇冈，上青龙寺门，门高出绝寰埃，宜写目放抱"[2]，可见青龙寺据于高岗之上、四望开敞的特点。唐人诗歌对此也多有描绘："寺好因岗势，登临值夕阳"[3]，"尘埃经小雨，地高倚长坡"[4]，"高处敞招提，虚空讵有倪"[5]，"连冈出古寺，流睇移芳宴"[6]，等等（图4-9）。

（3）大雁塔黄土梁南坡——慈恩寺

大慈恩寺规模宏大，位于城东南的晋昌坊，独占一坊东半，明嘉靖年间缩小寺院规模，仅保留了西部的塔院。从地形图上可以明确地看到，长安城东南角的九六高地呈指状由东北向西南伸入城中，最北面的一支是乐游原，其南的一支是今天被称为大雁塔黄土梁的高地，慈恩寺位于这一黄土梁的最西端上，深

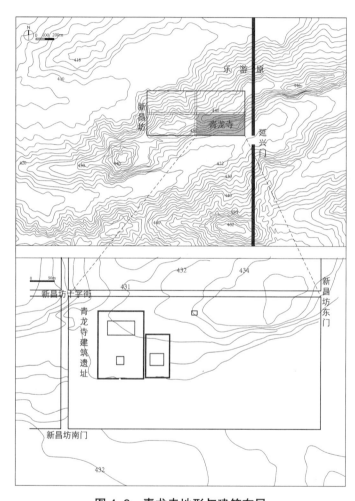

图4-9 青龙寺地形与建筑布局

（图片来源：笔者据1933年1∶10000西安地形图与马得志《唐长安青龙寺遗址》之《青龙寺遗址勘测总图》绘制）

---

[1] 陕西师范大学地理系. 西安市地理志 [M]. 西安：陕西人民出版社，1988：73.

[2] 《全唐文》卷七二七。

[3] （唐）朱庆余《题青龙寺》，《全唐诗》卷五一四。

[4] （唐）白居易《青龙寺早夏》，《全唐诗》卷四三二。

[5] （唐）王维《青龙寺昙璧上人兄院集》，《全唐诗》卷一二七。

[6] （唐）李益《与王楚同登青龙寺上方》，《全唐诗》卷二八二。

入城中，南北都比较开敞。而寺中标志性的建筑慈恩寺塔则位于西端南坡向前突出的一部分上，虽然不是地形最高点，但胜在南北无遮，视野开阔，自然形势更佳（图 4-10）。

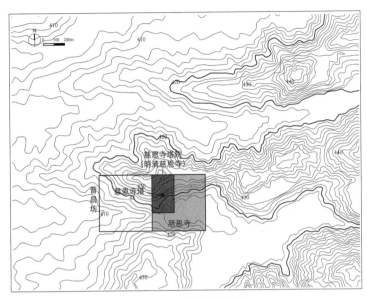

图 4-10　慈恩寺地形

（4）少陵原、神禾原畔——城南诸寺

少陵原位于长安城东南浐水与滈水之间，清雍正《陕西通志·古迹》谓其"高三百尺"，今少陵原海拔 470～630 米，高出浐、滈河谷 80～150 米；神禾原位于少陵原以西，滈水与潏水之间，由东南伸向西北，今海拔 490～600 米，高出滈水、潏水 40～100 米。二原的原畔都是地势高亢，视野开阔之地，因而也集中了大量的重要寺观，私人别业更是不可胜数。而且这些寺观虽然在唐以后历经岁月和战火而被摧毁，但后世一直在进行修葺和重建，因而宋明时期乃至今日仍可清晰地看到其高敞之形势。

少陵原畔的寺庙有华严寺、牛头寺、兴国寺、兴教寺等。华严寺，建于贞元十九年（803），寺中有塔、有阁，可尽观眺之胜，唐宣宗李忱曾游幸华严寺，有诗曰："帐殿出空登碧汉，辇川俯望色蓝笼"[①]。此外尚有张泌《题华严寺木塔》、子兰《华严寺望樊川》等唐人诗作，均可印证华严寺的高敞之势与登眺之景，

---

① （唐）李忱《幸华严寺》，《全唐诗》卷四。

后世仍有寇准、苏舜钦、赵崡等赋诗赞美华严寺观眺之美，华严寺也有"最高寺"之称（图4-11）。牛头寺，位于少陵原畔，建于贞元六年（790），"前对神禾原，俯瞰华原川，南山拥翠，近接咫尺。"[①] 明人赵崡有《牛头寺》诗描绘了牛头寺高踞于原上之势："野寺荒原上，登登逶转遥。禅房穿树杪，珠阁擘山腰。"[②]

图4-11　今神禾原畔华严寺双塔
（图片来源：雷行，余鼎章. 西安 [M] 北京：中国建筑工业出版社，1986：125.）

神禾原畔的寺庙有香积寺、道安寺、禅定寺等。香积寺位于神禾原西北端，滈水和潏水汇流之处，建于唐高宗永隆二年（684）。郎士元有诗云："借问从来香积寺，何时携手更同登"[③]，从一"登"字即可见地势之高。寺院有大窣堵坡塔，可以观测星象，"或瞻星揆务，或候日裁规，得天帝之芳踪，有龙王之秘迹"[④]，足见其地势之高，视线之开敞。道安寺位于神禾原畔，与兴教寺一水之隔[⑤]，此地是神禾原向西北拐弯凸出之地，两侧的原走势回收，使得此处敞亮无遮。宋张礼《游城南记》载道安寺"西倚高崖，东眺樊南之景，举目可尽"。明时道安寺已毁弃，但是形胜依旧，赵崡《游城南》中亦感慨张礼所言不虚。[⑥]

① （民国）《咸宁长安两县续志》卷七《祠祀考》。
② （明）赵崡《石墨镌华》卷八《诗·牛头寺》。
③ （唐）郎士元《送粲上人兼寄梁镇员外》，《全唐诗》卷二四八。
④ （唐）思庄《实际寺故寺主怀恽奉敕赠隆阐大法师碑铭并序》，《全唐文》卷九一六。
⑤ "今长安区太乙镇新北村与杜曲镇彰仪村之间的神禾原畔，有道安洞旧址，东上端塬顶，经世代耳口相传，至今被当地群众呼为'寺脑'，可知这里当是道安所居的道安寺遗址。"（周文敏. 长安佛寺 [M]. 西安：三秦出版社，2008：63。）
⑥ （明）赵崡《石墨镌华》卷七《访古游记·游城南》。

4.3.3.2　北山帝王陵寝：主体选址，中峰特起

在北山山脉中，唐代帝王多选择南面第一列山峰中最高的一座来安放自己的陵寝，在南坡高于 500 米高处布置陵园，地势既高，又无地形阻挡，视野开阔，面向渭水、长安城、终南山，气势雄浑。宋人游师雄在记述唐陵选址时说："昭陵之因九嵕，乾陵之因梁山，泰陵之因金粟，皆中峰特起，上摩烟霄，冈阜环抱，有龙蟠凤翥之状。"[①]《唐会要》卷二〇《陵议》条载唐太宗论述昭陵选址："我看九嵕山孤耸回绕，因而傍凿，可置山陵处，朕实有终焉之理。"所谓"中峰特起"、"孤耸回绕"，即指这种高耸出众、突出于周围群山的地形（图 4-12，图 4-13）。

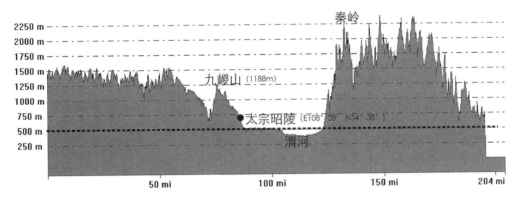

图 4-12　唐昭陵位置与视线分析
（图片来源：地形剖面据 Garmin 地理数据生成，昭陵坐标据王双怀《荒冢残阳：唐代帝陵研究》）

图 4-13　远眺唐昭陵
（图片来源：雷行，余鼎章. 西安 [M] 北京：中国建筑工业出版社，1986：107.）

---

① （元）李好文《长安志图》卷中。

4.3.3.3 南山行宫寺观：分部设点，以资观眺

终南山行宫、寺观的具体建置，因时代玄远，今天往往已经难觅其踪，历史记载也常语焉不详。以历史遗迹和文献记载相对比较充分的华清宫为例[①]，它通过觅取浅山地形丰富之处，营建了由若干部分联缀的整体片区。然后再在每个部分中寻找地形高点，建设可资观眺的建筑物。

骊山华清宫在长安城东约三十里处，位于潼关道上。因地理位置临近长安且交通便利，故多有帝王驻跸，十分繁盛。骊山是终南山向西北伸出的一个支阜，主峰海拔 1302 米，两个主要山峰是东绣岭、西绣岭，"树木花卉之盛，类锦绣然，故名"[②]，地形丰富、植被茂盛、风景优美，西绣岭北麓还有温泉泉源。

元李好文《长安志图》中有《唐骊山宫图》，分上、中、下三部分，分别展现了骊山西绣岭上、骊山北麓以及渭河南岸的不同的人工和自然景观，结合当代的考古调查[③]，可以发现，华清宫利用山（骊山西绣岭）、麓（骊山北麓山前洪积扇）、原（渭河南岸冲积平原）三种不同的自然地形，形成了三个功能不同、形式各异的部分，而这三部分又共同组成一个功能和布局紧密相连的整体片区。华清宫的主体是上、中两部分，上部主要位于西绣岭上，东西分别以天然谷地牡丹沟及石瓮谷为限，是皇家苑囿之所在；中部围绕山麓温泉，利用微地形，约分为三个台阶，包括各种汤池和殿舍；下部位于华清宫以北，在地势较为平坦的渭河冲积平原上，以昭应县为主体，分布着百司察署及官宦宅第[④]，是华清宫的支撑和附属（图 4-14，图 4-15）。

华清宫的两个主要部分规模都颇大，是一系列建筑所组成的群体，且自然地形富于变化。在每个部分的规划设计中，都非常注意控制该部分的制高点，并设置具有观眺作用的重要建筑物。这使得华清宫在规模大、地形复杂的情况下仍旧能够具有开阔的视野，直到元代，仍有谓："秦中名山水多矣，可取者

---

① 其他行宫或许规模不及此，但基本的规划设计思想应当是接近的，而终南山的寺观也多由皇室主导而建设，规模宏大，而且多有改宫为寺的情形（如仙游宫与仙游寺、翠微宫与翠微寺）。

② （明）都穆《游骊山记》，见（明）何镗《古今游名山记》卷七《西岳华山（陕西诸山泉附）》。

③ 骆希哲，廖彩良. 唐华清宫汤池遗址第一期发掘简报 [J]. 文物，1990（05）：10-20+98.；骆希哲. 唐华清宫汤池遗址第二期发掘简报 [J]. 文物，1991（09）：1-14+97.；侯卫东，方芳. 陕西临潼华清宫汤池建筑基址及其复原保护设想 [J]. 长安大学学报（建筑与环境科学版），1991（Z1）：126.；骆希哲. 唐昭应县城调查 [J]. 文博，1988（03）：89-91.

④ （宋）司马光《资治通鉴》卷二一五《唐纪》："十二月，壬戌，发冯翊、华阴民夫筑会昌城，置百司，王公各置舍舍。"

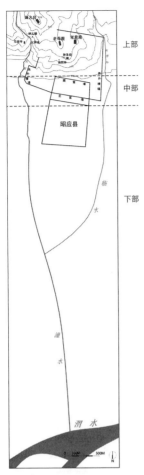

**图 4-14　唐华清宫及昭应县遗址的
空间分布**

（图片来源：笔者据骆希哲《唐华清宫》之《唐
华清宫遗迹分布图》、史念海《西安历史地图集》
之《唐骊山华清宫图》等自绘）

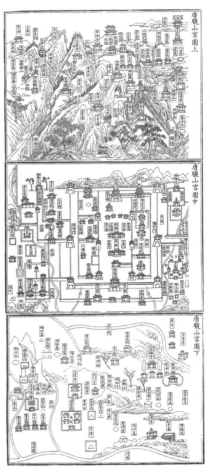

图 4-15　唐骊山宫图
（图片来源：（元）李好文《长安志图》）

唯华清为最。辟门可以瞰清渭,登高可以临商於"[1];与此同时,也形成了立体的、
富有层次感的整体景观,这才有了杜牧"长安回望绣成堆,山顶千门次第开"[2]
的诗句。

　　华清宫的中部位于骊山的山麓地带,这里的地形东北高而西南低,因此在
东宫墙以外,地势高敞、视野开阔之地设有观风楼、重明阁,以资眺望,观风

---

① （元）商挺《增修华清宫记》,见（清）《（雍正）陕西通志》卷九十二《艺文》。
② （唐）杜牧《过华清宫》,《全唐诗》卷五二一。

楼"在宫之外东北隅……前临驰道，周视山川"[①]，重明阁"倚栏北瞰，县境如在诸掌"[②]。

华清宫的上部位于骊山西绣岭，西绣岭有三重山峰，清乾隆《临潼县志》："第一峰居西绣岭之中，最高一峰也。周幽王为烽火楼于其上，下稍右为第二峰，其上为老母殿，右下为第三峰，乃朝元阁也。"结合今日之考古发现[③]，可以明确地看到，在这三重山峰上，分别建有若干建筑物，每一组建筑物中都有视野开阔、可资观眺者。（1）第一峰：羯鼓楼，唐张继《华清宫》："羯鼓楼高俯渭河"；翠云亭，清乾隆《临潼县志·古迹》："翠云亭，亦曰翠阴亭。居第一峰绝顶稍东，两岭皆下，俯华清宫左右并前后各数百里外，皆在指顾"。（2）第二峰：望京楼（斜阳楼），元骆天骧《类编长安志》引古词云："斜阳楼上凭栏杆，望长安"[④]。（3）第三峰：朝元阁，唐孙翊仁《朝元阁赋》："视远如迩，临高可凭"，"斜窥渭北"，"俯对终南"[⑤]，唐钱起《朝元阁赋》："当桂户而八水悠远，植玉阶而千岩相抗"，"俯人烟于万井，小云树于五陵。"[⑥]（4）此外，在东、西绣岭夹峙之处，因恰为峡谷，视线亦较为开敞，建有石瓮寺、绿阁、红楼等，都是可以登高望远之处。石瓮寺，唐储光羲《石瓮寺》："下见宫殿小，上看廊庑深。"[⑦]唐范朝《题石瓮寺》："胜境宜长望，迟春好散愁。"[⑧]绿阁、红楼，清乾隆《临潼县志·古迹》："绿阁在西，红楼在东，……仄磴盘空，上下曲折，从柏影中北瞰渭河，明腻如线。"（图4-16，图4-17）

4.3.4 注重高下配合的建筑群布局

在长安地区的规划设计中，除了在宏观层面选择地区地形高处，并在微观层面择定视线开敞之处营建重要建筑物之外，在建筑群本身的空间布局中也特别注意高下配合，进一步烘托高敞之处的气势，并获得整体性的空间效果。

---

① （唐）郑嵎《津阳门诗》注，见（宋）计有功《唐诗纪事》卷六二。
② （宋）宋敏求《长安志》卷十五《临潼》，（宋）程大昌《雍录》卷四《温泉》。
③ 骆希哲. 唐华清宫 [M]. 北京：文物出版社，1998.
④ （元）骆天骧《类编长安志》卷三《馆阁楼观》。
⑤ 《全唐文》卷四〇七。
⑥ 《全唐文》卷三七九。
⑦ 《全唐诗》卷一三七。
⑧ 《全唐诗》卷一四五。

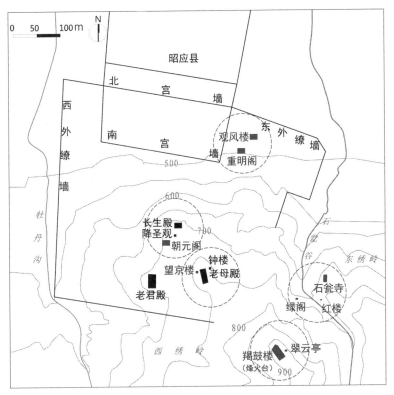

图 4-16　骊山华清宫对地势高敞之处的控制经营

（图片来源：笔者据骆希哲《唐华清宫》之《唐华清宫遗迹分布图》、史念海《西安
历史地图集》之《唐骊山华清宫图》等自绘）

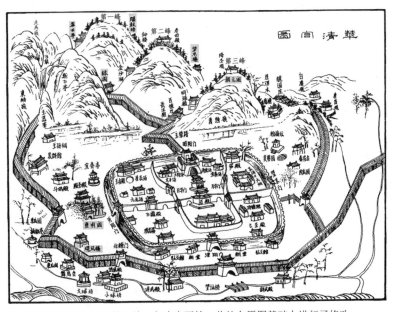

注：原图中朝元阁绘于第二峰，与史实不符，此处在原图基础上进行了修改

图 4-17　华清宫图

（图片来源：《（乾隆）临潼县志》）

4.3.4.1 居高临下的曲江风景区

在对高坡进行重点经营的同时，如果高坡之下的低地有可资利用的资源，如水系等，高下之间的配合与呼应也非常重要。居高临下，高下相应，形成整体而又别具一格的空间效果。曲江风景区的建设就是一个典例。

少陵原与九六高地之间有一块凹陷地带，形成了一片水系，即曲江。曲江本是一片天然水系，秦汉时期已经是一处风景名胜，建有行宫宜春苑。隋营建大兴城时，加以修治和扩建①，唐代也不断维护、经营。曲江池北部向公众开放，是市民游赏之地，南部被圈围起来，成为皇家禁苑芙蓉园。曲江池南北为高地所夹峙，汉司马相如《哀秦二世赋》有云："临曲江之隑州兮，望南山之参差。"②便是登临曲江旁边的高地，遥望南山、原野。隋唐时期对这一片区的高下之地进行了整体经营，高处点缀亭台楼阁，低处营布清池花鸟，登高而望，既可举目见遥遥青山，又可俯首得悠悠碧水。

曲江周边的高处，往往点缀有亭台楼阁。《旧唐书·文宗本纪》载："天宝前，四岸皆有行宫台殿，百司廨署"。可见全盛时期的曲江南北高地上均建有亭台。在曲江池北，九六高地的南坡上，面向曲江池，建立起了若干供游人聚会宴赏的"亭子"，王棨《曲江池赋》云：其地"高亭北立"③。曲江以南的修政坊有"尚书省亭子、宗正寺亭子"，"新进士牡丹宴，或在于此"④。曲江诗歌中有大量的眺望诗，大多作于曲江亭。曲江池东南部为皇家禁苑芙蓉园，《太平御览·居处部》载："园中广厦修廊，连亘屈曲，其地延袤爽垲，跨带原隰，又有修竹茂林，绿被岗阜。"⑤可见该地地势较高，风景优美，且馆舍众多。

在与高地相对应的地形较低的位置，则经营水系，布置花木，塑造园林美景，形成居高临下，高下相映之势。从曲江登眺之诗中，可以看到，这种高下相映的布局方法，形成了远景近景交融的多层次的眺望景观，远可望长安街衢、终南山色，近可赏花木禽鸟、亭台塔阁（图 4-18，附录 K）。

---

① （宋）程大昌《雍录》卷六《唐曲江》载："隋营京城，宇文恺以其地在京城东南隅，地高不便，阙此地不为居人坊巷，而凿之为池，以厌胜之。"
② 《史记》卷一一七《司马相如列传》。
③ 《全唐文》卷七七〇。
④ （清）徐松《唐两京城坊考》卷三"修政坊"。
⑤ （宋）李昉《太平御览》卷一九七《居处部》。

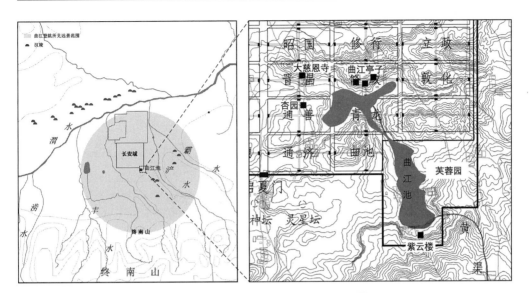

图 4-18　曲江池登眺所见远景与近景
（图片来源：右图底图自西安建筑科技大学王树声所绘《长安城图》局部）

从唐人的诗作中还能够发现一个曲江独有的倒影景观："曲江俯见南山"。储光羲《同诸公秋霁曲江俯见南山》、高适《同薛司直诸公秋霁曲江俯见南山作》中对此都有描述。所谓"秋霁曲江俯见南山"是说秋天雨后初晴，在曲江池的倒影中可以看到南山。当然，也有学者指出终南山距离过远，此处所谓南山应当就是少陵原[①]，不管具体何指，正是由于这种居高临下、高下相映的布局模式，才能形成如此之独到妙景。

4.3.4.2　下视诸陵的帝王陵寝

唐代帝陵依山而建，相较位于山脚下的陪葬墓在海拔高度上要超出 200 米以上。在唐代帝陵的布局中，可以明显地看到帝陵笼诸陪葬墓于视线之中，陪葬墓匍匐于帝陵下的布局形势。

唐代关中帝陵有陪葬墓的共 10 座，其中，献陵有陪葬墓 30 座，昭陵 167 座，乾陵 17 座，定陵 6 座，桥陵 10 座，建陵 8 座，景陵 2 座，泰陵、光陵、庄陵各 1 座。其中因山为陵且陪葬墓数量多、成规模的帝陵是昭陵、乾陵、定陵和桥陵，可以发现，它们的陪葬墓都分布在帝陵以南、120° 角的范围内。根据现代人体工

[①] 史念海、曹尔琴《游城南记校注》引"有若蓬莱下，浅深见澄瀛"注释《游城南记》中"黄渠水……穿蓬莱山，注曲江"的原文。认为"蓬莱山"即少陵原，在曲江池南数里。并且怀疑因为曲江池有少陵原之倒影，而时人因此称呼少陵原为蓬莱山，张礼因之。

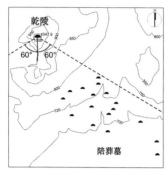 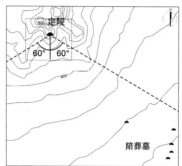 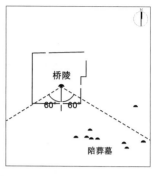

图 4-19　乾陵、定陵、桥陵视区分析

(图片来源：底图据刘向阳. 唐代帝王陵墓 [M]. 西安：三秦出版社，2003. 绘制)

程学的研究，人眼水平视区分为四个层级，其中最大视区的范围在头部静止时为 120°，在头部扭转时为 220°。[1] 在乾陵、定陵、桥陵上向正南方眺望时，这些陪葬墓都恰好位于最大的视线范围以内，而且主要集中在东部的 60° 角范围内（图 4-19）。昭陵的布局略有变化，陵墓主体倚靠九嵕山唐王岭，其东北和西北方向各有一座突出的小山峰，两峰与昭陵主体之间形成约 120° 的夹角，昭陵的陪葬墓的布局巧妙地将这两座山峰纳入进来，以其为视线的界限，陪葬墓都分布在这一范围之中，这也正处在 120° 的最大视线范围之内（图 4-20）。

图 4-20　昭陵视区分析

(图片来源：底图据《陕西省文物地图集》之《礼泉县文物地图·昭陵》绘制)

　　此外，唐高祖献陵仿汉陵形制，在渭北黄土台塬上起坟，与因山而建的帝陵在自然形势上有很大的区别，其陪葬墓都分布在陵墓东北方向，几乎都在 220° 最大视区范围以外（图 4-21），与汉陵的陪葬墓布局规律相近[2]（图 4-22）。这也许是因为台塬地势不像山地有自然高起的地形，体量通常比较高大的陪葬墓可能

---

[1] 徐军，陶开山. 人体工程学概论 [M]. 北京：中国纺织出版社，2002：115.

[2] 西汉关中帝陵，除康陵外，其他帝陵的陪葬后陵及其他主要陪葬墓均分布在帝陵陵园正视方向 220° 以外，也就是在扭转头部所能达到的最大视区以外，不容易遮挡视线。康陵的陪葬墓及其他帝陵一些次要的陪葬墓也分布在正视方向 120° 以外。

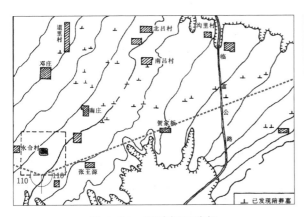

图 4-21　献陵视区分析

（图片来源：底图自刘向阳．唐代帝王陵墓 [M]．西安：三秦出版社，2003．）

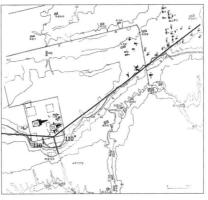

图 4-22　汉长陵视区分析

（图片来源：底图自咸阳市文物考古研究所．西汉帝陵钻探调查报告 [M]．北京：文物出版社，2010．）

会遮挡皇陵的视线，影响皇陵独尊的威严形态，因而在这种情况下往往采用规避的方法，使陪葬墓处于皇陵的主要视线之外。而之所以选择东北方向，可能也有视线上的考虑，渭北黄土台塬自西北向东南倾斜，地形西部高于东部，若置陪葬墓于西北，则其中高大者则有可能高于皇帝的陵墓，因而东北部是一个较好的选择。也就是说，根据自然形势的不同，在同样的原则——保证帝陵主体的雄伟气势和开阔视野——之下，规划布局的方式也有灵活变化，形成新的创造。

4.3.5　人文点染与制度保障

择取地形高敞之处，展开重要建筑物的布局营构，主要是基于自然地形的规律来建构物质空间。隋唐时人还根据物质空间的形态特征，赋予其一定的文化内涵，使之别具魅力，获得更广泛的社会认同。同时，还通过制度建设控制建筑高度，在一定程度上保障了高敞之处的高耸之势和开阔视野。

4.3.5.1　以"六爻"比附城中"六坡"

关于隋唐长安的布局，一向有比附乾卦"六爻"的说法，也就是说宇文恺利用长安城选址范围内的六条高坡，附会为《易经》的六个卦象，安排城市中的建筑布局。唐李吉甫《元和郡县志·关内道·京兆府》中对此有详细的记述："初，隋氏营都，宇文恺以朱雀街南北有六条高坡，为乾卦之象，故以九二置宫殿以当帝王之居，九三立百司以应君子之数，九五贵位，不欲常人居之，故置玄都观及兴善寺以镇之。"①《唐会要》中也有类似的记载。这虽然有比附的色彩，但是赋予了长安的空间布局以文化内涵，使其独具魅力，并获得了更为广泛的社会认同和文化认同。

4.3.5.2 制定规章控制建筑高度

唐代有《营缮令》，对城中建筑的形制、规模有一定的控制，并禁止私建楼阁，虽以维护等级制度和社会秩序为主要目标，但是在客观上保障了高敞之处的高耸之势和开阔视野。《唐会要·工部尚书》条较全面地记录了唐代的《营缮令》。首先，《营缮令》对不同等级官职所对应的宅第规模和形制有详细规定，直到德宗毁元载、马璘、刘忠翼宅时仍谓："初，天宝中，贵戚第舍虽极奢丽，而垣屋高下，尤存制度"②，可见"垣屋高下"确有一定制度，只是在不同时期，有所废弛。其次，《营缮令》明确规定"诸坊市邸店楼屋，皆不得起楼阁，临视人家，勒百日内毁拆。"《旧唐书·河间王孝恭列传》记载有唐高宗时期，河间王李孝恭次子李晦家中建有楼阁，下临酒肆，在酒肆主人抗议之后，自行拆掉了楼阁。

4.3.6 通过局部经营实现整体控制的地区重要空间节点经营

在隋唐长安地区空间秩序营建的过程中，小尺度的人工建设是在充分考虑了大尺度的自然形势的基础上进行规划、设计的，而一系列小尺度的人工建设的累积，又形成了大尺度的人工之势，起到了辅助自然之势的作用。

《葬书》有云："千尺为势，百尺为形"，又进一步解释说："千尺言其远，指一枝山之来势也，百尺言其近，指一穴地之成形也"，"势言阔远，形言浅近"。唐代对地形高敞之处的控制，可以说是择取区域自然地形中最为突出的"大势"，因借其进行重点建设，使人工建设之形与自然之势相配合。也就是说在建筑、建筑群这一小尺度的选址、布局中，已经包含了地区层次的大尺度的考虑。唐代王维《山水论》中讲观画的方法："先看气象，后辨清浊"，气象是大势，清浊则是小形，要在观察大势的基础上推敲小形。古语常有云："伤穴可葬，伤龙不可葬"，"穴"之意近于"形"，而"龙"之意近于"势"，也就是说，在大的尺度上，一定要与自然之势相配合，因为大的自然地形较难以人力而改变（或

---

① （唐）李吉甫《元和郡县志》卷十五《关内道·京兆府》。
② （宋）司马光《资治通鉴》卷二二五《代宗睿文孝武皇帝》。

者说改变要付出较大的代价）；在小的尺度上，则可以对"形"进行推敲、布置，趋利避害甚至进行补救。举个例子，唐人杜佑在樊川营造别业，樊川正是在少陵原原畔，是地势高敞、风景幽美之处，有"大势"上的优势，但是"面势小差，朝晡难审"，也就是在"小形"上略有缺陷，在高人王处士的指点下，通过开凿水源等方式进行了适当的改造，达到了"境象一变，宾侣咸惊"[①]的效果。

这些制高点上的人工建设居于高位，又形态高耸，是一个片区内的视觉焦点和构图中心，是地区空间的重要节点；其分布遵循自然地形的规律，往往以一个系列的形式出现，形成区域空间中的若干条带，这些节点的组合对区域空间起到极强的统率作用，形成大尺度上的人工之势，又反过来辅助了自然之势，可谓"积小形而成大势"。长安地区有北山、帝陵屏峙于后，南山、诸宫观蜿蜒于前，诸原和一系列重要建筑充实其中，这些小尺度的建设"积累"而形成了贯穿区域的若干条带，控制了地区整体的空间秩序。

4.4　保育地区：对地区环境的整体保护

在历史长期累积、利用强度不断加大的情况下，隋唐时期长安地区的环境压力也高于前代，既要满足社会各阶层的生产生活需求，又要保证地区的生存之本，隋唐时期是通过兼顾利用与保护的环境保育手段而实现的，虽然环境破坏仍然客观存在，但是地区的发展得到了基本的保障。

4.4.1　中国古代爱惜资源、珍视环境的传统

对于自然环境的爱惜和保护，古已有之。传说在大禹时就有关于合理使用自然资源的禁令，春天不砍伐于山林以利于草木的生长，夏天不捕获于川泽以利于鱼鳖的生长。[②]先秦诸子的学说对此也多有记述，如：《管子·禁藏》："春三月……毋杀畜生，毋拊卵，毋伐木，毋夭英，毋拊竿，所以息百长也。"及至秦汉时期这一思想仍然被继承下来，《淮南子·时则训》就系统论述了十二个月自然界物象的演化及与之相适应的人类生产活动与禁令。与此同时，也开展了一些生态

---

① （唐）杜佑《杜城郊居王处士凿山引泉记》，《全唐文》卷四七七。
② 《逸周书·大聚篇》："旦闻禹之禁，春三月山林不登斧，以成草木之长，夏三月川泽不入网罟，以成鱼鳖之长。"

建设行为,如秦始皇时曾在驰道两侧大规模种植树木①,形成区域尺度的"绿道",秦汉皇家禁苑也规模宏大,多培育有珍贵动植物,等等。②

4.4.2 拱卫都城的"自然保育区"

隋唐时期并没有类似于当代的、严格控制人类介入的自然保护区,但是在都城外围有一系列特定片区,具有一定的环境保育的性质。这些片区规模较大,往往是出于一定的文化需求或功能需求而建设,但在客观上发挥了环境保育的作用,形成了拱卫都城的"自然保育区"。

4.4.2.1 名山

在中国传统文化中高山一直被赋予特定的人文内涵,它们是天地相连的中介③,是神灵的居所④,也是千古不易的地理标志⑤,名山往往受人敬畏,成为被保护的对象。

唐代政府规定:"凡五岳及名山能蕴灵产异,兴云致雨,有利于人者,皆禁其樵采,时祷祭焉"⑥。唐玄宗天宝七年(748)曾下诏:"天下灵山仙迹,并宜禁断樵采弋猎。"⑦

唐代的名山体系是在继承秦汉以来的岳镇海渎体系的基础上,进一步通过山川封爵来确立的。可以看到,都城长安周边的山脉得到了帝王的特殊重视,在名山体系中占有很高的比例,长安以南,秦岭一线的华山、少华山、终南山、太白山、吴山等五山都被授予不同等级的爵位。此外,长安以北的北山也多有神仙灵异的传说,例如,嵯峨山(又名慈峨山、荆山)即被认为是大禹、黄帝铸鼎之处⑧,甘泉山被认为是"黄帝接万灵明廷"⑨。这些名山应当都受到了上述法规与帝王诏令的保护。此外,对于一些地位特殊的名山,皇帝往往专门下达

① 《史记》卷六《秦始皇本纪》:"为驰道于天下,东穷燕齐,南极吴楚,江湖之上,濒海之观毕至。道广五十步,三丈而树,厚筑其外,隐以金椎,树以青松。为驰道之丽至于此。"
② 《三辅黄图》卷四《苑囿》:"帝初修上林苑,众臣远方,各献名果异卉三千余种植其中。"汉代《上林赋》的文学作品中也记载了大量动植物的名称。
③ 《山海经·海外西经》:"巫咸国……在登葆山,所巫所上下也。"
④ 《国语》卷五《鲁语下》:"山川之灵,……其守为神。"
⑤ 《周易》卷九《说卦》:"天地定位,山泽通气。"
⑥ 《唐六典》卷七《尚书工部》。
⑦ (宋)宋敏求《唐大诏令集》卷九《帝王·册尊号敕上》天宝七载册尊号敕。
⑧ (汉)王褒《云阳宫记》:"慈峨山,黄帝铸鼎于此。"《后汉书·郡国志》:"云阳县有荆山。"注引帝王世纪:"禹铸鼎于此。"
⑨ 《史记》卷十二《孝武本纪》。

诏书，强调对其自然环境进行保护，如：玄宗开元四年（716）下诏："骊山特秀峰峦，俯临郊甸。……乃灵仙之攸宅，惟邦国之所瞻。可以列于群望，纪在咸秩。自今以后，宜禁樵采，量为封域。"[①] 这些得到特殊保护的名山，围绕长安城分布，形成了拱卫长安的"名山保护区"体系（表 4-3，图 4-24）。

唐代名山封爵　　　　　　　　　　表 4-3

等级	山川名称	封号	封爵时间	文献来源
王	＊西岳华山	金天王	先天二年（713）	《旧唐书》卷二十三《礼仪三》
	东岳泰山	天齐王	开元十三年（725）	同上
	中岳嵩山	中天王	天宝五年（746）	《旧唐书》卷二十四《礼仪四》
	北岳恒山	安天王	天宝五年（746）	同上
	南岳衡山	司天王	天宝五年（746）	同上
	＊西镇吴山	灵应王	清泰二年（935）	《全唐文》卷一百十三《加吴山王号诏》
公	＊昭应山（骊山）	玄德公	天宝七年（748）	同上
	＊太白山	神应公	天宝八年（749）	同上
	＊西镇吴山	成德公	天宝十年（751）	《唐会要》卷四十七《封建杂录下·封诸岳渎》
	东镇沂山	东安公	天宝十年（751）	同上
	南镇会稽山	永兴公	天宝十年（751）	同上
	北镇医巫闾山	广宁公	天宝十年（751）	同上
	霍山	应圣公	天宝十年（751）	同上
	燕支山	宁济公	天宝十二至十四年（753-755）	《文苑英华》卷八七九《祠庙二·燕支山神宁济公祠堂碑》
	＊终南山	广惠公	开成二年（837）	《唐会要》卷四十七《封建杂录下·封诸岳渎》
	丈人山（今青城山）	希夷公	中和元年（881）	《全唐文》卷八十八《封丈人山为希夷公勅》

---

① 《禁骊山樵采诏》，《全唐文》卷三十四。

等级	山川名称	封号	封爵时间	文献来源
侯	鸡翁山	侯 （具体封号不详）	太和九年（835）	《旧唐书》卷一六五《温造传》
	*少华山	佑顺侯	光化元年（898）	《唐会要》卷四十七《封建杂录 下·封诸岳渎》

注：1. 吴山出现两次，是因为继在天宝年间被封为公侯，在唐末又被加封，从公升为王。
2. *标注，表示此山位于关中地区。

4.4.2.2 陵墓

长安地区北山多帝王陵墓，虽然是对自然环境的改造和利用，但也在一定程度上起到了保育生态环境的作用。

帝陵内一般都有较好的绿化种植，唐代帝陵多栽柏树，碧树成荫，号称"柏城"[①]，胡三省注《资治通鉴》云："山陵树柏成行，以遮迤陵寝，故谓之柏城。"[②]每年正月、二月、七月、八月，政府相关部门会择定日期，组织百姓在陵寝栽种柏树。[③] 而且，帝陵的一草一木都受到严格的保护，按照开元礼，公卿每年春秋两次巡陵，春天要"扫除枯朽"以护林育林，秋天要"芟薙繁芜"以防范火灾，[④] 可见保护山陵林木是中央政府高层官员的职责之所在。此外，唐代还以法律的形式规定对于破坏山陵草木、引发山陵兆域失火者要给予严惩。[⑤]

在此重重措施之下，封域总面积近千平方公里[⑥]的唐代帝陵成为长安北部区域性的"绿带"。晚唐诗人刘沧有《秋日过昭陵》诗描绘秋日昭陵的郁郁松柏："缘分山势入宫塞，地匝松阴出晚寒"。高宗乾陵无字碑的正中刻有金代皇室贵族到乾陵所在的梁山打猎的契丹文字，可见直至那时林木仍很茂密，有野兽出没。[⑦] 据王仲谋、陶仲云在1985年的调查，李宪惠陵周围在民国初年尚有百余株古柏，

---

① 《唐会要》卷二十《陵议》条："以陵寝经界，在柏城之内，非远于陵也。"
② 《资治通鉴》卷二二九《唐纪四十五》。
③ 《唐会要》卷二一《诸陵杂录》条云："会昌二年四月二十三日敕节文：'诸陵柏栽，今后每至岁首，委有司于正月、二月、七月、八月四个月内，择动土利便之日，先下奉陵诸县，分明榜示百姓，至时与设法栽植。毕日，县司与守茔使同检点，据数牒报，典折本户税钱。'"
④ 《唐会要》卷二十《公卿巡陵》"按开元礼，春秋二仲月，司徒司空巡陵，春则扫除枯朽，秋则芟薙繁芜，扫除当发生之时，欲使茂盛也，芟薙者，当秋杀之时，除去拥蔽，且虑火灾也。"
⑤ 《唐律疏议》卷十九《盗园陵内草木》："诸盗园陵内草木者，徒二年半，若盗他人墓茔内树者，仗一百。"《唐律疏议》卷二七《杂律下·山陵兆域内失火》："诸于山陵兆域内失火者，徒二年；延烧林木者，流二千里；杀伤人者，减斗杀伤一等。其在外失火而延烧者，各减一等。"
⑥ 据《长安志》数据统计、折算。
⑦ 樊英峰.《郎君行记》碑考［J］. 文博，1992（06）：43-46.

合围者居多，号称"云柏"[①]，皇族宗室之陵墓尚且如此，皇帝陵寝之当年盛景，可见一斑（图4-24）。

除帝陵之外，其他一些重要的陵墓也受到了保护，隋炀帝大业二年（606）曾下《给户守古帝王陵墓诏》要求："自古以来帝王陵墓，可给随近十户，蠲其杂役，以供守视"[②]。玄宗也曾有诏曰："自古圣帝明王，忠臣烈士，陵墓有颓毁者，先令修葺，并禁樵采"。[③]

4.4.2.3 苑囿、行宫

隋唐时期，在长安地区自然环境优美之处多建有苑囿、行宫等，虽都对自然环境有较大规模的改造，但客观上控制了人工大规模建设，起到了生态建设的作用。

行宫苑囿，风景优美，多有大规模的植物种植，如隋文帝时曾于骊山种植松柏千余株[④]，天宝时也有此类举措，宋人仍谓："天宝所植松柏遍满岩谷，望之郁然"。[⑤]苑囿中规模最为宏大的是长安城北之禁苑，总面积约130平方公里，《旧唐书·地理志》载："苑城东西二十七里，南北三十里，东至灞水，西连故长安城，南连京城，北枕渭水。苑内离宫、亭、观二十四所。"禁苑是一个地域广阔、拥有多种动植物的片区，《唐六典·尚书工部》载："禽兽蔬果莫不育焉，若祠榆蒸尝四时之荐，蛮夷戎狄九宾之享，则蒐狩以为储供焉"，文献可见的禁苑中的果园有樱桃园、梨园、葡萄园、桃园等。[⑥]

皇家苑囿的园池植物等有专人管理和维护，可以保持较好的生长状态，据《唐六典·司农寺》，司农卿之下专设有京都苑总监"掌宫苑内馆园池之事"，"凡禽鱼果木皆总而司之"；另外还设有京都苑四面监各一人，"掌所管面苑内宫馆园池，与其种植修葺之事"；而且皇家苑囿禁止一般人入内的性质也能够起到保护自然资源的作用。

---

① 王仲谋，陶仲云. 唐让皇帝惠陵 [J]. 考古与文物，1985（02）：108.
② 《隋书》卷三《炀帝纪》。
③ 《南郊推恩制》，见（宋）宋敏求《唐大诏令集》卷七十四《典礼》。
④ （清）《（乾隆）临潼县志》卷二《纪事》。
⑤ （宋）张洎《贾氏谈录》。
⑥ 《新唐书》卷二百二《李适传》："春幸梨园，并渭水被除，则赐细柳圈辟疠，夏宴葡萄园，赐朱樱。"

4.4.2.4 坛壝

中国古代的坛庙中往往种植有茂密的树木，树木郁郁葱葱，形象鲜明又充满肃穆之感，可以起到使人望之而生敬仰之心的作用。正如《战国策·秦策》所谓"恒思有神丛，盖木之茂者，神所以凭，故古之社稷，恒依树木。"班固也说："社稷所以有树，何也？尊而识之也，使民望见即敬之，又所以表功也。"[1] 唐代规定郊祀神坛"距壝三十步外得耕种，春夏不伐木"[2]，一方面划定了保护范围，即神坛周边约 40 米以内[3]；另一方面确定了依照时令的树木保护措施。

唐代是郊祀制度趋于完善的一个时期[4]，唐代祭祀分为大祀、中祀、小祀三个等级，其中有大量的祭祀活动是在京城周边展开的，包括：昊天上帝、五方帝、皇地祇、神州，为大祀；日、月、星、辰、先蚕、帝社（先农），为中祀；司中、司命、风师、雨师、众星，为小祀。这些祭坛一般在长安城门外 1～2 里的范围内，树荫浓密，形成紧紧围绕着长安城的绿带（表 4-4，图 4-23）。

唐代长安城周边郊祀祭坛分布 表 4-4

方位	名称	地点	祭祀时间（农历月份）
东	青帝坛	春明门外一里半道北	立春
	九宫贵神坛	朝日坛之东，春明门外一里半，道北	正月
	风师坛	原在通化门外道北二里近苑墙，贞元三年移至通化门外十三里，浐水东，道南	立春后
	先农坛	通化门外七里，浐水东，道北五里	一
	朝日坛	春明门外一里半，道北	春分
	灵星坛	春明门外二里，道南	七

---

[1] （汉）《白虎通德论》卷二《五祀》。
[2] 《新唐书》卷四十六《百官志》。
[3] 据陈梦家研究，唐大尺长 29.5 厘米，隋、唐以 5 尺为一步，形式上不同于其前的 6 尺为一步，但由于隋、唐 5（大）尺等于以前的 6（小）尺，故数变而实不变。（陈梦家. 亩制与里制 [J]. 考古，1966（01）：36-45.）故，30 步＝150 尺＝44.25 米。
[4] 陈寅恪. 隋唐制度渊源略论稿 [M]. 上海：上海古籍出版社，1982.
[5] 据考古发掘，唐长安城圜丘遗址位于唐长安城明德门遗址东约 950 米处，即今西安市雁塔区吴家坟陕西省师范大学南区体育场东侧。（安家瑶，李春林. 陕西西安唐长安城圜丘遗址的发掘 [J]. 考古，2000（07）：29-47+114-116.）
[6] 唐重视骑兵的作用，特为马祖、先牧、马社、马步四者设一坛以供祭祀。

续表

方位	名称	地点	祭祀时间（农历月份）
南	圆丘^①（祭天）	明德门外道东二里	一、四
	赤帝坛	明德门外道西二里	立夏
	黄帝坛	安化门外道西一里	六
	蜡百神坛	明德门外一里，道东	十二
西	雨师坛	金光门外一里半，道南	四
	白帝坛	开远门外道南一里	七
	夕月坛	开远门外一里半，道北	八
	马祖、先牧、马社、马步坛^①	金光门外四十里，沣水西，道北龙台泽中	二、八、十一
北	方丘（祀地）	宫城北十四里	五
	神州地祇坛	光化门外黑帝坛西	十
	黑帝坛	光化门道西二里	十
	司中、司命、司人、司禄坛	光化门外二里，道北	十

注：据《大唐郊祀录》及《唐会要》。

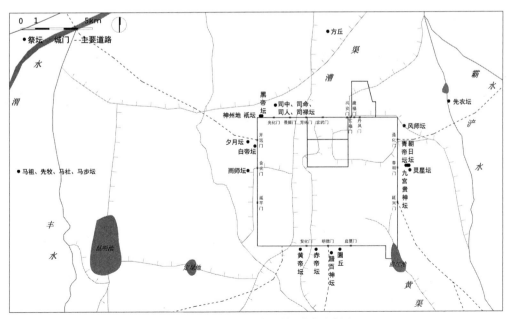

注：图中祭坛位置为据《大唐郊祀录》及《唐会要》记载绘制，非考古实测

图 4-23　唐长安地区郊祀祭坛分布示意

147

4.4.2.5 公共风景区

长安地区还分布有不少供市民游赏的公共风景区，这些景区一般都有较大的规模，而且往往依托大面积的水体，配合以茂密的植物花草，在塑造优美风景的同时，也培育了良好的生态环境。有总面积约 16.6 平方公里[①]的昆明池："柳拂旌门暗，兰依帐殿生。还如流水曲，日晚棹歌清"[②]；周十四里[③]的渼陂："野水潋长塘，烟花乱晴日。氤氲绿树多，苍翠千山出"[④]；延袤数里的定昆池[⑤]："暮春三月日重三，春水桃花满禊潭"[⑥]；周七里的曲江："入夏则菰蒲葱翠，柳阴四合，碧波红药，湛然可爱"[⑦]。这些片区既是风景秀丽的公共风景区，也是自然环境良好的生态保育区。

4.4.2.6 竹园

除了名山、陵墓、宫苑、坛墠与公共风景区之外，唐时在长安西南还有规模宏大的司竹园。司竹园是由司农寺下所设司竹监直接管理的"周回百里"[⑧]的皇家竹园。关中地区自古就有竹子生长，《史记·货殖列传》所谓："渭川千亩竹"即指此，如今秦岭北坡仍有规模较大的野生箭竹林。唐代如此大规模的竹园应当是在自然生长的竹林的基础上，加以人工的管理、经营而形成的，一方面具有经济效益[⑨]，另一方面也具有保育自然环境的作用。

4.4.3 区域尺度的绿化体系

隋唐长安地区形成了以长安城为中心的都市水利系统和区域性的道路交通系统。依托这两个系统，在政府的主导下，栽植各类树木，形成了区域性的绿化体系。

---

① 刘振东，张建锋. 西安市汉唐昆明池遗址的钻探与试掘简报 [J]. 考古，2006（10）：53-65+103+2.
② （唐）沈佺期《昆明池侍宴应制》，《全唐诗》卷九七。
③ （宋）宋敏求《长安志》卷十五《鄠县》。
④ （唐）韦应物《任鄠令渼陂游眺》，《全唐诗》卷一九二。
⑤ 《旧唐书》卷一八三《武承嗣传》。
⑥ （唐）张说《三月三日定昆池奉和萧令得潭字韵》，《全唐诗》卷九十。
⑦ （清）毕沅《关中胜迹图志》引自《西京杂记》、《剧谈录》。
⑧ （唐）李吉甫《元和郡县志》卷二《鄠县》。
⑨ 《唐六典》卷十九《司农寺》："凡宫掖及百司所须帘笼筐篚之属，命工人择其材干以供之，其笋则以供尚食"。

4.4.3.1　都城街道与水系绿化

长安城的街道和贯穿城市的诸水系都有系统的绿化。在唐人诗歌中多有对长安城街道和水道绿化的记述。街道多植槐树，"迢迢青槐街，相去八九坊"①，"下视十二街，绿槐间红尘"②，"俯十二兮通衢，绿槐参差兮车马"③，等等，唐人亦常呼长安街道为"槐衙"④；水道多植垂柳，"夹道天桃满，连沟御柳新"⑤，"律到御沟春，沟边柳色新"⑥，"馆松枝重墙头出，御柳条长水面齐"⑦，等等。正是因为有这样覆盖全城的系统性的绿化体系，长安城才能够拥有"万家身在花屏中"⑧、"绿杨红杏满城春"⑨的人工空间与绿色空间交相辉映的城市面貌。

都城长安的绿化由政府职能部门系统管辖，主要是工部虞部司与京兆府负责，内容包括植物种植、日常维护与更新等，皇帝也常常亲自颁发相关的敕令命京兆尹等经营街道种植事宜。《通典》与新旧《唐书》中虞部郎中与员外郎的职掌都有"掌京城街巷种植"⑩一项。《唐会要》卷八十六《街巷》与《桥梁》中有多条京兆尹直接负责种植、添补沿街树木的记载，其工作内容甚至还涉及树种的选择（表 4-5）。

《唐会要》所载京兆尹对都城街道种植的管理　　　　表 4-5

时间	事项	文献记载
永泰二年（766）	种植树木	京兆尹黎干奏：京城诸街种植。
贞元元年（785）	更新树木	敕：京兆府与金吾计会，取城内诸街枯死槐，充修灞、浐等桥板木等用，仍裁新树充替。
贞元十二年（796）	选择树种	官街树缺，所司植榆以补之。京兆尹吴凑曰：榆非九衢之玩，亟命易之以槐。
太和九年（835）	添补树木	敕：诸街添补树，并委左右街使栽种，价折领于京兆府，仍限八月栽毕，其分析闻奏。

---

① （唐）白居易《寄张十八》，《全唐诗》卷四二九。
② （唐）白居易《登乐游园望》，《全唐诗》卷四二四。
③ （唐）王维《登楼歌》，《全唐诗》卷一二五。
④ （五代）尉迟偓《中朝故事》："天街两畔槐树，俗号为槐衙。"
⑤ （唐）曹松《武德殿朝退望九衢春色》，《全唐诗》卷七一七。
⑥ （唐）杜荀鹤《御沟柳》，《全唐诗》卷六九二。
⑦ （唐）王建《春日五门西望》《全唐诗》卷五十五。
⑧ （唐）施肩吾《长安早春》，《全唐诗》卷四九四。
⑨ （唐）杨巨源《将归东都寄令狐舍人》，《全唐诗》卷三三三。
⑩ 《通典》卷二十三《职官五·尚书下》，《旧唐书》卷四十三《职官志》，《新唐书》卷四十六《百官志》，其中《新唐书》表述方式为："掌京都衢阓阃苑囿"。

对于一些具有特殊意义的树木,皇帝会直接下令加以保护。《旧唐书·五行志》中就记载了承天门外有一棵大槐树,因为"行列不正",有司准备将其去除,文帝因为"高祖尝坐此树下",故而要求将其保留,《朝野佥载》中也有类似的说法,不过曾坐在树下之人变成了高颎。

4.4.3.2　区域道路系统绿化

唐代长安周边陆路交通十分发达,"天下之道毕出于邦畿之内。"[①] 唐开元中,全国驿道共有六、七万公里,长安作为帝都也是交通网络的中心,诸驿道以长安为起点,呈放射形通往全国各地。[②] 这些道路两侧,尤其是两京道两侧,由政府主导沿道栽种树木,形成了区域性的"绿道"体系,既起到了保护道路的作用,又培育了树木、美化了环境,形成了区域尺度上的绿化体系。

前秦苻坚时即在长安到诸州的道路两侧均种植槐柳[③],唐代仍然延续,《唐会要·道路》载:"开元二十八年(740)正月,令两京道路并种果树","大历八年(773)七月勅,诸道官路,不得令有耕种及斫伐树木,其有官处,勾当填补。"开元年间负责管理两京道树木种植的监察御史郑审有《奉使巡检两京路种果树事毕入秦因咏》:"九重承涣汗,千里树芳菲。……影移行子盖,香扑使臣衣。入径迷驰道,分行接禁闱。"可见两京道上的果树茂密、色彩斑斓、香气扑鼻,不仅为旅人提供了阴凉,也形成了灿烂绚丽的"千里绿廊"。

同时,历代的维护使得这些夹道树具有了深厚的文化内涵,从而得到特殊保护。唐德宗曾想砍伐两京道上的大槐树,最终因渭南县尉张造的抵制而作罢,他认为:"神尧入关,先驻此树;玄宗幸岳,见立丰碑。山川宛然,原野未改。且召伯所憩,尚自保全;先皇旧游,宁宜翦伐,思人爱树。"这些道路"东西列植,南北成行。辉映秦中,光临关外"[④],不仅是绿色廊道,也是文化标识。

---

① (唐)柳宗元《馆驿使壁记》,《全唐文》卷五八〇。
② 包括:潼关道(通往东都洛阳)、武关道(经蓝田、商州通向南阳、邓州,荆襄直至江南、岭南)、蒲津关道(秦晋往来)、延州道(通往朔方)、邠州道(丝绸之路北道,通往甘肃)、陇关道(丝绸之路南道,通往陇州?)、散关道(通往汉中、巴蜀)褒斜道(通往蜀地)、傥骆道(先入傥谷,后出骆谷,通往汉中)、子午道(经子午谷,通往汉中、安康、巴蜀)、库谷、义谷、锡谷道(通往金州)、金牛道(穿越巴山,沟通秦蜀)、文川道(经散关、凤州、兴州、西县、褒城等地至汉中)。
③ (明)顾炎武《历代帝王宅京记》卷五。
④ (唐)张造《批斫槐树牒文》,《全唐文》卷六二一。

诸驿道上还设有驿馆。唐代全国每 30 里设一驿 [1]，驿馆迎来送往，是驿道上的重要节点，京畿地区的驿馆尤为重要。孙樵《书褒城驿壁》云："褒城驿号天下第一，及得寓目，视其沼则浅乱而淤，视其舟则离败而胶，庭除甚残，……至有饲马于轩，宿集于堂。" [2] 可以看到，此驿馆全盛时不仅有华丽、宏大的轩、堂等建筑，还有可以浮舟的池沼和园林。如果将区域道路绿化系统看作绿色项链的话，这些驿馆就是镶嵌于其上的珠宝，是区域"绿道"上的景观节点（图 4-24）。

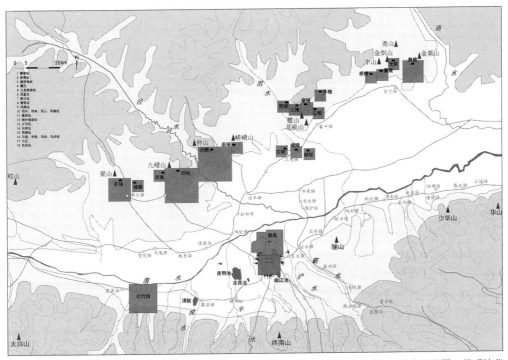

注：帝陵封域范围、司竹园范围仅为根据历史文献中对其周长的记载所作的示意，并非实际范围。昆明池范围据《西安市汉唐昆明池遗址的钻探与试掘简报》，馆驿分布据严耕望《唐代交通图考》之《唐代两京馆驿与三都驿程图》，其他据史念海《西安历史地图集》之《唐时期图》。

图 4-24　唐长安地区的"自然保护区"与"区域绿化体系"

4.4.4　地区整体的保护政策

唐代山川林泽由中央机构工部下属的虞部来直接掌管，《唐六典·尚书工部·虞部郎中》、《新唐书·百官志·工部》、《旧唐书·职官志》中分别对虞部

---

[1] （唐）高适《陈留郡上源新驿记》，《全唐文》卷三五七。
[2] 《全唐文》卷七九五。

的职掌进行了详细的记述，内容基本一致，略有差别。[①] 总的来说，虞部是对都城地区自然环境保护进行全面掌控的部门，其相关职能包括：（1）设置禁猎禁捕区域；（2）进行京都道路绿化；（3）管理苑囿山泽。可以说，对地区坏境进行全面综合的保护与管理已经成为唐代政府的重要职能之一。

唐代建立了由律、令、格、式四种类型所构成的较为系统的法律制度体系[②]，"律"是四者中最为根本的、作为定罪判刑根据的刑法，唐代的法典《唐律疏议》是我国现存最早、最完整的成文法，其中包含有不少保护自然环境的条文（表4-6）。此外，皇帝还经常以颁布诏书的形式，禁止弋猎采捕，保护自然。（表4-7）。

《唐律疏议》中保护自然环境的条文　　　　　　　　　　　　表4-6

违法行为	惩治措施	卷数
盗园陵内草木	诸盗园陵内草木者，徒二年半。若盗他人墓茔内树者，杖一百。	卷十九 贼盗
山野物已加功力	诸山野之物，已加功力刈伐积聚，而辄取者，各以盗论。谓各准积聚之处时价，计赃依盗法科罪。	卷二十 贼盗
占山野陂湖利	诸占固山野陂湖之利者，杖六十。	卷二十六 杂律
山陵兆域内失火	诸于山陵兆域内失火者徒二年；延烧林木者流二千里；杀伤人者减斗杀伤一等。其在外失火而延烧者，各减一等。馀条在外失火准此。	卷二十七 杂律
毁大祀丘坛	诸大祀丘坛将行事，有守卫而毁者，流二千里；非行事日徒一年。壝门各减二等。	卷二十七 杂律
食官私田园瓜果	诸於官私田园，辄食瓜果之类坐赃论；弃毁者亦如之；即持去者准盗论。	卷二十七 杂律

[①] 《唐六典·尚书工部》："虞部郎中、员外郎掌天下虞衡、山泽之事，而辨其时禁。凡采捕、畋猎，必以其时。冬、春之交，水虫孕育，捕鱼之器，不施川泽；春、夏之交，陆禽孕育，鯨兽之药，不入原野；夏苗之盛，不得蹂藉；秋实之登、不得焚燎。若虎豹豺狼之害，则不拘其时，听为槛阱，获则赏之，大小有差。凡京兆、河南二都，其近为四郊，三百里皆不得弋猎、采捕。（每年五月、正月、九月皆禁屠杀、采捕。）凡五岳及名山能蕴灵产异，兴云致雨，有利于人者，皆禁其樵采，时祷祭焉。凡殿中、太仆所管闲厩马，两都皆五百里供其刍藁。其关内、陇右、西使、北使、南使诸牧监马、牛、驰、羊皆贮藁及茭草。其柴炭、木橦进内及供百官、蕃客，并于农隙纳之。"《旧唐书·职官志》对虞部的记述为："掌京城街巷种植，山泽苑囿，草木薪炭，供顿田猎之事，凡采捕渔猎，必以其时。"较之《唐六典》增加了"京城街巷种植"和"山泽苑囿"两项。《新唐书·百官志》对虞部的记述为："掌京都衢、苑囿、山泽草木及百官蕃客时蔬薪炭供顿、畋猎之事。每岁春，以户小儿、户婢仗内莳草溉灌，冬则谨其蒙覆。凡郊祠神坛、五岳名山，樵采、刍牧皆有禁，距壝三十步外得耕种，春夏不伐木。京兆、河南府三百里内，正月、五月、九月禁弋猎。山泽有宝可供用者，以闻。"又增加了供应"时蔬"和"山泽有宝可供用者，以闻"两项职责。

[②] 《唐六典·刑部》："凡文法之名有四：一曰律，二曰令，三曰格，四曰式。"

续表

违法行为	惩治措施	卷数
弃毁器物稼穑	诸弃毁官私器物及毁伐树木、稼穑者，准盗论。即亡失及误毁官物者，各减三等。	卷二十七 杂律
非时烧田野	诸失火及非时烧田野者，笞五十。非时，谓二月一日以后，十月三十日以前。若乡土异宜者，依乡法。	卷二十七 杂律

唐代帝王禁弋猎采捕诏　　　　　　　　表 4-7

高宗	咸亨四年五月诏令："禁作簺捕鱼、营圈取兽"（《新唐书·高宗纪》）	
玄宗	《禁弋猎诏》	永言亭育，仁慈为本，况乎春令，义叶发生。其天下弋猎采捕，宜明举旧章，严加禁断。宣布中外，令知朕意。（《全唐文》卷三十二）
	《禁采捕诏》	今属阳和布气，蠢物怀生，在於含养，必期遂性。如闻荥阳仆射陂陈留郡蓬池等，采捕极多，伤害甚广。因循既久，深谓不然。自今已后，特宜禁断，各委所由长官，严加捉搦。辄有违犯者，白身决六十，仍罚重役；官人具名录奏，当别处分。其仆射陂仍改为广仁陂，蓬池改为福源池，庶宏大道之仁，以广中孚之化。（《全唐文》卷三十二）
	《禁弋猎采捕诏》	阳和布气，庶类滋长。助天育物，须顺发生。宜令诸府郡，至春末已后，无得弋猎采捕，严力禁断，必资杜绝。（《全唐文》卷三十三）
文宗	《禁弋猎伤田苗诏》	春夏之交，稼穑方茂，永念东作，其勤如伤。况时属阳和，令禁麛卵，所以保兹怀生，仁遂物性。如闻京畿之内，及关辅近地，或有豪家，特务弋猎，放纵鹰犬，颇伤田苗。宜令长吏，切加禁察。有敢违令者，捕系以闻。（《全唐文》卷七十一）

　　京畿作为帝国的核心地区得到了更为严格的保护，《唐六典·尚书工部》"虞部郎中"条下专门述及："凡京兆、河南二都，其近为四郊，三百里皆不得弋猎、采捕。每年五月、正月、九月皆禁屠杀、采捕"，长安周边三百里范围内均是严格控制捕猎、采伐的"自然保护区"。唐代皇帝也屡有保护京畿生态环境的诏令（表4-8）。从文献记载来看，这些诏令在基层也得到了较好的执行，例如《全唐文》卷九七六中载有《对覆车置罘判》，便记述了京兆府某县令毁坏百姓捕捉鸟兽的工具以避免其进行采捕之事。

唐代帝王保护京畿自然环境的诏令　　　　表 4-8

皇帝	时间	内容	文献来源
玄宗	开元二十三年（735）	两京五百里内，宜禁捕猎。如犯者，王公以下录奏，余委所司，量罪决责	《唐会要》卷四十一《断屠钓》
代宗	大历四年（769）	禁畿内弋猎	《新唐书》卷六《代宗本纪》
代宗	大历九年（774）	禁畿内渔猎、采捕，自正月至五月晦，永为常式	同上
	大历十三年（778）	禁京畿持兵器捕猎	同上
文宗	大和四年（830）	禁京畿弋猎	《新唐书》卷八《文宗本纪》
	开成二年（837）	禁京畿采捕	同上

4.4.5　兼顾利用与保护的地区环境保育

隋唐时期对长安地区生态环境的保育呈现出的一个鲜明特点是生态环境保护与资源合理利用的并行不悖。在生态建设中，拱卫都城的自然保护区与今天隔离人迹的保护区并非同一概念，并未脱离人的行为，一个片区往往因其社会、文化属性而获得保护，名山、陵墓、宫苑、坛壝、公共风景区、竹园等，莫不如此，良好的生态环境与其社会、文化职能的履行并不矛盾，反而是相互促进的。区域尺度的绿化体系也依托主要交通干道而建，而非孤立的自然保护措施。在环境管理中，虞部作为对都城地区自然环境保护进行全面掌控的职能部门，兼具资源保护与合理利用的双重使命，《唐六典·尚书工部》载："虞部郎中、员外郎掌天下虞衡、山泽之事，而辨其时禁，凡采捕、畋猎，必以其时。"[①] 也就是说，一方面要因时而禁，保护自然环境，所谓"辨其时禁"；另一方面又要在合适的时令进行采捕、畋猎，合理利用自然资源。

值得注意的是，虽然隋唐时期对长安地区的自然环境进行了一系列有意识、无意识的保育，也起到了积极的作用，但是，自然环境的破坏仍旧存在。一方面是大规模宫室和寺观建设带来了森林的砍伐和土壤的破坏。《新唐书·食货志》即云："天子骄于乐侈，而用不知节，大抵用物之数常过于其所入。"李华《含

---

① 《唐六典》卷七《尚书工部》。

元殿赋》描述含元殿建设中用木的惊人数量为"拥材为山，攒杆如林"，众多华丽宏大的寺观也耗费了大量木材和土石，唐中宗时大臣辛替否曾上疏指出："方大起寺舍，广营第宅，伐木空山，不足充梁栋；运土塞路，不足充墙壁。"[①] 这些木材、土石很多都来自终南山，唐代在终南山中分别设立四处监司，负责在就近山中采伐[②]，及至唐开元年间，秦岭北坡已经是"近山无巨木"[③]。此外隋唐之际和安史之乱的战火，也对地区自然环境造成了破坏。但是，总的来说，在农业文明时期，人类改造自然的力量是比较小的，还不具备对自然进行全面的、根本性改造的能力，人与自然还保持着基本和谐的关系。

① 《文苑英华》卷六九八《谏中宗置公主官疏》。
② 《旧唐书》四十四《职官志》："将作监所属有百工、就谷、库谷、斜谷、太阴、伊阳等监。……采伐林木。"
③ 《新唐书》卷一六七《裴延龄传》。

第 5 章

———

地区设计的规律、实施主体与动因

在对典型案例——秦汉、隋唐两个时期长安地区的地区设计成就进行研究的基础上，可以通过分析性归纳，提炼其内在规律、实施主体与动因。

地区设计就是创造区域尺度的空间（体形环境）的协调秩序（可简称为区域空间秩序），以形成适合生产生活的美好环境。它是区域尺度人居建设的一个方面，是人居环境规划设计的一个层次。因而，可以通过人居环境科学的理论思想"透视"秦汉隋唐长安地区的设计成就，得到具有科学性和相对普适性的认识。

在空间上，不同层次的人居环境规划设计既有其特定层次的控制要点，又有与其他空间层次之间的衔接问题。"提纲挈领"，建构大尺度复杂系统中的空间纲领，是中国古代地区设计的空间性规律。在时间上，人居环境是一个连绵的过程，"生生不已"是中国古代地区设计的时间性特征，是一个与"人居"相伴随的长时段、连续性的生成过程。人居环境的创造者是人，不同层次和类型的人居建设来源于不同人群的创造。对于都城地区而言，中央政府控制地区空间的大结构和关键点，是地区设计的主导者，社会各个阶层的共同参与则起到充实和维护的作用。人对美好环境的需求是开展人居建设的动因，地区设计并不易为个人的特定需求和品位等左右，而是与一个地区社会主流的物质和精神需求息息相关，与地区物质和文化发展的进程同步推进。

5.1 空间性规律：大尺度复杂系统中的空间纲领

人居环境包括全球、区域、城市、社区、建筑五个层次。本书所研究的地区设计，就是在区域这一人居层次上，创造空间的协调秩序，以形成适合生产生活的美好环境。吴良镛指出，在人居环境科学的研究中："在设计理念上，规划工作者要特别注意区域、城市、社区村镇的特定内涵及不同层次之间的空间的相互依存关系，以及它们的特定内容。"[①] 具体到区域的层次上，（1）地区设计具

---

① 吴良镛. 人居环境科学导论 [M]. 北京：中国建筑工业出版社，2001：138.

有不同于其他空间层次的设计（如：城市设计、建筑设计）的"特定的内容"，也就是区域空间秩序营建的控制要点；（2）地区设计与其他空间层次的设计之间还存在相互依存的关系，不同层次之间需要相互衔接。可以从这两个角度入手认识秦汉隋唐时期长安地区区域空间秩序营建的特征。

5.1.1　建立网络体系，控制总体秩序

要想知道地区设计与其他空间层次的设计的控制重点有何不同，首先要了解与其他层次相比，地区设计的对象的特点是什么，有了特定的对象，才有特定的内容。

5.1.1.1　地区设计的特定对象：扩展的空间要素与非匀质的空间特性

为明确地区设计不同于其他设计的"特定的内容"，首先要认识其设计对象，即区域层次的空间与其他层次的关键区别是什么。区域空间的尺度要大于城市、建筑群等诸空间层次，这是不言自明的，空间尺度的变化带来了空间要素与特性的变化。正如《人居环境科学导论》中所说："不同层次的人居环境单元不仅在于居民量的不同，还带来了内容与质的变化"[1]。

（1）扩展的空间要素。在空间上，人居环境可以分为自然环境系统与人工环境系统两大部分。[2] 区域人居环境中这两个系统中的空间要素都较城市、建筑等大为扩展。自然环境系统的范围更为广阔，不只是庭院、绿地、开敞空间等，扩展到大山大河、广袤农田；人工环境系统的构成更为复杂，不只是城市中的宫室、宅第、坊巷、水渠，还包括郊野的民居、别业、寺观、陵墓、驿道系统、大型水利设施等。

（2）非匀质的空间特性。城市、建筑群、建筑等尺度，仍以人工环境为主，人工建筑物较为密集、匀质地分布在一个空间单元中。区域尺度上（尤其是在古代），自然环境所占的比重更大，各项人工建设并不是均匀地遍布整个区域，而是疏密相间地分散其中。

---

① 吴良镛. 人居环境科学导论 [M]. 北京：中国建筑工业出版社，2001：48.
② 吴良镛. 人居环境科学导论 [M]. 北京：中国建筑工业出版社，2001：38.

5.1.1.2 地区设计的控制要点：网络体系 + 环境基底

地区设计的对象具有不同于其他空间层次的特点，相应地地区设计也有特定的内容，即区域层次上的控制要点。区域空间尺度大、要素多，很难完全被一个空间结构笼而统之，这就要求从众多元素中选择较为重要的空间要素，包括自然环境的突出标志和人工环境的重要建设，建立它们之间的联系，从而把握住地区空间中的大结构，而非面面俱到。与此同时，区域空间中自然环境的比重大，人工建设的分布并不匀质，这就使得这个结构的空间形态不可能是匀质的面状体系，而是围绕人工建设密度较高的地区，形成疏密有致的网络状体系。这个网络结构就是区域空间中的"纲"，"举一纲而万目张"[①]，实现对地区主体空间秩序的完整性和协调性把握，在此前提下，允许一定范围的无序的存在。从长安地区空间秩序营建的历史经验来看，无论是基于辨方正位的区域轴线体系、基于象天思想的区域空间格局，还是通过据营高敞形成的带状空间格局，都是建立了区域空间中这一大的网络结构，通过这个结构来联系区域空间中的各重要元素，包括自然的和人工的。

那么，这一网络结构是如何产生的？从长安地区的历史经验来看，这一结构并不是无中生有、生硬地添加到区域空间中去的，而是从地区固有的自然结构和社会共有的文化结构中凝练出来的，依托自然与文化的结构进行人工建设，形成三者交融的网络结构。秦汉时期基于象天思想的区域空间布局，是将当时社会文化观念所认可的"五宫"的天象格局，应用到区域重要人工建筑物的布局中，充分体现了对文化结构的发掘和利用。秦汉隋唐时期区域轴线体系的建立是将自然结构与人工建设结合的典型代表，通过寻找自然地形的突出标志，如子午谷口、南山之巅、骊山、泾水等，建立这些标志与重要的人工建筑物之间的交通与视觉联系。此外，隋唐时期区域带状空间格局的建立，重在寻找地区空间中地形高点，如北山的第一列山峰、南山浅山地带的高点、渭南诸原的高点等，依托这一自然地理的脉络，经营若干重要建筑，形成序列，也体现出对自然结构的发掘和利用。

在这个主体的网络结构之外，区域空间中还有面积广大的"基底"，在历史

---

① （汉）郑玄《诗谱序》。

上的长安地区，其最主要的组成是乡村、农田与自然山川。需要维持这个基底的整体健康、稳定，既满足人的生产生活需求，又能持续发展，不至出现大的混乱，保证网络结构的稳定、可持续。隋唐时期兼顾利用与保护的地区环境保育就是典型代表。

5.1.2　在网络节点经营不同尺度的重要人居单元

要了解地区设计如何实现区域与其他空间层次之间的衔接，首先要分析从空间设计的角度出发，区域尺度与哪些尺度关系最为密切；在此基础上，再研究各尺度之间的衔接方式。

5.1.2.1　与区域关系紧密的空间层次：城市、建筑群、建筑

人居环境科学的规划与设计论提出："每一个具体地段的规划与设计，要在上一层次即更大空间范围内，选择某些关键的因素，作为前提，予以认真考虑。"与此同时，"每一个具体地段的规划与设计，在可能的条件下要为下一个层次乃至今后的发展留有余地"[①]。也就是说，要瞻前顾后，承上启下。那么，从地区设计的角度来看，有哪些空间层次与区域这一空间层次密切相关？

中国古代人居环境中，区域这一层次以上有天下，即整个国土范围。"天下"尺度巨大，超出了人的日常生活和直观感受的范围，较少存在空间设计的问题。区域与天下的关系更多地体现在行政区划、交通联系、经济布局、观念建构等方面，因而，二者之间的衔接，不是地区设计的重点。在区域这一层次以下，还有城市、建筑群、建筑诸层次，在中国古代的都城地区中，既有以都城为主，周边县邑为辅的大小都邑，也有独立于都邑之外的帝王陵寝、行宫、寺观等建筑与建筑群，这些都是组成地区空间的重要元素，因而从地区设计的角度出发，城市、建筑群、建筑诸层次都与区域这一层次关系密切，需要实现彼此之间的衔接。

5.1.2.2　各层次之间的衔接：在结构的关键点经营不同尺度的人居单元

如何建立城市、建筑群、建筑诸层次与区域层次之间的关系？吴良镛曾经提

---

① 吴良镛. 人居环境科学导论 [M]. 北京：中国建筑工业出版社，2001：139.

出人居环境规划设计中的"势"与"形"的问题："在区域的层次，要有山川变化的宏大气势（即所谓'审势'），在城市、社区近距离的范围内则要有空间构图和具体形象的推敲（即所谓'造形'）"，[①] "势与形要互相协调，使彼此都能得体"[②]。区域与其他各层次之间的衔接问题，事实上就是区域之"势"与城市、建筑之"形"的协调问题。从长安地区的历史经验来看，是从区域尺度的大结构出发，进行小尺度的城市、建筑群、建筑的选址乃至布局，也就是说在"审势"的基础上开展"造形"。

在自然结构、文化结构等多个结构的交汇处，也就是区域网络体系的节点处，往往会进行重点经营，形成区域空间中的若干核心，也是各个层次之间衔接的关键点。这些关键点是大小不一的具有重要地位的人居单元，可以是重要的都邑，也可以是地位突出、壮阔宏丽的建筑群、建筑，如宫室、寺观、帝王陵寝等。张锦秋曾经指出："西安历代都城都是在轴线与轴线，轴线与山水和地形变化的交汇点上选择标志性地段和布置标志性建筑。"[③] 在城市的尺度上，秦都咸阳以极庙为中心的核心宫殿区与汉长安城的空间范围大致相同，是终南山子午谷的北延长线、骊山的西延长线、渭南龙首原高地等的交汇之处，也是天象"五宫"的中宫所在之处；隋唐长安城位于南山峰（牛背梁）谷（石鳖谷）的北延长线、龙首原南麓的地形高处等自然结构的交汇处。在建筑群和建筑的尺度上，秦时，在子午谷北延长线与泾水的交汇处建有望夷宫、与渭北二级阶地南缘的交汇处建有咸阳宫，在沣峪口南延长线、渭南龙首原交汇处建有阿房宫；汉时，在子午谷北延长线与黄土台塬南缘交汇处建有汉长陵、与渭南龙首原北坡高点交汇处建有未央宫；隋唐时期，在石鳖谷北延长线与"九五"高地交汇处建有兴善寺、玄都观，与"九二"高地交汇处建有太极宫、与"九三"高地的交汇处建有百官衙署，在牛背梁北延长线与"上九"高地交汇处建有大慈恩寺及塔，与"初九"高地交汇处建有大明宫。

综上，地区设计是区域这一空间层次上人居环境的规划设计，面对区域空间大尺度、多要素、非匀质的特点，它以建构网络体系与维护环境基底为区域空间秩序营建的控制要点，与此同时，在网络节点经营不同尺度的重要人居单元，

① 吴良镛. 人居环境科学导论 [M]. 北京：中国建筑工业出版社，2001：149.
② 吴良镛. 从绍兴城的发展看历史上环境的创造与传统的环境观念 [J]. 城市规划，1985，（02）：6-17.
③ 张锦秋. 关于西安城市空间战略发展的建议 [J]. 城市规划，2003，（01）：30-31.

衔接各空间层次。这相当于在区域中建立了共同的"空间纲领"。纲者，"网之大绳"[①]，是贯穿系统总体的骨架，体现为网络结构体系的建构；领者，"承上令下谓之领"[②]，是具有统率作用的系统关键点，体现为网络关键节点的经营。纲领是事物的总纲要领，控制住要领，便可以掌控总体，"举网提纲，振裘持领，纲领既理，毛目自张"[③]，"操纲领，举大体，能使群下自尽。"[④]

这一空间纲领的建立，统而言之，可概括为三部分内容：（1）通过凝练文化结构、发掘自然结构，建构自然结构、文化结构与人工建设交织的网络结构体系；（2）维护农业与生态基底的稳定状态；（3）经营网络关键节点的人居单元。秦汉隋唐时期长安地区的地区设计实践基本都是围绕此展开的（图5-1）。

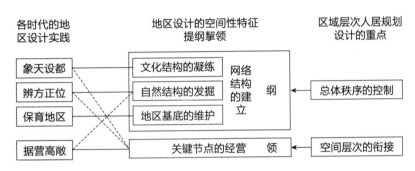

图 5-1　地区设计的空间性规律与各时代地区设计实践的关系

5.2　时间性规律：长时段、持续性的生成过程

"人居环境在时间上是连绵的"[⑤]，"罗马不是一天建成的"。区域作为人居环境的一个层次与建筑、城市的一个重要区别是它不仅是一个人类建构的空间单元，而且是一个地球表面上固有的自然地理单元。建筑有新建与毁弃，新建筑可以放弃旧建筑而重建；城市有产生和覆灭，新城市可以脱离旧城市而重生（如隋唐长安与汉长安）；但是对于一个地区而言，自人类于其中生存，就开始了对一个地区空间秩序的建构，它并不随人的意志而产生或消失，或许在不同的历

---

① （清）段玉裁《说文解字注》卷十三。
② （元）熊忠《古今韵会举要》卷十五。
③ 《南齐书》卷五十四《高逸传·顾欢》。
④ 《三国志》卷二十二《魏书·陈矫传》。
⑤ 吴良镛. 人居环境科学导论 [M]. 北京：中国建筑工业出版社，2001：129.

史时期有兴盛有衰落，但始终存在。故而，地区设计无法抛弃过去而"重新"开始，后世必然要在前代的基础上经营，是一个与"人居"相伴随的持续不断的动态的演化过程。而且，与城市设计、建筑设计等相比，地区设计的尺度更大、要素更多，涉及大型基础设施、城镇网络、农田体系等等，其关系又错综复杂，难以在短时间内全部改变，故而其经营建设也需要在一个漫长的历史时期中逐渐展开，区域空间秩序不是一蹴而就，而是逐渐浮现的。

从秦汉隋唐时期长安地区的历史经验来看，一方面，对于区域空间秩序的营建始终存在，后世总是在前世的基础上赓续创造；另一方面，在不同历史时期又呈现出不同的侧重和特点。

5.2.1 空间秩序的持续生长与观念方法的世代相承

漫长的历史时期中，地区设计始终保持着自身的连续性：后世总是在前代的建设基础上持续生长。与此同时，各个时期都追求对整体的地区空间秩序的塑造，地区设计的思想和方法萌发很早，在不同时期始终存在并产生影响。

5.2.1.1 空间秩序的持续生长

区域空间秩序在漫长的历史时期中是一个渐渐生成的过程，在前代的建设基础之上，赓续创造，呈现出明显的连续性的特征。

在大尺度上，从西周时期营建都邑于沣水之滨的丰京、镐京，秦都咸阳、汉长安、隋唐长安、明清西安直至当代，都在关中平原中部发展，区域范围内的道路系统、城镇体系的分布也没有本质性的变化，只是根据历代的发展需求而不断充实、渐有调整；区域轴线体系始终是在位于关中平原中部的城市与终南山的若干峰、谷之间寻找关系。

在小尺度上，汉承秦制，唐沿隋旧，上一代的宫室、城池，又会在下一代得到继承和利用。秦都咸阳继承了诸侯国时期咸阳的建设基础，汉代长安的城市建设主要沿袭咸阳渭南的建设基础，唐长安则完全继承了隋大兴的城池，然后再根据新的需求进行增建、扩建。秦宫汉葺、隋宫唐用的现象随处可见，甚至汉代的未央宫至唐时仍得修葺，被作为禁苑的一部分而加以使用。五代、宋、金、元的西安城的建设主要利用隋唐皇城的建设基础，明清则又有所拓展。除此之外，宗教圣地往往能得到更为长久的传承，虽然陈构不存，但旧基仍在，并不断得到修葺、重建，如周至楼观台，相传周穆王时已有宫室，隋唐时期大加修葺，成为当时规模最大的皇家道观，此后屡破坏与重建，至今仍有明清说经台存世，依然履行着道教圣地的职责；位于终南山炭谷的南五台，开辟于隋唐，今天尚有圣寿寺塔、朝天门等明清遗址。

5.2.1.2 观念方法的世代相承

纵观历史，在各个时期长安地区人居环境建设中，都对整体的区域空间秩序孜孜以求。如前文所述，秦汉时期，通过辨方正位，建设区域性的轴线体系，树立区域空间主干，通过象天设都，将地区空间布局与天象的规律和精神内涵相联系，铺陈区域空间的架构；隋唐时期，通过对地形高敞之处的着力经营，实现对地区空间的全面控制，同时，整体保育地区自然环境。唐以后，长安地区丧失了都城的地位，但仍旧秉持着将地区空间作为整体进行秩序建构的传统，明清时期享有盛名的"长安八景"是得到官方和社会认可的围绕西安城的八处胜景[①]，其以西安城为中心，分布范围广阔，东至华山，西至太白山，南抵终南山，北达渭水，因此又称"关中八景"，这充分体现了寻找和建立区域范围内的空间秩序的意识（图 5-2）。

因为始终秉承着对地区空间秩序的追求，地区设计的主要思想和方法在地区人居建设开展之初就已经萌发，并逐渐滋长、传承，或有衰退，但不会全然泯灭，始终留存着相应的印迹。

（1）辨方正位：中国古人很早就掌握了确认方向的方法，在新石器时代即已出现自觉地按照正南北的方向布置房屋和墓穴的现象，辨方正位是古人进行人居建设之大务。秦汉时期开始基于辨方正位而建构区域性的轴线体系，隋唐时期长安的规划中仍旧继承了这一思想，只是在具体的轴线位置等方面有所不同。明清时期西安城市规模缩小、气势大不如前，但仍然有城市尺度的轴线体系（图 5-3）。

（2）象天设都：中国文化中自古以来就有将都城与上天的意志联系起来的传统。殷商人自诩都邑为"天邑"，自称王朝为"天邑商"，作邑建都，追求上天的体认，按照上帝的意志安排都邑位置与筑邑的时间。秦汉时期将"象天设都"

---

① 分别是：华岳仙掌、骊山晚照、灞柳风雪、曲江流饮、雁塔晨钟、咸阳古渡、草堂烟雾、太白积雪。

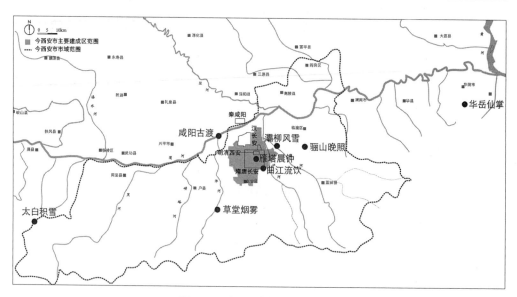

图 5-2　长安八景的空间分布

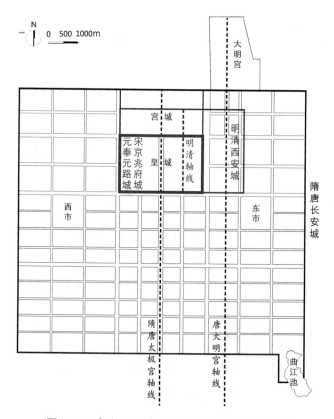

图 5-3　唐宋元明清时期西安城市范围与轴线

当作了一项都城地区规划设计的主要策略，隋唐时期也仍有将宫城比附为天极的思想。

（3）据营高敞：中国传统聚落选址中即倾向于选择地势较高之处，以避水患、利防守。西周时期"宗庙及其所在的城邑可能处于国中地势高而平'丘'上"①。秦汉时期的重要宫室及皇室陵寝也都位于原畔、山坡等地形高处。隋唐时期对于高敞地形的利用更加全面和充分。明清时期仍旧延续着在高敞之地营建重要建筑物的传统，如：蓝田县龙王庙即选址于"县之西坡上，面河"，视野开阔，"登台远眺，东沂上流，南尽河源，长洲浩渺，巨潴湮淤"②。

（4）保育地区：爱惜生灵、顺时节用是中华民族的传统美德。传说在大禹时就有关于合理使用和保护自然资源的条令③，秦始皇时有在驰道两侧大规模种植树木的举措，隋唐时期的区域绿化体系、环境保护政策则发展得更为充分。

5.2.2　各时代建设重点与思想方法的更新演化

地区设计也具有鲜明的时代特征，并非一成不变，而是常中有变：各个时代均有对区域空间秩序的建构，但是各有侧重；诸思想方法虽世代传承，但在各时期有消长和演化。

5.2.2.1　各时代地区设计的不同侧重

地区空间秩序的营建虽是在一个整体的体系中不断演进，但各个时期的营建行为也各有其侧重。秦汉重宏构，隋唐重充实。

钱穆曾经非常形象地描述了由秦汉到隋唐时期中国文化的发展过程："政治、社会一切制度譬如一大家宅或大园林，文学、艺术是此房屋中之家具陈设，园林里的花木布置。中国人的家屋与园林已在秦、汉时代盖造齐全，隋、唐时代再在此房屋里讲究陈设，再在此园林里布置花草。至于全部设计，则在先秦时代早已拟成一个草案了。"④这正与秦汉与隋唐时期区域空间秩序营建的特点相一致。前者正处在天下初为帝制所一统的历史时期，寥廓而宏大，其所面临的核心问题是：如何在大规模的都城地区开发和定于一尊的制度文化建设中，塑

---

① 武廷海. 西周城市发展的空间透视 [J]. 建筑史，2003（02）：30-37+262.
② （清）王之士《灞水龙王庙记》见《（光绪）蓝田县志》附《文征录》卷二《叙述》。
③ 《逸周书·大聚解》。
④ 钱穆. 中国文化史导论 [M]. 北京：商务印书馆，1994：165.

造与天下之都地位相匹配的空间形象，与之相应的是区域轴线体系的树立和区域格局的铺陈，重在宏构的铺设。后者处于长期分裂之后的文化大融合、大繁荣时期，充实而富足，其所面临的核心问题是：如何在日益滋长的社会生活需求和日益加剧的环境压力下，为繁荣而多元的社会文化提供空间平台，与之相应的是对地区重要空间节点的全面经营和对地区环境的整体保育，重在内容的充实。

5.2.2.2　地区设计思想方法的消长与演化

地区设计的各种思想和方法萌芽甚早，世代流传，但是根据各个历史时期生产生活、社会文化等的不同情况，其重要性各有不同，伴随着时代的发展而发生相应的演化。

（1）辨方正位。先秦时期人们虽然掌握了辨认方向、建立轴线的方法，但是这一时期人口数量少，对于土地开发利用的尺度和强度都比较小。到秦汉时期，伴随着人口的增加、技术能力的提高，关中地区得到了大规模的开发，人居建设的尺度日益增大，"辨方正位"的范围得以扩展到区域，体现为区域尺度上的轴线体系的建立。隋唐时期的轴线体系并无太多新创，以继承秦汉精髓为主。

（2）象天设都。秦汉时期，伴随着天文知识与相关思想的不断增长以及对"人"的认识的深化，天人相应、天事恒象的思想逐渐兴盛起来，人们认为天与人之间有着必然的象征性的联系，并热衷于建立天人之间的联系，前所未有的"大一统"的建立更刺激了这种"天人相应"的雄心，因而在秦汉时期"象天设都"在都城地区的规划设计中成为一个重要的主导性策略。此后，人改造自然的能力进一步增强，自信心也日益膨胀，唐时思想家已经提出"天人不相预"[1]、"天人交相胜"[2]的观点，都城地区建设中对于天象的比拟渐趋淡化，但是将宫城居北以象极星等思想依旧存在。

（3）据营高敞。先秦、秦汉时期已经有了重视地形高处，进行重点建设的思想，到了隋唐时期，"据营高敞"的思想和方法得以全面的发展和充实起来。这一时期关中地区土地开发利用的范围进一步扩大，可以说遍布地区的各个角

---

[1] 柳宗元在《答刘禹锡天论书》中明确指出："生植与灾荒，皆天也；法制与悖乱，皆人也。其事各行不相预，而凶丰理乱出焉。"（《全唐文》五七四）
[2] （唐）刘禹锡《天论》，《全唐文》六〇七。

落；与此同时，文化艺术也达到了一个新的高度，继承了魏晋时期对于自然山水的审美，人对自然条件的利用方式更加精细化和丰富化。这都促使隋唐时期对于自然地形高处的利用更为广泛、全面，手法也更为多样、深入。

（4）保育地区。隋唐时期关中地区的人口数量日增，社会生活空前繁荣，地区开发强度高于前代，长期建都的历史也带来了环境负担的累积，这使得隋唐时期的长安地区面临着空前的环境压力，对地区环境进行整体保育显得尤为必要；与此同时，隋唐时期自然审美勃兴、佛道思想盛行，也使得人们爱重自然、珍惜自然界的生命，客观上促进了对自然环境的保育。

5.3　实施主体：政府主导、社会经营

人居环境的实施主体是人，"人在人居环境中结成社会，进行各种各样的社会活动，努力创造宜人的居住地"。[①] 针对人居建设的不同层次和不同方面，其实施主体也会是不同类型的人群。地区设计是对区域层次的空间协调秩序的创造，从空间而言，尺度大、要素多，主要抓大结构和关键点，从时间而言，需要在一个较长的时期中渐次生成，因此，在中国古代，能够调动各方面资源的中央集权政府必然在地区设计中发挥着绝对的主导作用；与此同时，正是因为涉及面广、周期长，社会各个阶层的共同参与也是不可缺少的，可以起到充实和维护的作用。这一点在秦汉隋唐时期长安地区的空间秩序营建中体现得非常明显。

5.3.1　中央政府主导

中央政府的决策决定了长安地区空间的大结构和关键节点的营造，是地区设计的主导力量。

地区设计是对区域尺度的空间秩序的营建，尺度大，涉及多项建设，往往要在一个较长的时间周期内渐次实现。这需要一个能够调动各方面资源的强有力的主导者，在中国古代，这个主导者只能是中央集权的政府，具体到长安地区这样的都城地区，就是帝王及其所指派的官员。以秦汉隋唐时期长安地区始终

---

① 吴良镛. 人居环境科学导论 [M]. 北京：中国建筑工业出版社，2001：39.

保有的区域性轴线体系为例，一般都在近百里的尺度上，串联起大量大尺度的重要建设，并与区域性的交通体系等紧密关联，没有政府的决策主导是无法实现的。在隋王朝建立之后，隋文帝通过诏书的方式，论证了迁都的必要性与可行性，明确了新都大兴的选址与建设原则，这是由隋文帝杨坚、尚书左仆射兼纳言高颎、太子少保兼纳言苏威组成的最高政治统治集团的战略决策，在此基础上，以高颎为首，率领宇文恺等各部门专业官员，组成规划设计和工程管理的团队，负责都城的建设①，面向南山的区域性的轴线体系等就是在这个过程中树立起来的。又如秦时根据天象格局对区域空间格局的铺设，涉及渭河两岸南北约 50 公里，东西约 80 公里的范围，包括大量的宗庙、宫室、苑囿、帝王陵寝等，这显然是在以始皇为主导的中央统治思想下展开的，《史记·秦始皇本纪》即有载：始皇三十五年（前 212），秦始皇亲自下令"咸阳之旁二百里内，宫观二百七十，复道甬道相连，帷帐钟鼓美人充之，各案署不移徙。"地区整体环境的保育也通常是在政府的主导下展开的，以唐代为例，无论是名山等保护区的划定，还是依驿道而建设的绿化体系都是通过皇室的诏令来实现的，由京兆尹或中央官员（如监察御史②）来具体实施，此外还有政府颁布的各项法规和帝王诏书来对京畿环境实施特殊的保护。

与此同时，地区设计并不是对地区空间中的要素进行面面俱到的经营，而是围绕重要的人工建设密度较高的地区展开的，并特别注意经营网络结构的关键点，这些一般都是具有重要意义的官方建筑，其选址与建设都由政府主导。如秦始皇主导建设阿房宫，《史记·秦始皇本纪》载："始皇以为咸阳人多，先王之宫廷小，吾闻周文王都丰，武王都镐，丰镐之间，帝王之都也。乃营作朝宫渭南上林苑中。"秦二世时也有谓"复作阿房宫……如始皇计。"；《史记·高祖本纪》，记载汉丞相萧何主导建设未央宫，"立东阙、北阙、前殿、武库、太仓"，并提出了"非壮丽无以重威"的规划设计思想；隋唐时期的行宫、帝陵的选址也是由帝王与其所指定的高级官员来完成的，《隋书·萧吉传》记载隋文帝令萧吉为献皇后选择陵地，《唐会要·陵议》中也记载了唐太宗、唐玄宗亲自相看地形、选择陵址的经过。

---

① 详参：郭璐.隋大兴城市规划的知识体系——以历史人物为线索的文献考察 [J]. 城市规划,2019,43（03）：9-16.
② 唐玄宗开元年间监察御史郑审有《奉使巡检两京路种果树事毕入秦因咏》，见《全唐诗》卷三一二。

5.3.2 社会共同经营

社会各个基层的经营，充实了地区空间秩序的内容，并在较长的历史时期中起到了对其进行维护的作用。

区域是社会各个阶层共有的生活场所，尺度大、空间要素多，因而，除了政府主导之下的大结构和关键点的建设之外，不可避免地，还存在由社会其他阶层进行经营的空间，伴随着时代的发展、社会生活的繁荣，这一点愈发突出。例如，在隋唐时期，大量的由官宦文人经营的别业和僧人道冠经营的寺观往往占据地区地形高处，形成系列，成为地区空间秩序的重要构成要素。唐人杜佑曾自撰《杜城郊居王处士凿山引泉记》详细记述自己延请高人王处士在长安城南的樊川进行实地考察，改造地形，经营别业的情况[1]。《续高僧传》中记载了隋唐僧人法诚扩建终南山悟真寺的过程，"划迹开林披云附景，茅茨葺宇瓮牖疏檐。……又于寺南横岭造华严堂，埋山阆谷列栋开甍，前对重峦右临斜谷，吐纳云雾下瞰雷霆。"[2] 值得注意的是，在各主体共同经营的过程中，往往会遵循一些共同的基本原则，例如上述别业和寺庙营建过程中对高敞的追求，这应当是当时时代背景下的社会共识，基于此才有可能经由多元主体，形成整体秩序。

在秦汉隋唐时期之后，长安地区失去了国家政治中心的地位，社会力量的经营对地区空间而言发挥了更为重要的作用。社会各个阶层往往自发地对曾经在地区空间秩序中发挥重要作用的建筑群和建筑进行修缮、复建，客观上起到了维护地区空间秩序的作用。宋时荐福寺曾得"山谷迁叟"的修缮[3]，元时华清宫曾得乡贤赵志渊及其徒与四方僧侣的修缮[4]，等等，今天西安地区地形高处所留存的诸多始建于隋唐时期甚至更早的寺观，如：华严寺、兴教寺、丰德寺、楼观台等，都以明清乃至近代建筑遗存为主，屡经兵火损毁，又屡获修缮复建，虽然最初之建筑不存，但形胜依旧，仍然在地区空间秩序中发挥着重要作用；此外，还有基于历史遗迹而新创者，如宋代学者吕大防曾于唐兴教寺旧址创建

① 见《全唐文》卷四七七。
② （唐）道宣《续高僧传》卷二十八《唐终南山悟真寺释法诚传》。
③ （宋）李塺《重修荐福寺塔记》，见（民国）《咸宁长安两县续志》卷七《祀祠考》。
④ （元）商挺《增修华清宫记》，见（雍正）《陕西通志》卷九十二《艺文》。

玉峰轩，眺望远山，为古寺增添了新景，后人游记中对此多有记述。①

5.4 产生与发展的动因：地区物质和文化发展需求

人对美好环境的需求是开展人居环境建设的动因，这个需求既包括物质的，也包括精神的。地区设计是区域尺度人居建设的一个重要方面，同样受到这两方面因素的驱动。与此同时，中国古代都城地区设计的实施主体是中央集权政府和社会各个阶层。政府决策起到主导的作用，它不等同于帝王个人意志，而是以维持政权稳定性为根本目的，必然要充分考虑社会主流的物质和精神需求。社会共同经营起到充实和维护的作用，也是在社会共识之下展开的。因而，不同于城市、建筑群、建筑尺度的设计，个人的特定需求、艺术品位等并不是地区设计产生和发展的主要动因，地区设计与一个地区社会主流的物质和精神需求息息相关，可以说是和地区物质和文化发展的进程同步推进的。

通过对秦汉隋唐长安地区的研究可以看出，这一历史过程中，从地区的物质发展来看，既有一以贯之的以农为本的经济基础，也有不断增长的从"展拓"到"充实"的生活需求；从地区的文化发展来看，既有以整体观为主导的哲学认识论，也有逐渐演化的从天文到人文的自然观，这些共同促成了地区设计的产生和发展。其中不变的因素是孕育地区设计产生和绵延的土壤；变化的因素是推动地区设计发展和变化的动力。

5.4.1 一以贯之的经济基础：以农为本

中国古代社会一直秉持"以农为本"的传统，城市与乡村保持着一定意义上的"一致性"和紧密联系，包括城与乡的整个区域是中国古人的生活场所，自然地，就产生了营建区域空间秩序的需求，而非将城市的空间秩序与乡村的空间秩序割裂来讨论。

---

① 据（元）骆天骧《类编长安志》卷九《胜游·玉案行云》引《关中记》："玉案山，在长安东南八十里，太一谷东，山峰齐如案。"……同卷又记玉峰轩，"在兴教寺北，松桧半原，地形高爽，南对玉案峰。元丰年，龙图吕公祈祷太一湫，道经是寺，等北岗瞰玉案，令其僧创轩为登眺之所，权长安令陈正举为之记。"则玉峰轩因直对玉案峰而命名。吕公为吕大防。（宋）张礼《游城南记》："越姜保，至兴教寺，上玉峰轩，南望龙池废寺。张注曰：兴教寺，总章二年（669）建，有三藏元奘、慈恩、西明三塔。寺倚北冈，南对玉案山。元丰中，知京兆龙图吕公，登眺于斯，命僧创轩，是名玉峰。"

5.4.1.1　农业是中国古代社会经济的基石

中国社会自古以来即以农业为国家经济之基础、社会存在之基石。中国地理环境的多样性和优越性为农业的发展提供了得天独厚的条件，早在约一万年前的新石器时代，中国大地上即已产生原始的农作物栽培和牲畜饲养，西周时期，农业活动已经在黄河中下游地区普遍发展起来。农业生产是中国古代社会财富的主要来源，数千年来，朝代更迭不休，但"重农"、"尚农"几乎是贯穿始终的根本国策。所谓"社稷"者，即以与农业生产息息相关的土神与谷神指代国家政权。可以说"中国文化是自始到今建筑在农业上面的……中国人认为人类活动，永远仰赖农业为基础。"[①]

5.4.1.2　城市与乡村的"一致性"和紧密联系

正是因为农业在社会经济中的基础性地位，因而历史上，中国的城市始终不能独立于乡村而存在，它是以农为本的聚居中心，城乡具有某种意义上的"一致性"[②]，在经济、政治、文化等各个方面都保持着紧密的联系。正如牟复礼所言："中国文明的乡村成分或多或少是均一的，它伸展到中国文明所及的每一处地方。不是城市，而是乡村成分规定了中国的生活方式。它就像一张网，上面挂满了中国的城镇。这张网是用中国文明的料子织成的，中国文明支持着它，赋予它基本性质。把这个比喻加以引申，中国城市只是在同一张网里用同一料子织的结子，质地虽较致密，但并非附丽于网上的异物。"[③]

从经济的角度，乡村以其物产供给城市的需求，是城市经济上的腹地，以政治功能为主的城市的消费性大于生产性，"只能看作王公的堡垒，看作在真正意义上只是经济结构上的赘疣"[④]。《管子·八观》中就将城市和乡村作为一个经济上的统一体来看待："行其田野，视其耕芸，计其农事，而饥饱之国可知也。行其山泽，观其桑麻，计其六畜之产，而贫富之国可知也。"并指出城市与乡村要协调发展，"夫国城大而田野浅狭者，其野不足以养其民"。

---

① 钱穆. 中国文化史导论 [M]. 北京：商务印书馆，1994：15.
② （美）牟复礼. 元末明初时期南京的变迁 // （美）施坚雅. 中华帝国晚期的城市 [M]. 叶光庭等，译. 北京：中华书局，2000.
③ 同上.
④ 中共中央马克思恩格斯列宁斯大林著作编译局. 马克思恩格斯全集·第四十六卷·上 [M]. 北京：人民出版社，1979：480.

从政治的角度，城乡行政一体，城市是政治统治的中心，"在传统的中国人的观念中，一座真正的城市是建有城墙的县治、府治或省治。"① 秦汉起普行郡县制，首先建立覆盖全国的等级严密的城市网，再以城市为原点对其周边地区进行管理，从而实现对天下的统治。马克思·韦伯曾指出，中国城市与西方完全不同，它不具有政治上的特殊性，"并不是具有自己政治特权的'政区'。"② 这种城乡行政的一体，直到 1909 年清政府颁布《城镇乡自治章程》才宣告解体③。

从文化的角度，城市是区域文化的中心，而乡村则是文化的蕴藏地。城市作为区域中人口最为密集的部分，聚集了大量有知识和技术的人进行创造，对周边地区有着文化上的影响力，西汉长安曾流传着这样的歌谣："城中好高髻，四方高一尺；城中好广眉，四方且半额；城中好大袖，四方全匹帛。"④ 与此同时，城市文化并不是地区文化的全部，乡村是学术文化的发展地，许多书院、藏书楼都坐落在乡间；在文人士大夫心中，乡村所代表的耕读生活、田园逸趣在文化境界上更高一筹，"归老田园，耕读传家"是至高的理想。城市居民与乡村有着血缘和情感上的紧密联系，"中国的城市居民在法律上属于他的家庭和出生的乡村，家乡有祖庙，家乡也使他在良心上有血肉之亲的归属。"⑤ 这与中国古代的人才选拔制度有很大的关系，汉代的察举制、唐以后确立的科举制等都在一定程度上保障了不同社会阶层之间的流动，使"朝为田舍郎，暮登天子堂"成为可能，而士大夫为官几代之后，子孙也有可能回到乡村故里，从事农业生产，这都使得城市与乡村能够在文化上保持沟通，保持一致。

5.4.1.3 城与乡共同构成中国古人的生活场所

在中国古代社会，正是因为城与乡在政治、经济、文化上的紧密联系，不管是城市居民还是乡村居民，其日常生活都体现出城乡融合的特点，包含城市与乡村的整个区域成了中国古人的生活场所。

关于中国古代的社会构成向有"四民社会"之说，早在先秦时期这四个社会阶层已经形成，《管子·小匡》有言："士农工商四民者，国之石民也。"《荀子·王

---

① （美）施坚雅. 中国农村的市场和社会结构 [M]. 史建云，徐秀丽，译. 北京：中国社会科学出版社，1998：8.
② （德）马克斯·韦伯. 儒教与道教 [M]. 洪天富，译. 南京：江苏人民出版社，2003：13.
③ 刘君德，汪宇明. 制度与创新：中国城市制度的发展与改革新论 [M]. 南京：东南大学出版社，2000：27.
④ 《后汉书》卷二十四《马援传》。
⑤ Max Weber. The City[M]. Illinois：The Free Press，1958：81.

制》有言："农农，士士，工工，商商，一也。"清人仍有"士农工商，国之民也"
之谓[①]。"四民"经由郡县制、科举制等政治、经济、文化制度交织联系，构成了
社会的基本网络,而整个网络则要依靠皇帝（君）——这一国家的统治者来提挈。

君、士、工、商主要居住在城市中，他们的日常活动有着不同的需求，但都
呈现出城乡融合的特征，其足迹并不局限于城墙之内，而是都深入到乡野之中，
帝王的祭天祭祖、避暑秋狝，都是在都城周边的乡野中展开的，因而都城外围
有大量坛庙、陵寝、离宫、别苑。士大夫们则常在乡野中有隐逸、雅集、游赏、
抒怀、读书等活动，士大夫往往在城市外的乡村拥有土地、庄园或建有自己的
园林别业。工商等阶层也常在乡野之地进行郊游、庙会等活动，春秋战国时期
的文字记载中已经有许多关于郊游的记载[②]，后世又逐渐发展出了节庆游赏郊野
的风俗，上巳修禊、清明踏青、重阳登高等等。

农民虽主要居住在乡村，但是其日常生活与城市有密切的联系。农民常入城
经销农副产品，白居易笔下之卖炭翁便是在长安以南的山林中"伐薪烧炭"，然
后再进入城市贩卖。亦常有"寄生"于城市，当工匠、伙计甚至老板，而"他
们的老家还是很根深蒂固的埋在乡村里"者[③]。即便在乡间，农民阶层仍旧精心
培养子弟，希望他们能够通过一定的选拔制度进入士大夫阶层,而士大夫阶层"在
政治上成就了他们惊天动地的一番事业之后，往往平平淡淡退归乡村去，选择
一个山明水秀良田美树的境地，卜宅终老"[④]。

城墙并不是中国古人生活的界限和藩篱，相反，包含城与乡的整个区域是一
个充满活力的生活场所，人和与之相伴随的各种社会要素在其中流动，生生不息，
西汉的《盐铁论》中便描述了区域作为一个自足的生活单元的情形："古者千里
之邑，百乘之家，陶冶工商，四民之求足以相更。故农民不离畎亩而足乎四器，
工人不斩伐而足乎材木，陶冶不耕田而足乎粟米，百姓各得其便，而上无事焉。"[⑤]

正是因为包括城与乡的区域成为人们生活的场所，才产生了在区域尺度上建
构空间秩序的需求，而不是将城与乡割裂，单独讨论城市或乡村的空间秩序。

---

① （清）戴望《颜氏学记》卷三。
② 《诗经·君子阳阳》即有青年男女相约郊游的描述"君子阳阳，左执簧，右招我由房。其乐只且！君子陶陶，
左执翿，右招我由敖。其乐只且！"《论语》中曾点所描述的春游是孔子所向往的场景："莫春者，春服既
成，冠者五六人，童子六七人，浴乎沂，风乎舞雩，咏而归。"
③ 费孝通. 城乡联系的又一面 [J]. 中国建设 . 1948（1）：32-36.
④ 钱穆. 中国文化史导论 [M]. 北京：商务印书馆，1994：161.
⑤ （汉）桓宽《盐铁论》卷六《水旱》。

5.4.2 持之以恒的认识论：以整体观为主导

整体观在中国传统文化的认识论中具有主导性的地位，天地万物都被古人认为是一个紧密联系的整体。区域空间中的各个构成要素自然也被视为具有内在联系的整体，地区设计即旨在建立各要素之间的联系，形成整体秩序。

5.4.2.1 整体观是中国传统哲学认识论的基本观念之一

中国传统哲学认识论的基本观念之一就是整体观，中国人历来重视事物之间的有机联系，在中国古人的心目中，上至苍天中的茫茫繁星，下至大地上的山川草木、飞禽走兽，包括人类自身，都是一个关系密切的不可分割的整体。从时间的关系上看："有天地然后有万物，有万物然后有男女"[①]，从空间的关系上看："夫天之所覆，地之所载，六合所包，阴阳所呴，雨露所濡，道德所扶，此皆生一父母而阅一和也。"[②] 在主导中国社会的儒家和道家思想中，所共同秉持的观念是多项要素相互依存的整体性，前者体现在"大一统"、"中庸"等思想中，后者体现在"道"、"气"等观念中。

当代学者也普遍认识到"整体观"在中国传统文化中的重要地位。方东美认为："中国哲学上一切思想观念，无不以此类通贯的整体为其基本核心"[③]，季羡林认为："东方文化基础的综合的思维模式，承认整体概念和普遍联系。"[④] 杜维明进一步分析道："中国哲学的基调之一，是把无生物、植物、人类和灵魂统统视为在宇宙巨流中息息相关乃至相互交融的实体。"[⑤] 李约瑟也明确指出：在中国的思想体系里，"一切存在物的和谐合作，并不是出自他们自身之外的一个上级的命令，而是出自这样一个事实，即他们都是构成一个宇宙模式的整体阶梯中的各个部分。"[⑥]

---

① 《周易》卷九《序卦》。
② 《淮南子》卷二《俶真训》。
③ 方东美. 中国形上学中之宇宙与个人 // 刘梦溪. 中国现代学术经典·方东美卷 [M]. 石家庄: 河北教育出版社, 1996：373.
④ 季羡林. "天人合一"新解 // 季羡林学术文化随笔 [M]. 北京：中国青年出版社, 1996：147.
⑤ 杜维明. 试论中国哲学中的三个基调 [J]. 中国哲学史研究, 1981（01）.
⑥ （英）李约瑟. 中国科学技术史 第2卷：科学思想史 [M]. 何兆武等, 译. 北京：科学出版社, 上海：上海古籍出版社, 1990：619.

5.4.2.2 地区设计是对整体性的诉求在区域空间上的体现

正是基于这种根深蒂固的整体观，中国文化的发展史中一直贯穿着对整体的不懈追求。这体现在社会生活的方方面面，如：重视平衡与调和的医学、重视全局与机动的兵学、重视气韵与布局的书法、重视周期变化与天人感应的天学等等。

相应的，人所生存的空间也被作为一个整体来进行塑造，大至天下、区域，小到城市、建筑群、建筑，每个空间层次中的各构成要素都被认为是一个整体，应当通过规划设计建立联系，形成秩序；各个层次又相互嵌套、形成一个大的整体的"天地之间"的空间秩序。本书所研究的地区设计，可以说就是整体观念在区域这个空间层次上的具体体现。

（1）从天人合一的自然观到自然结构的发掘

中国文化中向来主张人与自然万物的浑然一体，所谓"天人合一"，从狭义的角度来讲，天，即自然界，人，即人类，"因于中国传统文化精神，自古以来即能注意到不违背天，不违背自然，且又能与天命自然融合一体。"[①] 因而，在地区人居建设中，自然山川同样被作为地区空间秩序的重要甚至是首要构成要素而与人工建设进行整体考虑。正如明陈全之《蓬窗日录·山脉》所说："以山为巨镇，水为薮泽，建邦树都恒守之以为固。先儒谓山为水之网，水为山之纪，而洪河大川亦天地间大界限也。"

如何实现这种人与自然的整体性？中国人很早就认识到了自然环境存在着基本的规律和法则，《庄子·知北游》有云："天地有大美而不言，四时有明法而不议，万物有成理而不说"，人类社会和自然界既然是一个整体，则具有共同的秩序，这些亘古不变的自然规律就是建立人间秩序的标准和参照，所谓"夫人事必将与天地相参，然后乃可以成功"（《国语·越语》）。人要在充分尊重和正确认识自然秩序的基础上建立合理的人间秩序。"辨方正位"就是在充分认识地区自然环境的秩序的基础上，通过建设区域性的轴线体系，建立人工环境与自然环境之间的密切联系，从而使二者成为一个不可分割的整体。"据营高敞"也是在充分认识自然地形的前提下，进行建筑物的选址布局，将人工建设嵌入自然环境之中。

---

① 钱穆. 中国传统思想文化对人类未来可有的贡献 // 中华文化的过去现在和未来——中华书局成立八十周年纪念论文集 [M]. 北京：中华书局，1992：41.

（2）从形神若一的文化观到文化结构的提炼

"形"与"神"是中国文化史、艺术史中一对非常重要的概念，形神关系原指人的身心关系，也可进而理解为外在形式与内在精神的关系。对形神的认识和论争自先秦时期即已广泛展开，有以形为本者，如《荀子·天论》："形具而神生"，有以神为本者，如《淮南子·精神训》有言："故心者，形之主也；而神者，心之宝也。"不论以哪一方为本，所持有的都是二者紧密联系、形神若一的态度。这种认为"形"与"神"辩证统一、相辅相成的观点在后世的文艺理论中得到进一步的发扬，绘画中，顾恺之提出"以形写神"①和"传神写照"②；书法中，王僧虔提出"书之妙道，神采为上，形质次之，兼之者方可绍于古人。"③

在人居建设中，形神若一的文化观体现为物质空间建设（形）与文化内涵（神）的整体。秦汉时期对天象布局规律及其特定的象征意义的认识是社会文化思想的重要构成部分，隋唐时期《周易》"六爻"也是当时主要的文化观念之一，这些"文化结构"都在都城地区的物质空间建设中得到了体现。当然这种体现并非机械的、全然的复刻，而是"散见其中"，是根据物质空间建设条件的不同，在保持基本模式的前提下，加以灵活的调整和变通。

（3）从仁民爱物的生态观到生态基底的保育

中国古代对于自然万物一直有一种"仁民爱物"的情怀，不仅"仁民"，尊重人、爱护人、为人的生存和利益着想，同时"爱物"，爱护自然物、保育自然物、为自然界的生命发展着想。"民"和"物"是一个整体，而不是对立的两端。因此，一方面要从自然界获取生产和生活资源，使人民生活优厚富裕，实现"利用厚生"；另一方面，也要适当节制人的欲望，在利用各种自然资源的同时，适当地加以保护和培育，正如《国语·周语》所云："古之长民者，不堕山，不崇薮，不防川，不窦泽。……是以民生有财用，而死有所葬。然则无夭、昏、札、瘥之忧，而无饥、寒、乏、匮之患。"

在地区空间秩序营建中，仁民爱物的生态观体现为资源利用与环境保护的结合，以维护农业与生态基底的稳定状态。隋唐时期对地区环境的整体保

---

① （唐）张彦远《历代名画记》卷五引："凡生人亡有手揖眼视而前亡所对者，以形写神而空其实对，荃生之用乖，传神之趋失矣。"
② （南朝）刘义庆《世说新语·巧艺》："顾长康画人，或数年不点目精。人问其故。顾曰：'四体妍蚩本无关于妙处，传神写照正在阿堵中'。"
③ （南朝）王僧虔《笔意赞》，见（宋）陈思《书苑精华》卷十八。

育便是典型代表,其对于地区自然环境的保护和管理并非单纯的"禁止使用",而是将保护与利用紧密地结合起来。绿道、苑囿、公共风景区等,是与使用功能相结合的环境保育;名山、陵墓、坛壝等,是与文化属性相结合的环境保育。

（4）从小中见大的审美观到关键地段的经营

《易经》有云:"可大可久","这是中国人脑子里对于一般生活的理想,也就是中国文化价值之特征"[1]。在中国传统的审美意趣中,这种对"大"、对"久"的追求表现为在"小"的审美对象中寄寓"大"的审美内涵。"中国美学要求艺术家不限于表现单个的对象,而要胸罗宇宙,思接千古,要仰观宇宙之大,俯察品类之盛,要窥见整个宇宙、历史、人生的奥秘。中国美学要求艺术作品的境界是一全幅的天地,要表现全宇宙的气韵、生命、生机,要蕴含深沉的宇宙感、历史感、人生感,而不是画单个的人体或物体。"[2]

中国古代绘画中向来有"咫尺千里"的追求,唐人彦悰《后画录》评论展子虔的画作:"远近山川,咫尺千里",宋人叶梦得《石林避暑录话》又谓李思训喜作"峰岭重复,径路隐显,渺然有数百里之势"。在人所生活的空间也是如此,小尺度空间的营建也往往包蕴着对大尺度空间的观照。从众多文学作品的描述中即可明显看出这样的审美意趣:"一夫蹑轮而三江逼户,十指攒石而群山倚蹊"[3];"山不过十仞,意拟衡霍;溪不袤数丈,趣侔江海"[4];"才见规模识方寸,知君立意象沧溟"[5];凡此种种,不胜枚举。地区人居建设中对关键节点的控制经营正体现了这种小中见大、咫尺千里的审美观,一方面是从地区大尺度的自然形势入手,来进行小建筑的选址布局,所谓"因大势而为小形";另一方面,小建筑的规划设计也充分考虑到大尺度的地理形势,可以"积小形而成大势",从而实现通过局部建设控制整体秩序的目的。隋唐时期"据营高敞",控制地区高点,便是"小中见大"的集中体现。

---

[1] 钱穆. 中国文化传统之演进 // 中国文化史导论 [M]. 北京:商务印书馆,1994:附录.
[2] 叶朗. 中国美学史大纲 [M]. 上海:上海人民出版社,1985:224.
[3] （唐）李华《贺遂员外药园小山池记》,《全唐文》卷三一六。
[4] （唐）独孤及《琅琊溪述》,《全唐文》卷三八九。
[5] （唐）方干《于秀才山池》,《全唐诗》卷六五一。

5.4.3 不断增长的生活需求：从展拓到充实

各个历史时期，伴随着生产力的发展、社会的进步，地区中人的生产生活需求也在不断发生变化，地区空间是人类各项活动的载体，生产生活的新需求必然也带来了地区空间秩序的新需求，驱动了地区设计的发展。

秦汉时期，伴随着长安地区天下之都地位的确立，通过移民实都等手段带来了地区人口的大规模增加，与先秦时期"人不足而地有余"的局面相比有了很大的变化。为了满足这些人的生活需求，支撑天下之都的正常运转，必然需要对地区土地进行大规模的开发利用，营建包括水利、道路等在内的大型基础设施，这就带来了在宏观层面上铺设地区空间框架的需要。通过"辨方正位"建构区域轴线体系与通过"象天法地"铺设区域空间格局，都是为了适应这样的需要。

隋唐时期，结束了长时期的割据纷争，重新建立了统一国家。社会生产力发达、经济繁荣、各个阶层的社会生活都空前丰富，这相应地带来了对地区空间的各个部分加以充分利用的需求，需要在经营好供人使用的小环境的同时，又建构起整个地区的整体空间秩序，隋唐时人通过"据营高敞"，即对地区空间中的各个制高点加以占据、经营的方式实现了这一目的。与此同时，隋唐时期长安地区建都日久，长时期的资源环境利用带来了较之前代更为严重的生态负担和环境问题，而地区范围内历史遗存的积累也多于前代，如何对地区环境进行整体保育、对地区历史遗产进行保护与利用，也是迫切的时代任务。

5.4.4 逐渐演化的主流文化：从定于一尊到人文荟萃

各个历史时期的社会观念都有时代的鲜明特色，地区设计作为一种人类群体主动开展的物质建设行为，其行为主体——人——浸染于当时当地的社会文化之中，地区设计也必然受到社会文化潜移默化的影响。

秦汉时期，天下初定，社会文化中具有强烈的定于一尊的意识。这时，地区设计必然要为这种意识而服务，通过建设大尺度的轴线体系将都城建设与自然山体相联系，根据天象规律融入地区空间格局的铺设中，使都城与巍峨的山脉联系，与浩瀚的天象融合，彰显了天下之都的气象。

隋唐时期，在经历了长时期的大动荡和大交融之后，社会文化多元融合，呈现出一种繁荣、热烈、人文荟萃的气象，自然审美勃兴，宗教文化昌盛，人们热衷于居游于山水之间，经营自然地形的高敞之处，并且经营的观念和方式较之前代都更加精细和丰富；人的主观能动性被进一步激发，将自然作为生存依托，爱护自然并主动保育自然的思想和作法也勃兴起来。

5.4.5　融入地区发展进程中的地区设计

地区设计由地区发展的需求所推动，伴随着地区发展的步伐而推进。回顾长安地区的地区设计发展历程，秦汉时期大一统的时代背景，推动了以塑造天下之都的空间形象为目标的地区设计实践；隋唐再统一、大融合的时代背景，推动了以为繁荣而多元的社会文化提供空间平台为目标的地区设计实践。

与此同时，地区设计本身，作为当时当地的人的一种社会行为，也被纳入了地区发展的进程中来，成为其中不可分割的一部分。秦汉地区设计中的通过区域轴线、象天格局对地区宏观架构的铺设，体现出了那一时代宏阔的文化气象，隋唐地区设计中通过"据营高敞"、保育地区对地区空间的全面充实，也是那一时代隆盛的文化气象的绝佳写照。

第 6 章

——

当代区域空间秩序的复萌

相较于历史上形成的秩序井然、格局壮美的地区空间，当代区域空间秩序的混乱已经成为一个不争的事实，是时代面临的严峻挑战。地区设计的历史经验如何为当代人居建设提供借鉴？

首先，要从分析当代地区设计失落、区域空间秩序混乱的原因入手。历史上，地区的物质和文化需求是驱动地区设计产生和发展的力量，通过古今比较可以发现，社会主流认识论中整体观的丧失与地区发展现实的剧烈古今之变是原因之所在。以历史规律为参照，重建整体观，重树地区空间纲领，势在必行；而剧烈的古今之变又使得历史规律不能直接应用于现实发展，应当以时代需求为驱动，融合当代规划设计的思想与方法，建构基于历史经验的当代地区设计模式。这可以称为"地区空间秩序的复萌"，"复萌"是"老树新枝"，是在地区设计历史经验的"老树"上，吸取多方营养所抽长出的"新枝"。

6.1　当代地区设计失落、区域空间秩序混乱的原因

历史上，地区的物质与文化需求驱动了中国古代地区设计的产生和发展，逐步建构了地区空间的整体秩序，包括：以农为本的经济模式、以整体观为主导的认识论、各时代不断演化的生活需求与主流文化等。要探求当代地区设计失落、区域空间秩序混乱的原因，就需要追根溯源，分析古代地区设计的驱动力在当代的变化。

6.1.1　社会主流认识论中整体观的丧失

整体观是中国古代哲学认识论的基本观念，但是，当代社会主流文化所秉持的认识论中，整体观显然是缺失的，忽视各部分的联系，"把各种问题孤立起来考虑，未能从整体上考虑我们的生活系统"[①]，头痛医头，脚痛医脚，在城乡发展中，将城乡聚落、文化遗产、生态空间等等当作互不关联的孤立要素，各要素

---

① 《台劳斯（Delos）宣言》，转引自吴良镛. 关于人居环境科学 [J]. 城市发展研究，1996，（01）：1-5+62.

内部也互不关联，缺乏主动建立区域整体空间秩序的意识。

整体观的丧失有多方面的原因和体现，在区域空间秩序相关领域具体表现在：（1）城乡建设的拼凑化：在快速城镇化的浪潮中，城市用地大规模、迅速扩张，尺度巨大的各类规划争先浮现。城乡建设成为以经济利益为单一目标的"圈地"的结果，不考虑各空间组成部分、时间发展阶段之间的关系，城乡空间成为无意识的简单拼凑。（2）文化遗产的片段化：历史上的人居建设，小到一亭、一塔，大到一陵、一城都与区域自然环境及既有建设秩序有着密切的联系。但是，今天的遗产保护常常聚焦于遗产本体，出于土地开发、交通便利等目的，忽视甚至破坏遗址周边环境，使得遗产本体成为孤零零的"盆景"；此外，文化遗产很容易成为商业运作的道具，被浓厚的商业环境所包围，被从应与其共生的人文环境中剥离出来。（3）生态空间的斑块化。生态环境的保护已经日益引起人们的关注，虽然存在若干环境质量良好的生态空间，如自然保护区、森林公园、风景名胜区等，但区域整体的生态环境常常缺乏系统性，生态空间成为零散的被不良环境包围的孤岛。区域性的环境问题始终存在，如植被退化、流域污染、空气质量恶化、水土流失等。

6.1.2 地区发展现实的古今巨变

从中央集权的农业文明下的古代社会发展到当代，地区发展已经发生了翻天覆地的变化。古代地区设计的规律、方法无法直接沿用，当前规划中"不经意"地采用的西方的某些惯用的城市设计、区域规划等的手法也不能完全适用，在区域空间秩序的建构方面可谓无所适从。

这种古今巨变主要体现在以下几个方面：（1）人与自然相疏离。今天人与自然的关系与古代相比发生了质的变化，农业文明时期，人还不具备彻底改造自然的能力，对于自然主要以适应和一定限度的利用为主，在以农业为主体的社会生产方式之下，人在感情上和行为上都与自然亲近；当代，人类生产力高度发达，大规模改造和掠夺自然变得非常容易，人成为自然的征服者，与自然相隔离，产生了空前严峻的全球性的生态危机，追求人与自然的和谐已经成为近年来的普遍社会共识。（2）生产生活需求日益复杂。当代地区的人口密度和人口总量都远超于古代，地区发展的现实需求和问题也更为错综复杂。不再有皇室贵族这一类完全主导地区空间的社会阶层，各个社会阶层的空间诉求更加多元，包括：工作、居住、游憩、教育、交通、医疗等等；农业已经不再是社会的主要生产方式，取而代之的是包括一、二、三产在内的多种产业类型；建成区的规模极大地扩展，随之而来的是一系列功能布局、交通组织等问题。

（3）空间尺度巨大、建设速度空前。历史上长安地区的空间尺度主要取决于以都城为中心，人一天所能抵达的范围（详参2.3）。伴随着当代人类交通方式的巨大变革，区域的尺度也相应发生了变化。借助机动车交通，1～2小时车程的范围内都可以一天往返，并保证在出行目的地4～6小时的活动时间，这可以认为是城市日常功能的疏解范围，也就是说，以城市为中心，向外扩展200～300公里的范围之内都可以认为是与城市关系紧密的"城市地区"（图6-1）。当代的建设速度也远远地超过了古代，几年甚至数月就可以完成历史上数十年甚至上百年的建设规模。

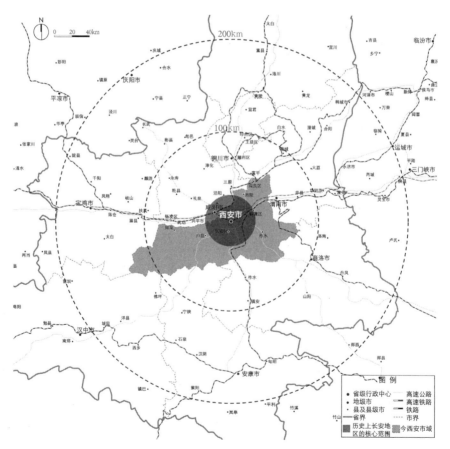

图6-1 当代西安的地区空间范围及与古代长安地区的范围比较

6.2　历史经验为当代建设提供借鉴的可能途径

从地区设计的历史经验出发，重新思考当代区域空间秩序的建构，首先，要重新树立丧失的整体观，从追求整体性的古代地区设计中获得启发，重寻地区空间纲领。与此同时，剧烈的古今之变又使得地区设计的历史规律不能直接应用于现实发展，应当以时代需求为驱动，融合当代规划设计的思想与方法，实现地区设计的空间规律的演进。

6.2.1　重树整体观，重寻地区空间纲领

从文化发展的角度来看，中国历史上整体观主导的哲学认识论对当代社会文化的发展有重要意义。科学与技术往往会伴随着时代的发展而不断进步，当代工具生产力的发展水平已远远超过历史时期，然而文化与思想却并非后世一定优于前世，而是有反复、有倒退。季羡林曾经指出：应当"以东方文化的综合思维模式济西方的分析思维模式之穷。"① 也就是从中国传统文化中吸取精华，特别是综合性、整体性的思维模式。

从科学发展的角度来看，整体观也是当代学术思想发展的前沿。20 世纪以来兴起和发展的相对论、量子力学、复杂性科学等都以整体论为其哲学基础。一般系统论和理论生物学的创始人贝塔朗菲（L. Von Bertalanffy）提出："我们将被迫在知识的一切领域中运用整体或者系统来处理复杂性问题，这将是科学思维的一个根本改造。"② 吴良镛"人居环境科学"的方法论的核心就是整体观，他认为："研究建筑、城市以至区域等的人居环境科学，也应当被视为一种关于整体与整体性科学。"③ "以整体的观念，寻找事物的'相互联系'，这是人居环境科学的核心，也是它的方法论，甚至可以说是人居环境科学的真谛所在。"④

整体观在古代长安地区的地区设计中的集中体现，就是其空间性规律：提纲挈领，建构大尺度复杂系统中的空间纲领。为今之计，宜乎重树整体观，重寻区域中的空间纲领。

① 季羡林. "天人合一"新解 // 季羡林学术文化随笔 [M]. 北京：中国青年出版社，1996：148.
② （美）冯·贝塔朗菲. 一般系统论：基础、发展和应用 [M]. 林康义，魏宏森，译. 北京：清华大学出版社，1987.
③ 吴良镛. 人居环境科学导论 [M]. 北京：中国建筑工业出版社，2001：103.
④ 吴良镛. 人居环境科学导论 [M]. 北京：中国建筑工业出版社，2001：214.

6.2.2 以现实需求为驱动力，构建基于历史经验的当代地区设计模式

漫长的历史时期中，在不断变化的生活需求和主流文化的推动下，不同时代的地区设计各有侧重，思想方法也在继承前代的基础上不断演化。面对当代新的社会发展状况，也需要以现实需求为导向，推进地区设计的思想方法的演进，构建基于历史经验的当代地区设计模式。一方面，对历史上地区设计的规律进行借鉴；另一方面，还要适当地借鉴西方当代区域空间规划设计的技术和思想，如：大分散小集中的布局、开敞空间的保留、生态环境的保护与修复、基础设施与生态廊道的建设、文化遗产的保护，等等。

正如第五章所总结的，历史上，从整体观为主导的哲学认识论所衍生出的形神若一的文化观、天人合一的自然观、小中见大的审美观、仁民爱物的生态观出发，发展出了地区设计的空间性规律，即：（1）文化结构的凝练，（2）自然结构的发掘，（3）关键节点的经营，（4）地区基底的维护。可以从整体观的这四个方面出发，以现实需求为驱动，实现地区设计的思想方法的演进，探索基于历史经验的当代地区设计模式（图6-2）。

图6-2 基于历史经验的当代地区设计模式设想

6.2.2.1 保护与彰显地区文化结构

"形神若一"，将文化结构与人工建设相结合，是历史上长安地区地区设计的一个重要特征。其典型表现是秦汉时期"象天设都"铺陈区域空间格局的规划设计实践，即在挖掘天象的空间布局与文化内涵的基础上，提炼基本规律，将其与地区空间布局相结合。

在当代，社会文化发生了根本性的变革，对于天人相应的笃信已不复存在，象天设都的具体技术方法当然不再具有实践价值，但是其将人文精神与物质建

设融为一个整体的思想仍有现实意义，关键在于要发掘当代地区空间的文化结构。历史上所形成的地区空间格局，是基于传统社会经济模式、哲学认识论和社会发展现实等所创造的人类文明的成果，经历了成百上千年的积淀和发展，凝结了传统文化各个方面的精华，包括：哲学、天文、地理、科技、艺术、文学等，可以认为是地区空间的深层的文化结构。历史上的地区空间格局当然不可能全然保留，宜根据现实条件，结合历史研究与考古工作进行深入发掘，与文化遗产的保护、展示、利用、研究相结合，选择性地对历史上形成的、现在仍旧具有可辨识度的地区空间格局进行发掘、保护和展示，彰显历史上形成的壮美格局。

6.2.2.2　重视与利用地区自然结构

"天人合一"，将地区自然结构与人工建设相结合是历史上长安地区地区设计的另一个显著特征。秦汉隋唐时期均有通过"辨方正位"，建立区域轴线体系，将自然结构与人工建设相结合的规划设计实践。以重要的宫庙建筑为中心，寻找自然环境的标志物，在其与人工环境之间建立轴线，形成区域空间的主干。

当代社会，人与自然之间的关系是疏离的，地区自然结构长时期处于被漠视的状态，重构人与自然的和谐关系已经成为社会共识，因而在空间上重拾对地区自然结构的重视，并将其运用到对人工建设的组织中去，是非常必要的。与此同时，当代人工建设所面临的问题更复杂、类型更多样，建立人工环境与自然环境联系的方法可以不仅仅局限于区域轴线体系的建立，应当重新认识地区自然环境的内在规律，在各类建设中，都充分考虑自然山水的固有结构，作为基础和前提条件。

6.2.2.3　经营人居单元，塑造人居网络

历史上长安地区的地区设计还有"小中见大"的特点，对大结构中的关键点进行重点经营。隋唐时期"据营高敞"，全面控制地区地形高点，便是一个典型代表，通过在原上高点建重要建筑，依北山建帝王陵墓，因浅山建行宫、寺观，控制重要节点，从而实现对地区空间整体的控制。

当代人居建设的尺度较之古代已经得到了极大的扩展，人居建设的重点也不再是帝王将相主导下的帝陵、行宫、寺观、别业等，类型更为多样，与普通百

姓的生活紧密相关。因而通过经营局部来控制整体的方法应该在尺度上加以扩展，因地制宜，建设不同尺度的具有整体性的人居单元，而这些人居单元又都在区域尺度的空间框架之下，依托自然山川、交通线路等有机组合，形成"葡萄串式"[①]的多中心网络化整体布局。

6.2.2.4　将生态建设贯穿于区域的各项建设中

"仁民爱物"、维护地区基底，是历史上长安地区地区设计的另一特征。隋唐时期，长安地区通过建设拱卫都城的"自然保护区"、依托区域交通的绿化体系以及面向地区整体的保护政策，实现了兼顾利用与保护的地区环境保育。

当今社会面临着前所未有的全球性的生态危机，生态建设是迫切而艰巨的时代任务。生产生活需求的多样性又带来了人居建设类型的多样性。以划定严格的保护区为主要手段的单纯的生态保护，已经无法应对严峻的现实问题。中国古代兼顾利用与保护、对地区进行整体保育的传统具有重要的借鉴意义，宜乎将之发扬光大，并充分融入当代环境保护、生态修复等方面的思想和理论。在区域范围内，从城市到乡村到自然荒野，都有需要保育的片区，包括：已经被明确划定的"禁止开发区"，如森林、湿地等；农田，尤其是精华农田；城镇的开放空间、公园绿地等。这些分散的片区又可通过贯穿于整个区域中的河流廊道、道路绿化、农田与水利渠道林网以及其他人工林带等联系形成一个整体，使得生态建设贯穿于区域的各项建设之中。

6.3　西安地区空间秩序复萌的设想

在对古代的长安地区进行研究之后，研究对象则自然转移到当代的西安地区。唐以后，这一地区失去了天下之都的地位，成为一方重镇，西安今天仍旧是中国西部地区重要的中心城市，城市发展同时面对着"最尖锐的矛盾"与"最优越的机遇"[②]。都城时期恢宏壮阔的区域空间秩序虽不可完全复得，但仍有遗迹

---

① 吴良镛基于对京津冀地区的研究提出："采取'交通轴＋葡萄串＋生态绿地'的发展模式，塑造区域人居环境的新形态。沿交通轴，在合适的发展地带，布置'葡萄串'式的城镇走廊。根据实际需要，确定'葡萄珠'的大小和内容，并为未来的发展留有余地。……城镇走廊之间要有充足的绿地、阳光和新鲜空气，保证生态健全，创造有机的人居环境体系，从城市美化走向区域美化。"（吴良镛等. 京津冀地区城乡空间发展规划研究［M］. 北京：清华大学出版社，2002：9-10.）
② 吴良镛. 最尖锐的矛盾与最优越的机遇——中国建筑发展寄语［J］. 建筑学报，2004，（01）：18-20.

留存。可以通过地区设计，在历史文化遗产的基础上，面向现实发展需求，实现区域空间秩序的复萌。

6.3.1 地区发展关键时期的机遇和挑战

唐以后，西安失去了都城的地位，成为区域中心城市。五代、北宋、金时期为京兆府，元时为奉元路城，明、清时为西安府。在唐末的战乱中，长安遭到了严重的破坏，韩建以原皇城为基础对城市进行缩建，城市规模只及隋唐的1/16，明时在此基础上向东、向北分别扩展了约1/3。清代至民国时期的西安城也主要在此范围内。新中国成立之后，西安被定位为以轻型精密机械制造和纺织为主的工业城市，确定了中心商贸居住区、南郊文教区、北郊遗址保护与仓储区、东郊纺织城、西郊电子城的城市整体空间格局，城市空间开始逐步展拓[①]。改革开放之后，伴随着经济发展的大潮，城市人口不断集聚，城市规模持续扩大，尤其是在进入 21 世纪之后更为迅猛。1978 年到 2011 年，西安市的建成区面积从 95 平方公里增长到了 415 平方公里，市区人口从 210.15 万增长到 568.77 万。[②] 根据《西安城市总体规划（2008—2020）》，到 2020 年主城区的城市建设用地总规模将控制在 490 平方公里以内。城市建设的规模空前庞大，城市空间迅速扩张、蔓延（图 6-3）。

当前，西安地区正处在发展的关键时期，既拥有向国际化大都市发展的时代机遇，又面临着区域空间秩序趋于混乱的严峻问题。2009 年 6 月，国务院批准实施《关中—天水经济区发展规划》，在国家战略层面上提出将大西安主城区在 2020 年建设成为国际化大都市；2014 年 1 月，国务院批复陕西省成立国家级新区——西咸新区，根据《西咸新区总体规划（2010—2020）》，其控制范围达 882 平方公里，涉及西安、咸阳两市 7 个区县，意欲形成以都市核心区为中心，空港、沣东、秦汉、沣西、泾河五座新城环绕的都市地区。可以说这是西安地区发展的关键时期，这一时期的发展模式会奠定未来几十年甚至上百年的基础，"规划宜抢在发展之前"[③]，必须对地区空间的整体秩序预为谋划，不能放任自流。

需要引起注意的是，优越的机遇同时伴随着不容忽视的危机，城市用地快速

---

① 1953 年版西安城市总体规划，见：和红星. 古都西安 特色城市 [M]. 北京：中国建筑工业出版社，2006：102.
② 西安市统计局，国家统计局西安调查队. 西安统计年鉴 2012 [M]. 北京：中国统计出版社，2012.
③ 吴良镛. 借"名画"之余晖 点江山之异彩——济南"鹊华历史文化公园"刍议 [J]. 中国园林，2006(01):2-5.

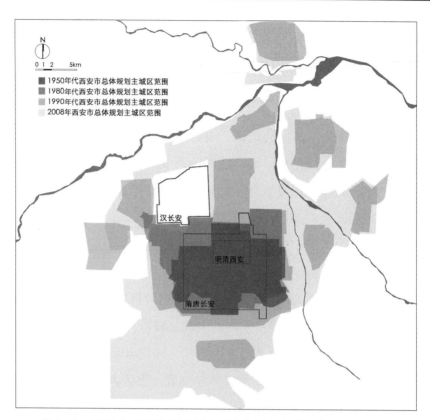

图 6-3　1950 年代至今西安城市总体规划中主城区范围扩张示意

蔓延，几千年来逐渐形成的地区空间的整体秩序被蚕食、破坏，日渐支离破碎，令人痛心。如果将现有的《西安城市总体规划（2008—2020）》、《咸阳城市总体规划（2006—2020）》与《西咸新区总体规划（2010—2020）》相叠合，可以发现，城市建设用地几乎已经占据了关中平原中部、渭河两岸所有便于开发的土地（图6-4）。如何在这上千平方公里的土地上，建立各空间组成部分的有机联系，形成整体的空间秩序，引导地区合理有序的发展，是当代西安地区面临的严峻挑战。

6.3.2　发掘地区文化结构，保护和展示区域轴线体系和遗产片区

西安地区历史遗存丰富，张锦秋曾经指出："西安历史文化遗产是城市可持续发展的重要文化资源，是城市文化复兴的根基。"[1] 对于地区而言也是如此。通过历史研究可以发现，历代经营的区域性的轴线体系和成系列的历史遗产片区

---

① 张锦秋. 和谐共生的探索——西安城市文化复兴中的规划设计 [J]. 城市规划，2011，（11）：19-22.

注：图中红线内为西咸新区规划范围，西咸新区规划与其他两项规划边缘有部
　　分重叠，本图以后编制的西咸新区规划为准。

图 6-4　围绕西安主城区的现有规划

（图片来源：《西咸新区总体规划（2010—2020）》、《西安城市总体规划（2008—
2020）》、《咸阳城市总体规划（2006—2020）》分别来自西咸新区、西安市规划
局及咸阳市规划局官方网站）

是当代西安地区最为突出的地区文化结构，应当在考古研究的基础上，进行科
学合理的保护与展示，彰显地区固有的壮美秩序（图 6-7）。

　　西安地区一直有保护文化遗产的传统，在 1950 年代起即将北郊汉长安城和
唐大明宫遗址所在的 70 平方公里用地全部划为文物保护区[1]，近年来更是开展了
一系列文化遗产保护与展示的工作，如大雁塔、曲江、芙蓉园片区的复兴，唐
大明宫、汉长安城等大遗址公园的建设等等。这是区域文化结构保护与展示的
基础。

---

[1]　韩骥. 西安古城保护 [J]. 建筑学报，1982，（10）：8-13+82-83.

6.3.2.1 继承和发扬历代经营的区域轴线体系

秦汉隋唐历代，长安地区均建构了以都城为中心的区域轴线体系，成为联系自然环境与人工环境的区域空间秩序主干。唐以后西安城仍旧拥有城市尺度的空间轴线。"古都的轴线体系是西安的一份得天独厚的历史遗产，西安作为十三朝古都，在全国有这样严整的、多层次的、丰富的轴线体系的城市中，是第一位，所以说它是得天独厚的历史遗产。"① 应当格外珍视这一份宝贵遗产，保护并彰显历史上的区域轴线，使其在今天的城市建设中仍旧能够发挥空间主干的作用。

历史上长安地区的轴线体系以联系城市与终南山的南北向轴线为主，辅以东西向的轴线。南北向的轴线有：秦望夷宫——咸阳宫——横桥——极庙——子午谷轴线、秦阿房宫——南山轴线、西汉横门——未央宫轴线、汉高祖长陵——高庙——安门——子午谷轴线、隋唐太极宫——石鳖谷轴线、唐大明宫——慈恩寺塔——终南山牛背梁轴线、明清西安城南北轴线等；东西向的轴线有：秦极庙——东陵轴线、芷阳宫——骊山轴线、明清西安城东西轴线等。秦汉隋唐时期的宫室位置通过考古发掘和历史研究可以基本确定；秦咸阳（主要指渭北咸阳宫一带）、阿房宫、汉长安城、唐大明宫等遗址已经列为国家重点文物保护单位和"十一五"期间财政部和国家文物局确定的 100 处重要大遗址，得到了重视和保护；秦望夷宫、东陵等遗迹已经通过考古得到证实；汉长陵、唐慈恩寺塔历经千年仍旧屹立；骊山及秦岭诸峰的自然地形较之古代也并没有太大的变化。因而，曾经存在的长安地区的轴线体系在今天仍旧能够寻得其空间上的线索。

与此同时，这些轴线也已经逐步融入今天的区域空间秩序之中。极庙——骊山轴线经过西安近年重点建设的北部中心——新市政府以及浐灞交汇处的城市大型公园——2011 世界园艺博览会会址，并串联了关中八景之"灞柳风雪"②与"骊山晚照"③。以明代钟楼为中心的明清西安城的南北轴线和东西轴线是西安城区最为重要的商业街，并延伸到了明城墙之外的城市空间中。

---

① 张锦秋 . 关于西安城市空间战略发展的建议［J］. 城市规划，2003，(01)：30-31.
② 古时灞水垂柳夹岸，自汉时起人们于灞桥折柳送行，《三辅黄图》中即记载"灞桥，在长安东，跨水作桥。汉人送客至此桥，折柳赠别"。唐时，灞桥两岸已是"杨柳含烟灞岸春"(唐·杨巨源)的名胜风光之地，《西安府志》载元代"灞桥两岸，筑堤五里，栽柳万株，游人肩摩毂击，为长安之壮观"，直至明清。
③ 夕阳西下时从骊山以西，即灞水附近，远眺骊山山峰之美景。清朱集义诗云："幽王遗恨没荒台，翠柏苍松绣作堆。入墓晴霞红一片，尚疑烽火自西来。"

对于这些历史上形成的轴线应当通过关键遗址的保护与展示、建筑高度的控制、视线通廊的保护、绿化廊道的强化等手段，尽量保护之、显现之，并在新的建设中伺机进一步发展，使之成为区域空间中世代传承、历久弥新的空间主干。

6.3.2.2　遗产片区的整体保护与展示

西安地区留存有数量众多的文化遗产，这些遗产的分布往往有一定的规律，相互联系，形成区域尺度的若干遗产片区。可以基于合理的考古发掘和研究，进行系统的保护、科学的展示、适当的绿化和生态建设，将之发展为具有科研、教育、游憩、生态等复合性功能的开敞空间体系，成为贯穿于区域空间的、具有深厚历史文化蕴涵的"绿色项链"。

（1）北山的唐代帝陵带

关中有 18 座唐代帝陵，其中有 14 座依北山山脉南麓而建，形成了关中北部气势雄浑、俯瞰平原的帝陵带。诸帝陵规模宏大，地面建筑虽已随时间而湮灭，但是仍保存有大体完整的空间格局，门阙、神道、鹊台、乳台等的遗迹、众多石刻遗存以及陪葬墓封土等在地面上仍有留存，相较于其他类型的文化遗产，帝陵的地面遗存规模更大，内容更为丰富。[①] 关中唐代帝陵作为一个整体被列入国家"十一五"期间重点保护的 100 个大遗址项目，从 2006 年起陕西省开始进行"陕西唐陵大遗址保护项目"的考古调查，乾陵、顺陵、建陵、贞陵、崇陵、桥陵、光陵、景陵、泰陵、桥陵、光陵、景陵、泰陵、献陵的考古勘测工作已经完成，对于唐帝陵的认识又更进了一步。而且北山山体高耸，靠近北山的山麓和台塬地带又主要以农业地区为主，城镇化水平比较低，唐帝陵的环境、视野和气势有保全的条件。如果能够对帝陵及其相关遗迹加以整体性的保护和展示，则可形成十余座帝陵横亘于关中平原以北，俯瞰城镇、原野的雄浑气象。

（2）南山浅山地区的寺观行宫带

隋唐时期，在终南山北面浅山地带地形变化丰富、交通便利之处营造了大量的宫室、寺观，诸多壮丽的宫室、辉煌的庙宇散落于青山绿水之间，形成蔚为壮观的景观带。从清人所绘制的《终南山图》中仍可依稀想见当年盛景（图 6-5）。

---

① 如：乾陵遗迹大体保存完整，地面遗迹主要包括内城垣四面神门和四角阙、南门神道、鹊台、乳阙等遗址。17 座陪葬墓均有盗掘迹象，但封土均保存。建陵石刻共 52 件，四门外各有石狮 1 对，神道两旁石刻从南向北有华表 1 对、翼马 1 对、鸾鸟 1 对，石鞍马 5 对，石人 10 对。

如今，在关中平原南部，秦岭的浅山地带，仍旧分布有数量众多的隋唐时期行宫、寺观的遗存，如兴教寺塔、圣寿寺塔、草堂寺鸠摩罗什舍利塔、二龙塔、仙游寺法王塔等，以及翠微宫遗址、甘泉宫遗址、宗圣宫遗址、会灵观遗址等。隋唐之后仍不断有寺观修缮和营建，至今还有不少明清宗教建筑留存，并仍在使用。其中一些寺观是明清时期的新创，还有不少是在唐寺基址上屡经修葺的结果，如今天长安区的国清寺、兴庆寺、丰德寺，蓝田县的水陆庵、上悟真寺等[①]。这些寺观继承了隋唐时期选址经营的基本规律，与唐代遗存融为一体，形成关中南部的一条重要文化带。宋明时西安城内的居民便有沿南山山麓一线访古游览的传统，明赵崡《石墨镌华》卷七有《游城南》一篇，记述了与友人从西安城南门而出直抵秦岭山脚下，再转而向西，一路游历南山诸寺的过程。直到今天，南山浅山一带仍是西安及周边地区市民休闲娱乐之佳处。

图 6-5 终南山图
（图片来源：(清) 毕沅《关中胜迹图志》）

（3）渭北黄土台塬南缘的汉帝陵群与二级阶地南缘的秦咸阳宫遗址

西汉 11 座帝陵均分布在长安周边，其中 9 座分布在渭北黄土台塬与二级阶地相交处，由东向西分别是景帝阳陵、高祖长陵、惠帝安陵、哀帝义陵、元帝渭陵、平地康陵、成帝延陵、昭帝平陵、武帝茂陵，呈一字型展开排列。在帝陵群以

---

① 国清寺，原名至相寺，始建于唐贞元年间，一说创建于隋开皇年间。清康熙年间始易今名，光绪二十年（1894）重修兴庆寺，始建于唐开元二年（714），嗣后屡毁屡建。清同治年间再度毁于兵火，光绪九年（1883）重修。丰德寺，始建于唐永徽年间，明永乐三年（1405）重修，清代多次修葺。水陆庵，唐时是遍布香火、佛寺林立之地，唐末逐渐荒落，明朱怀埫改为家祠佛堂，清及民国年间曾三次修葺。上悟真寺，传建于隋开皇年间，唐末毁于兵火，明代重修，清代增建、修葺。（国家文物局. 中国文物地图集·陕西分册（下）[M]. 西安：西安地图出版社，1998.）

南，二级阶地南缘，咸阳渭城区胡家沟到柏家咀一带，发现有大量秦代宫殿遗址，据推测秦早期的核心宫殿咸阳宫便位于此处。西汉帝陵群与秦咸阳宫遗址共同组成了渭河以北的秦汉遗址带。如今诸陵封土皆保存相对完整，重要的陪葬墓如茂陵的卫青墓、霍去病墓等，仍历历可见，经过数十年来的考古发掘和研究，确认了诸陵的名位和排列顺序，并基本掌握了西汉帝陵的形制结构和布局特点。如今茂陵已经发展成为相对成熟的旅游点，阳陵国家考古遗址公园已经建成，秦咸阳宫国家遗址公园也已经在规划之中。

（4）渭南汉长安城、秦阿房宫、丰镐遗址、汉唐昆明池所形成的西周秦汉遗址带

在渭河南岸，自沣水之滨，由西向东分布着丰京遗址、镐京遗址、汉唐昆明池、秦阿房宫、汉长安城遗址，形成了一条西周秦汉遗址带。自新中国成立以来，这一片区已经进行了大量的考古工作。汉长安城遗址公园已经开始建设，昆明池水系的恢复也在谋划之中。

6.3.3 从自然结构的内在规律出发，创造山水之间的新区域轴线

自然山水是地区发展的基础，历代长安地区的轴线都是在寻找自然山川的内在规律的基础上建构起来的，在当代快速的地区发展中，这一点还尚未引起足够的重视。应当从当代地区发展的需求出发，在城市新区的发展中，重新挖掘和认识自然结构的内在规律，以此为依托，建立新的轴线体系，塑造引领地区空间发展的新主干，并进一步充实、完善历史上形成的区域轴线体系。

今天，西安的城市规模较之古代已有了极大的扩展，西安地区的范围也远比历史上的长安地区广大。西安主城区作为规模最大的建成区是这一地区的中心片区。伴随着地区的发展，空间尺度的增大，单中心的地区空间发展模式已经不能满足时代的要求，城市需要寻找新的发展空间，地区空间也需要从单中心向双中心、甚至多中心演化。在新的发展中也应从自然结构的规律出发，创造与发扬新时代的空间主干。关中地狭，可资利用的空间资源并不丰富，西安城区东面骊山，南对终南，北临泾、渭，只有向西才有一定的发展空间。国务院批准的西咸新区的主要建设区也在此范围内，需要发掘这一范围自然环境的基本规律，作为地区空间新主干的参照。

历史上的长安地区均以地理特征明确的秦岭诸峰、谷为参照，尤其重视"阙"

的空间意象。西安西南距离渭河约 37 公里有太平谷，谷内有太平峪水，出谷后汇入沣水，此处人文荟萃，风景秀美。早在隋唐时期太平谷就是人文胜地，隋唐时期供帝王避暑游赏的甘泉宫[①]、太平宫[②]分别位于谷内和谷口；谷口今仍有草堂寺，自唐代以后屡遭兵火又屡经修葺，寺内有鸠摩罗什舍利塔一座，为唐代遗构，又有"烟雾井"一口，为明清时享有盛誉的"关中八景"之一的"草堂烟雾"；谷中原有初建于唐代的宝林寺，今尚存建于北宋的七层砖塔尉迟塔。太平谷自然风景秀丽，层峦叠嶂，多有瀑布、深潭，北宋程明道《游户县杂诗序》有云："入太平谷，山水益奇绝，殆非人境。"[③] 清人杨撷斋有《太平峪观瀑》："清泉作怒走雷风，疑有潜龙卧雪中。"太平谷内外有清代鄠县十二景之"重云雪巘""圭峰夜月"[④]，如今有"太平国家森林公园"，总面积 6085 公顷，是国家 AAAA 级景区，有紫荆花海、瀑布群等独特景观。由太平谷口向南约 15 公里，西有静峪脑，海拔 3015 米，是秦岭第二高峰，东有麦秸磊（光头山），海拔 2886 米，两峰夹峙，恰成双阙之势。太平谷口、静峪脑与麦秸磊作为鲜明的地理标志，可以作为新中心的空间参照之一。

历史上长安地区的主要建设区在渭南，因此更多地向南山寻找参照，伴随着地区的发展，城市规模的扩大，也需要向北寻找参照，将之纳入到地区空间的整体秩序中来。由渭河向北约 50 公里有仲山（海拔 1599 米）与嵯峨山（海拔 1422 米）南北夹峙，二者自古以来都是关中北部具有独特文化内涵的重要山脉，《类编长安志》引《云阳宫记》："（仲山）俗传（汉）高祖兄仲所居。今山有仲子庙，积旱祈之，围此射猎，则风雨暴至"，又引《四夷郡县记》："（嵯峨）山顶有云起即雨，人以为候。昔黄帝铸鼎于此山。"唐宣宗贞陵、唐德宗崇陵分别位于仲山与嵯峨山南，至今仍有鹊台等建筑遗址和石狮、华表等石刻。二峰山势高耸，植被茂密，《雍胜略》载："嵯峨在天齐原之上，特出云表，登其巅，

---

① 隋甘泉宫遗址，在太平乡老牛坡村，面积约数万平方米，遗存长约数百米的夯筑宫墙残段、夯土基址及隋唐素面瓦、莲纹瓦当等。还发现明正德十二年（1517）"重修明阳寺碑"，文中有此地为"甘泉故址"的记载。（张在明，国家文物局．中国文物地图集·陕西分册（下）[M]．西安：西安地图出版社，1998：141．）

② 民国二十二年《重修鄠县志》"太平峪口西有真武庙，即隋太平宫故址。庙背山腰有洞深阔丈余，名朝阳洞，内祀无量佛。"今考太平宫位于草堂寺西南，太平正街路西，元代中叶改为真武庙。庙内原有正殿、廊庑、山门等十七间。现仅存山门三间，今太平口小学校即其旧址。（《户县文物志》编纂委员会．户县文物志 [M]．西安：陕西人民教育出版社，1995：33）

③ 《全宋诗》第十二册。

④ 圭峰位于县城东南 20 公里的太平峪口。海拔 1498.2 米，俗称尖山。民国年间的《重修鄠县志》曰："山峰重迭似圭，故谓圭峰"。

泾渭黄河皆在目前"①,明清时期泾阳八景中便有"嵯峨灵云"与"仲山晴岚"二景（图 6-6），正是从南面山下远望山巅所见云雾变幻的景致。现在仍设有仲山省级森林公园和嵯峨山省级森林公园。仲山、嵯峨山双峰并立，可以作为向北的空间参照。咸阳市政府所在的咸阳市中心也基本在这条轴线上。

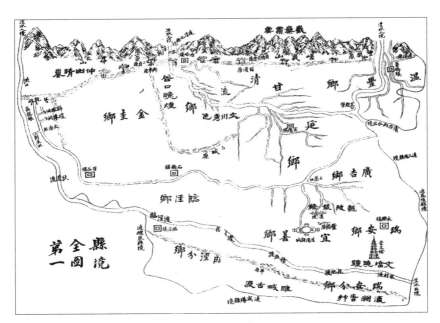

图 6-6　清《泾阳县境全图》中仲山、嵯峨山并立于北
（图片来源：（清）《（宣统）泾阳县志》）

6.3.4　在古今轴线体系与自然山川的交汇处，塑造集约发展的新中心

历史上，地区空间结构的关键节点往往形成重点经营的人居单元，起到衔接各个空间层次的作用。在当代西安地区的发展中，古今轴线体系是当仁不让的结构主干，自然山川也是不容忽视的地区空间结构要素，轴线体系与自然山川的交汇处是地区结构的关键点，可以结合现实的发展条件，形成集约发展的新中心。在城市的尺度上，西安的若干重要公共建筑已经在选址建设中自觉地运用了这样的思想，例如：陕西历史博物馆正位于明代秦王府轴线的延长线与西安市东西干道相交之处，陕西省图书馆正位于明代西安中轴线与隋唐长安第五道高坡相交之处②，丹凤门博物馆的规划设计也充分考虑到了其在"大明宫——

---

① 陈晓捷. 关中佚志辑注 [M]. 西安：三秦出版社，2006.
② 张锦秋. 关于西安城市空间战略发展的建议 [J]. 城市规划，2003，（01）：30-31.

大雁塔——南山"这一唐长安轴线上的重要地位[①]。在区域的尺度上，也可以运用这样的思想，进行类似的融合传统与现代的规划设计，区域的空间尺度更大，包容性更强，故而节点上的人居单元也可以是不同尺度的（图6-7）。

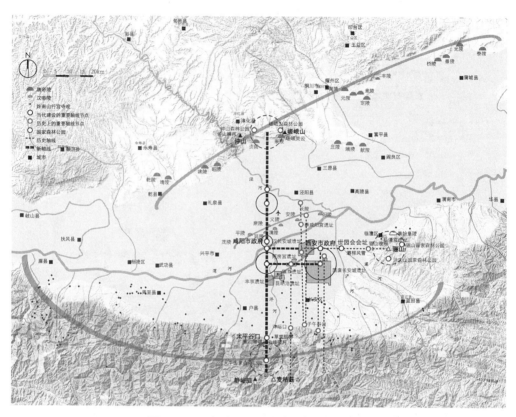

图6-7 西安地区区域空间结构模式设想

(图片来源：底图自 google map 地形)

新轴线与沣、渭之交的交汇处，同时也是秦极庙——骊山轴线、明西安城东西轴线的延长线与新轴线交汇的区域（明城轴线的延长线还经过秦阿房宫遗址）。这一片区临近西安和咸阳主城区，而且濒临渭河两岸的地区交通动脉和基础设施廊道，具备较好的发展基础，有条件成为集约发展的新中心。伴随着人口的增加和基础设施建设的推进，在未来的发展中可以考虑向北越过渭河和汉帝陵——秦咸阳宫遗产片区，在新轴线与泾河的交汇处，临近西安咸阳国际机场处，利用较为优越的对外交通条件，依托临空产业，形成一个新的发展中心。

---

① 张锦秋. 长安沃土育古今——唐大明宫丹凤门遗址博物馆设计 [J]. 建筑学报，2010，(11)：26-29.

现有的西咸新区规划也主要在西安以西、渭河两岸展开，可以在现有规划的基础上，将建设适当集中在这两个中心片区，分步发展，将渭南的中心作为第一期，待其相对完善且确有发展需求时，再有序地开展渭北中心的建设，避免"摊大饼"式的无序蔓延。

在轴线与自然山川相交的端点，也可结合各自的自然与人文条件，形成具有特色的风景名胜之地，如北端仲山、嵯峨山与唐贞陵、崇陵等；南端太平国家森林公园、草堂寺、翠微宫遗址等；东端骊山森岭公园、华清池、秦始皇陵等。

6.3.5　保护精华农田，建设基于河流廊道的区域生态网络

在确立地区空间的结构主干和关键节点之外，地区自然生态环境的全面保育也至关重要。西安地区已经有一系列严格划定的"生态空间"，如 2013 年出台的《陕西省主体功能区规划》中划定了约占陕西省国土面积 11.1% 的"禁止开发区域"，包括：各级自然保护区、森林公园、风景名胜区、地质公园、文化自然遗产、水产种质资源保护区、重要湿地（湿地公园）、重要水源地等。[①] 这种以资源保护为目的的局部保护当然非常关键，除此之外，还需要对地区生态环境进行全面保育，因为生态环境本身是一个系统，局部的优化很难全面带动整体的改善，反而是整体的改善能促进局部更好地得到保护和提升。

关中平原的农业生产有悠久的历史，早在新石器时代晚期即有粮食和蔬菜的种植。关中的广阔农田是在漫长的历史时期中，经过世代的开发、改造、经营，逐渐形成并成熟起来的，凝聚着民族农业文明的精华，是祖先留给我们的宝贵财富，其保护和发展必须引起足够的重视。如：渭北黄土台塬上的广阔农田，自战国秦时迄今 2000 余年，一直依靠引泾灌溉，从秦始皇元年（前 246）修造的郑国渠到 20 世纪 30 年代修造的泾惠渠，数千年中历经十余次的兴造和改建[②]，至今仍是一片生生不息的沃土，是陕西省重要的粮果产区，并有郑国渠首等一系列文化

---

① 陕西省人民政府. 陕西省主体功能区规划 [R]. http://www.shaanxi.gov.cn/uploadfile/ztgnqgh.pdf.
② 秦始皇元年（前 246）郑国渠、汉武帝太始二年（前 95）白公渠、宋太宗至道元年（995）白公别渠、宋真宗景德三年（1006）白公别渠、宋神宗熙宁五年（1072）小郑渠、宋徽宗大观元年（1107）丰利渠、元武宗至大三年（1310）王御史渠、明武宗成化元年（1465）广惠渠、明武宗正德十一年（1516）通济渠、清高宗乾隆二年（1737）龙洞渠（弃泾引泉）、清仁宗嘉庆十一年（1806）樊坑渠、清宣宗道光二年（1822）鄂山新渠、清穆宗同治八年（1869）袁保恒新渠、1930 年泾惠渠（据叶遇春. 历代引泾工程初探——从郑国渠到泾惠渠 [J]. 陕西水利，1985（04）：42-47.）

遗产①。有必要结合历史文化、水利遗址与现实农业生产状况划定一定范围的精华农田保护区，严格限制各类建设、保育与修复农田生态、保护、修缮并展示水利遗产。这既是保护我们的"生存之本"，也是保护我们的"文化之本"。

历史上的长安地区水网密布，自古以来就有"八水绕长安"的说法。长安地区水系基本均属于渭河流域，现在这一流域却深陷严重的水质污染和水量不足的困境，虽然近年来经过科学治理，部分河流的水质有所好转，但总体形势依旧严峻。可以河流水系的治理为切入点，将水环境的生态修复与河流生态廊道的建设相结合，形成一个分布在区域范围内的生态网络，联系秦岭、北山中的生态空间、关中平原地区的各级城镇，形成整体，维护和优化地区空间的生态基底（图6-8）。

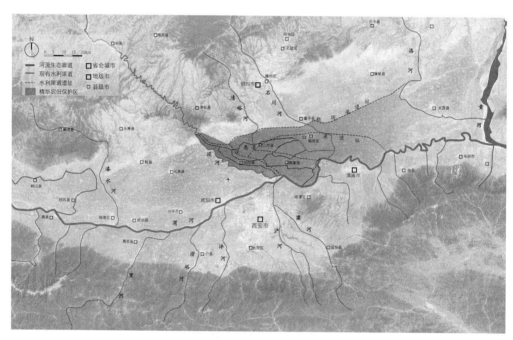

图6-8　西安地区区域生态建设模式设想

---

① 包括：泾惠渠渠首、郑国渠引水口遗址、白渠引水口遗址、丰利渠引水口遗址、王御史渠引水口遗址、广惠渠引水口遗址、通济渠遗址、鄂山新渠遗址、泾惠渠总干渠石渠段等。

第 7 章 —— 结论

7.1 研究成果

本书研究以"经世"思想和问题史学为指导，运用案例研究与复杂问题有限求解的方法，以秦汉隋唐时期长安地区为例，挖掘其区域空间秩序营建的成就，进而得到对中国古代都城地区设计的规律、实施主体和动因的理论认识。在此基础上，论证当代人居建设向历史经验借鉴的可能途径，建构基于历史经验的当代地区设计模式，进而提出对当代西安地区的空间秩序复萌方案设想。取得了对历史研究和当代实践有益的几项研究成果。

7.1.1 将人居环境设计研究的尺度扩展至区域，挖掘秦汉隋唐时期长安地区的地区设计成就

当前，对于中国古代建筑与城市规划设计的研究已经取得了丰硕的成果，如秦都咸阳、汉都长安、隋唐长安的宫室设计、城市布局等，而区域尺度的研究更多地集中于历史地理等领域，研究地貌演变、交通布局、军事形势等。本研究将人居环境设计研究的尺度扩展至区域，从建筑设计、城市设计扩展至大尺度的地区设计，挖掘秦汉隋唐时期长安地区的地区设计成就。

秦都咸阳和汉都长安是中国历史上前所未有的天下之都，在大规模的都城地区开发和定于一尊的制度文化建设中，塑造与天下之都地位相匹配的空间形象是地区设计面临的主要任务。一方面，基于"辨方正位"，建立区域轴线体系，将地区中的重要人工建设与自然山川的突出标志联系起来，树立了自然环境与人工环境之间的空间主干。另一方面，基于"象天设都"思想，根据天象"五宫"格局布置重要宫室、苑囿和陵寝，为地区空间的整体格局赋予了共有的精神内涵。这一时期长安地区的地区设计主要关注于宏观架构的铺设，具有秦汉文化气象宏大的特征。

隋唐长安是经历了长时期的战乱、动荡之后，建立的多元文化汇聚的大都

市，在日益滋长的社会生活和日益加剧的环境压力下为繁荣而多元的社会文化提供空间平台是地区设计面临的主要任务。一方面，"据营高敞"，全面占据区域空间中地形高敞的重要空间节点，建设重要建筑，通过局部经营实现对区域空间秩序的整体控制。另一方面，"保育地区"，通过兼顾利用与保护的环境保育手段，实现了较高利用强度下对地区环境的整体保护。这一时期长安地区的地区设计主要关注于对地区空间的有序的全面充实，体现了隋唐文化的充实隆盛之美。

7.1.2　基于人居环境的层次观，从地区设计的视角获取对秦都咸阳和汉都长安空间布局的新认识

对于秦汉隋唐时期的都城空间布局学术界已经开展了长时期的研究，获得了大量可贵的研究成果，但仍旧存在一些不甚明了的疑点，尤其是对于秦都咸阳与汉都长安，由于历史久远，遗迹残损、文献有限，对于秦都咸阳的范围与格局向有争议，对于汉都长安的城市轴线等问题存在不同看法，秦汉都城之间的继承关系也不甚明朗。本书基于人居环境的层次观，将建筑、城市、区域看作紧密联系、不可分割的整体，从地区设计的角度俯瞰区域空间中各构成要素，包括城市的布局、建筑的选址等，获得了对秦都咸阳和汉都长安空间布局及其相互之间关系的一些新认识。

本研究认为，秦都咸阳以极庙为中心，北至咸阳宫、南至阿房宫的范围为城市核心区。围绕核心区，利用从极庙北连咸阳宫、望夷宫、南向子午谷的轴线、从极庙东至骊山的轴线、从阿房宫南对沣峪口的轴线以及天象"五宫"格局，来组织众多宫室、苑囿、陵寝，形成中心明确、结构清晰、气象宏大的区域性城市。

本研究认为，汉都长安继承了秦都咸阳以阿房宫、极庙为出发点的宫庙并立的轴线体系，分别建构了以未央宫为出发点，北起横桥，南至城南社稷的轴线，以及以汉高祖高庙为出发点，北起长陵，南至子午谷的轴线。前者部分继承了秦都咸阳的建设基础；后者则仿效秦极庙轴线南对子午（有王气之象征）、东连王陵的性质，北连高祖陵寝，南对子午谷。从中可以明确地看出汉都长安对秦都咸阳建设基础和规划设计思想的继承和发扬。

7.1.3　运用人居科学理论，提炼中国古代都城地区设计的规律、实施主体与动因

通过对秦汉隋唐长安地区的研究，可以发现，中国古代都城人居建设中区域空间秩序营建的成就斐然，但是，历史上并没有符合当代科学标准的系统理论总结，当代研究也还对此缺乏足够的科学认识。本书运用当代科学理论，即人居环境科学的理论思想，"透视"秦汉隋唐长安地区的地区设计成就，提炼出具有科学性和相对普遍性的理论认识，包括空间性规律、时间性规律、实施主体与动因。

就空间性规律而言，不同层次的人居环境规划设计既有其特定层次的控制要点，又有与其他空间层次之间的衔接问题。基于区域层次人居要素的特点：扩展的空间要素与非匀质的空间特性，地区设计通过联系大尺度区域空间中的多个要素，并维护地区环境基底，控制总体秩序；同时城市、建筑群、建筑均与区域这一层次有直接的联系，可以通过在网络节点经营重要人居单元的方式衔接各空间层次。总体上看，这一大尺度复杂系统中的空间纲领的建立主要包括以下三部分内容：（1）通过凝练文化结构发掘自然结构，建构自然结构、文化结构与人工建设交织的网络结构体系；（2）维护农业与生态基底的稳定状态；（3）经营关键节点的人居单元。

就时间性规律而言，人居环境是一个连绵发展的过程，建筑、城市、区域都需要一个建设、发展的过程。区域是一个地球表面上固有的自然地理单元，不以人的意志而消失或产生，而且尺度大、要素多，难以在短时间内全部改变。因而，地区设计是一个与"人居"相伴随的长时段、连续不断的生成过程。既有空间秩序的持续生长与观念方法的世代相承，也有各时代建设重点与思想方法的更新演化。

就实施主体而言，人居环境的创造者是人，不同层次和类型的人居建设来源于不同的人群的创造。空间上，地区设计的尺度大、要素多，主要抓大结构和关键点，因而中央集权政府发挥着绝对的主导作用；时间上，地区设计是一个长时段的、持续的生成过程，需要社会各阶层的共同参与以起到充实和维护的作用。

就发展动因而言，人对美好环境的需求是开展人居建设的动因，这包括物质的需求和精神的需求。地区设计由政府主导，赖社会经营，较少地受到个人特定需求、艺术品位等的影响，而是与一个地区社会主流的物质和精神需求息息

相关，与地区物质和文化发展的进程同步推进。中国古代社会一以贯之的以农为本的经济基础决定了城与乡共同构成了人的生活场所，催生了对区域空间秩序的需求；中国古代文化观念中持之以恒的以整体观为主导的认识论，促使人们将区域空间中的各个构成要素看作一个整体，并力图建立各要素之间的联系，形成秩序；而各个时代不断演化的生活需求和主流文化则驱动了地区设计在各个时代不同的侧重与演进。

7.1.4 基于整体观重建，以时代需求为驱动，建构基于历史经验的当代区域空间秩序复萌模式

以古鉴今的经世思想和以现实问题为导向的问题史学的思想是本书研究的主导思想。对中国地区设计传统的研究是为给当代的地区发展提供借鉴。本书在历史研究的基础上，对当代地区设计失落、区域空间秩序混乱的原因进行分析，从重建整体观与适应现实发展需求出发，建构了基于历史经验并适当借鉴当代学术思想的区域空间秩序复萌模式。所谓"复萌"，就是"老树新枝"，在历史的基础上，汲取多方面的营养，抽长出符合当代发展需求的新枝。

通过古今比较可以发现，社会主流认识论中整体观的丧失与地区发展现实的剧烈古今之变是地区设计失落、区域空间秩序混乱的原因之所在。整体观在古代地区设计的空间性规律（即大尺度复杂系统中的空间纲领）中得到了最为集中的体现，为今之计，应重建整体观，重树地区空间纲领。与此同时，社会发展现实中剧烈的古今之变又使得地区设计的历史规律不能直接应用于现实发展，应当基于整体观重建，以时代需求为驱动，融合当代规划设计的思想与方法，实现地区设计的空间性规律的演进，建构基于历史经验的当代地区设计模式，具体包括：（1）保护与彰显地区文化结构；（2）重视与运用地区自然结构；（3）经营人居单元，塑造人居网络；（4）将生态建设贯穿于区域的各项建设中。

在理论模式的基础上，结合各个地区的发展现实，本书对今天的西安地区提出了具体的地区设计的方案设想。

7.2 研究不足与展望

本研究旨在通过秦汉隋唐长安地区的地区设计传统的研究，得到对当代区域

空间秩序复萌的启示。在研究方法、研究内容以及当代规划实践的方案设想等方面都还存在不足，需要在未来的研究中不断加以补足。

7.2.1　时空维度的完整性不足

本研究采用案例研究和复杂问题有限求解的方法，集中力量研究典型地区的典型问题。以秦汉隋唐时期的长安地区为典例，分别研究了秦汉、隋唐两个时期最具典型性和对现实问题最具启发意义的几项地区设计实践内容。相应地，这种研究方法带来了研究视野上的局限，对长安地区的研究主要集中在两个时期，对于中国广大地区和漫长历史中存在的其他都城地区的经验缺乏足够的研究，对于区域空间秩序这一复杂巨系统的认识也有简化之嫌。在未来的研究中需要进一步拓展研究视野。首先，将对长安地区的研究进一步延伸至唐以后的地方城市时期；其次，开展对其他地区的研究，特别是北京地区，这是中国历史上又一个重要的都城地区，也是今天的首都之所在，其历史经验值得深入挖掘。

7.2.2　对政治、军事、经济等因素考虑不足

本研究主要关注人从自身的感官、心理等角度出发所主动建构的区域的体形环境的秩序。事实上，区域空间秩序的形成还受到政治力量的角逐、军事防卫的需求、经济要素的流动等内在力量的作用。因而，本书对于地区设计的研究尚存在一定的局限性，并不全面。未来应将政治、军事、经济等因素纳入研究范畴，进行综合研究，对长安地区城邑系统之间关系的研究也比较欠缺。

7.2.3　对当代西安地区的规划实践不足

本研究以经世济用与问题史学的思想为指导，意在通过对历史经验的研究为当代的地区发展提供借鉴。在对中国古代地区设计进行研究的基础上，提出了当代区域空间秩序复萌的模式以及对当代西安区域空间秩序复萌的设想。但是，本研究的主体为历史研究，因而对现实发展的探讨尚停留在模式设想和概念规划阶段，在未来的研究中，可进一步与地区发展的现实相结合，从历史理论的研究，逐步走向当代实践，真正实现以古鉴今，探索出具有中国文化内涵和地域文化特色的区域空间秩序营建之道。

参考文献

1 古籍

[1] （清）孙诒让撰，王文锦、陈玉霞点校，周礼正义 [M]．北京：中华书局，2013.

[2] （魏）王弼撰，楼宇烈校释．周易注 [M]．北京：中华书局，2011.

[3] （清）孙希旦撰；沈啸寰，王星贤点校．礼记集解 上 [M]．北京：中华书局，1989.

[4] 黄怀信等．逸周书汇校集注 [M]．上海：上海古籍出版社，2007.

[5] （清）洪亮吉撰，李解民点校．春秋左传诂 [M]．北京：中华书局，1987.

[6] 徐元诰集解，王树民、沈长云点校．国语集解 [M]．北京：中华书局，2002.

[7] （清）王先谦撰，沈啸寰点校．庄子集解 [M]．北京：中华书局，1987.

[8] （清）孙诒让撰，孙启治点校．墨子闲诂 [M]．北京：中华书局，2001.

[9] （清）焦循撰，沈文倬点校．孟子正义 [M]．北京：中华书局，1987.

[10] （清）王先谦撰，沈啸寰，王星贤点校．荀子集解 [M]，北京：中华书局，1988.

[11] 蒋礼鸿．商君书锥指 [M]．北京：中华书局，1986.

[12] 吕不韦著，陈奇遒校释．吕氏春秋新校 [M]．上海：上海古籍出版社，2002.

[13] 战国策 [M]．上海：上海古籍出版社，1985.

[14] （汉）司马迁．史记 [M]．北京：中华书局，1959.

[15] （汉）刘安．淮南子 [M]．上海：上海古籍出版社，1989.

[16] （汉）董仲舒，（清）苏舆撰，钟哲点校．春秋繁露义证 [M]．北京：中华书局，1992.

[17] （汉）桓宽．盐铁论 [M]．北京：中华书局，1991.

[18] （汉）刘向．新序 [M]．北京：中华书局，1985.

[19] 汉书 [M]．北京：中华书局，1962.

[20] （汉）许慎撰，（清）段玉裁注．说文解字注 [M]．上海：上海古籍出版社，1981.

[21] （汉）刘熙．释名 [M]．北京：中华书局，1985.

[22] （汉）赵晔．吴越春秋 [M]．北京：中华书局，1985.

[23] （汉）卫宏．汉旧仪 附补遗 [M]．北京：中华书局，1985.

[24] 何清谷校注．三辅黄图校注 [M]．西安：三秦出版社，2006.

[25] （北魏）郦道元撰，陈桥驿点校. 水经注 [M]. 上海：上海古籍出版社，1990.

[26] （南朝）萧统编，（唐）李善注. 文选 [M]. 北京：中华书局，1977.

[27] （南朝）刘义庆. 世说新语 [M]. 上海：上海古籍出版社，1982.

[28] （南朝）王僧虔《笔意赞》//（宋）陈思《书苑精华》卷十八.

[29] （南朝）后汉书 [M]. 北京：中华书局，1965.

[30] 《晋书》[M]. 北京：中华书局，1974.

[31] 隋书 [M]. 北京：中华书局，1973.

[32] 北史 [M]. 北京：中华书局，1974.

[33] （唐）长孙无忌. 唐律疏议 [M]. 台北：商务印书馆股份有限公司，1965.

[34] （唐）杜佑. 通典 [M]. 北京：中华书局，1984.

[35] （唐）徐坚. 初学记 [M]. 北京：中华书局，1962.

[36] （唐）道宣. 续高僧传 [M]. 北京：中华书局，2014.

[37] （唐）李吉甫. 元和郡县图志 上 [M]. 北京：中华书局，1983.

[38] （唐）吴兢. 贞观政要 [M]. 上海：上海古籍出版社，1978.

[39] （唐）王定保. 唐摭言 [M]. 上海：上海古籍出版社，1978.

[40] （唐）李淖. 秦中岁时记 [M]. 北京：商务印书馆，1927.

[41] （唐）张彦远. 历代名画记 [M]. 北京：中华书局，1985.

[42] （唐）王维，（清）赵殿成. 王右丞笺注 [M]. 上海：上海古籍出版社，1998.

[43] （五代）旧唐书 [M]. 北京：中华书局，1975.

[44] （五代）王仁裕. 开元天宝遗事 [M]. 北京：中华书局，1985.

[45] （五代）尉迟偓. 中朝故事 [M]. 北京：中华书局，1985.

[46] 新唐书 [M]. 北京：中华书局，1975.

[47] （宋）张舜民. 画墁录 [M]. 北京：中华书局，1991.

[48] （宋）王溥. 唐会要 [M]. 北京：中华书局，1955.

[49] （宋）李昉等. 文苑英华 [M]. 北京：中华书局，1966.

[50] （宋）司马光. 稽古录 [M]. 北京：中华书局，1991.

[51] （宋）司马光. 资治通鉴 [M]. 北京：中华书局，1956.

[52] （宋）宋敏求. 长安志 附长安志图. 北京：中华书局，1991.

[53] （宋）宋敏求. 唐大诏令集 [M]. 北京：中华书局，2008.

[54] （宋）程大昌撰；黄永年点校. 雍录 [M]. 北京：中华书局，2002.

[55] （宋）计有功. 唐诗纪事 [M]. 上海：上海古籍出版社，2013.

[56] （宋）王应麟. 玉海 [M]. 北京：国家图书馆出版社，2013.

[57] （宋）李诫. 营造法式 [M]. 北京：中华书局，1992.

[58] （宋）钱易. 南部新书 [M]. 北京：中华书局，1958.

[59]　（宋）张洎. 贾氏谈录 [M]. 北京：中华书局，1991.

[60]　（宋）陈思. 宝刻丛编 [M]. 杭州：浙江古籍出版社，2012.

[61]　（宋）王谠. 唐语林 [M]. 北京：中华书局，1978.

[62]　（宋）张礼撰；史念海，曹尔琴校注. 游城南记校注 [M]. 西安：三秦出版社，2006.

[63]　（元）马端临. 文献通考 [M]. 北京：中华书局，1986.

[64]　（元）骆天骧. 类编长安志 [M]. 西安：三秦出版社，2006.

[65]　（明）胡震亨. 唐音癸签 [M]. 上海：上海古籍出版社，1981.

[66]　（明）赵崡. 石墨镌华 [M]. 北京：中华书局，1985.

[67]　（明）何镗. 古今游名山记 [M]. 桂林：广西师范大学出版社，2010.

[68]　（明）陈全之. 蓬窗日录 [M]. 上海：上海书店出版社，2009.

[69]　（明）顾炎武. 历代帝王宅京记 [M]. 清光绪十四年（1888）槐庐丛书本.

[70]　明史 [M]. 北京：中华书局，1974.

[71]　（清）顾祖禹. 读史方舆纪要 [M]. 上海：上海书店出版社，1998.

[72]　（清）徐松. 增订唐两京城坊考 [M]. 李健超，增订. 西安：三秦出版社，1996.

[73]　（清）赵翼. 廿二史札记. 北京：中华书局，2008.

[74]　（清）章学诚. 文史通义 [M]. 上海：上海书店，1988.

[75]　（清）彭定求等. 全唐诗 [M]. 郑州：中州古籍出版社，2008.

[76]　（清）董诰等. 全唐文 [M]. 北京：中华书局，1983.

[77]　（清）戴望. 颜氏学记 [M]. 北京：中华书局，1959.

[78]　（清）赵九峰. 地理五诀 [M]. 台北：武陵出版社，1989.

[79]　（清）毕沅等. 关中胜迹图志 [M]. 西安：三秦出版社，2004.

[80]　（清）穆彰阿等. 大清一统志 [M]. 上海：上海古籍出版社，2008.

[81]　（清）沈青崖. （雍正）陕西通志 [M]. 兰州：兰州古籍书店，1990.

[82]　（清）舒其绅，严长明. （乾隆）西安府志 [M]. 台北：成文出版社，1970.

[83]　（清）史传远. （乾陵）临潼县志 [M]. 台北：成文出版社，1976

[84]　（清）安守和，杨彦修. （光绪）临潼县续志 // 南京图书馆藏稀见方志丛刊第14-15 册 [M]. 北京：国家图书馆出版社，2012.

[85]　（清）吕懋勋，袁廷俊. （光绪）蓝田县志 [M]. 台北：成文出版社，1969.

[86]　（清）刘懋官，周斯亿. （宣统）泾阳县志 [M]. 台北：成文出版社，1969.

[87]　强云程，赵葆真，吴继祖. （民国）重修鄠县志 [M]. 西安：酉山书局，1933.

[88]　翁柽，宋联奎. （民国）咸宁长安两县续志 [M]. 台北：成文出版社，1969.

[89]　刘纬毅. 汉唐方志辑佚 [M]. 北京：北京图书馆出版社，1997.

[90]　刘庆柱. 三秦记辑注·关中记辑注 [M]. 西安：三秦出版社，2006.

[91] 陈晓捷. 关中佚志辑注 [M]. 北京：科学出版社，2006.

2 现代中文著作

[92] 柏明. 唐长安太平坊与实际寺——西北大学校园考古新发现 [M]. 西安：西北大学出版社，1994.

[93] 鲍世行，顾孟潮. 城市学与山水城市 [M]. 北京：中国建筑工业出版社，1994.

[94] 陈寅恪. 隋唐制度渊源略论稿 [M]. 上海：上海古籍出版社，1982.

[95] 陈遵妫. 中国天文学史 [M]. 上海：上海人民出版社，1982.

[96] 费孝通. 乡土中国 [M]. 北京：北京出版社，2005.

[97] 冯时. 中国古代的天文与人文 [M]. 北京：中国社会科学出版社，2006.

[98] 傅熹年. 中国古代城市规划、建筑群布局及建筑设计方法研究 [M]. 北京：中国建筑工业出版社，2001.

[99] 葛剑雄. 西汉人口地理 [M]. 北京：人民出版社，1986.

[100] 国家文物局. 中国文物地图集·陕西分册（下）[M]. 西安：西安地图出版社，1998.

[101] 和红星. 古都西安 特色城市 [M]. 北京：中国建筑工业出版社，2006.

[102] 贺业钜等. 论长安城市规划 [M]. 北京：中国建筑工业出版社，1992.

[103] 贺业钜. 中国古代城市规划史 [M]. 北京：中国建筑工业出版社，1996.

[104] 贺业钜. 考工记营国制度研究 [M]. 北京：中国建筑工业出版社，1985.

[105] 侯甬坚. 区域历史地理的空间发展过程 [M]. 西安：陕西人民教育出版社，1995.

[106]《户县文物志》编纂委员会. 户县文物志 [M]. 西安：陕西人民教育出版社，1995.

[107] 黄留珠等. 周秦汉唐文化研究·第1辑 [M]. 西安：三秦出版社，2002.

[108] 季羡林. 季羡林学术文化随笔 [M]. 北京：中国青年出版社，1996.

[109] 蒋维乔. 中国佛教史 [M]. 南京：江苏文艺出版社，2008.

[110] 金吾伦. 生成哲学 [M]. 保定市：河北大学出版社，2000.

[111] 雷闻. 郊庙之外 [M]. 北京：生活·读书·新知三联书店，2009.

[112] 雷行，余鼎章. 西安 [M] 北京：中国建筑工业出版社，1986.

[113] 李定信. 四库全书堪舆类典籍研究 [M]. 上海：上海古籍出版社，2011.

[114] 李浩. 唐代园林别业考录 [M]. 上海：上海古籍出版社，2005.

[115] 李健超. 陕西地理 [M]. 西安：陕西人民出版社，1984.

[116] 李令福. 关中水利开发与环境 [M]. 北京：科学出版社，2004.

[117] 李泽厚. 美学三书 [M]. 合肥：安徽文艺出版社，1999.

[118] 林天蔚. 隋唐史新论 [M]. 台北：台湾东华书局股份有限公司，1989.

[119] 梁思成. 梁思成全集 第5卷 [M]. 北京：中国建筑工业出版社，2001.

[120] 刘操南. 古代天文历法释证 [M]. 杭州：浙江大学出版社，2009.

[121] 刘景纯. 城镇景观与文化：清代黄土高原地区城镇文化的地理学考察 [M]. 北京：中国社会科学出版社，2008.

[122] 刘君德，汪宇明. 制度与创新：中国城市制度的发展与改革新论 [M]. 南京：东南大学出版社，2000.

[123] 刘黎明. 先秦人学研究 [M]. 成都：巴蜀书社，2001.

[124] 刘梦溪. 中国现代学术经典·方东美卷 [M]. 石家庄：河北教育出版社，1996.

[125] 刘沛林. 理想家园：风水环境观的启迪 [M]. 上海：上海三联书店，2000.

[126] 刘庆柱，李毓芳. 汉长安城 [M]. 北京：北京文物出版社，2003.

[127] 刘向阳. 唐代帝王陵墓 [M]. 西安：三秦出版社.2003.

[128] 刘致平. 中国建筑类型及结构 [M]. 北京：建筑工程出版社，1957.

[129] 骆希哲. 唐华清宫 [M]. 北京：文物出版社，1998.

[130] 马正林. 中国城市历史地理 [M]. 济南：山东教育出版社，1998.

[131] 潘鼐. 中国恒星观测史 [M]. 上海：学林出版社，2009.

[132] 钱穆. 中国文化史导论 [M]. 北京：商务印书馆，1994.

[133] 钱穆. 国史新论 [M]. 北京：生活·读书·新知三联书店，2001.

[134] 钱穆. 中国思想史 [M]. 北京：九州出版社，2012.

[135] 钱穆. 晚学盲言 [M]. 桂林：广西师范大学出版社，2004.

[136] 曲英杰. 先秦都城复原研究 [M]. 哈尔滨：黑龙江人民出版社，1991.

[137] 陕西省考古研究所. 秦都咸阳考古报告 [M]. 北京：科学出版社，2004.

[138] 陕西省考古研究所，秦始皇兵马俑博物馆. 秦始皇帝陵考古报告 2001—2003 [M]. 北京：文物出版社，2007.

[139] 陕西人民出版社文艺编辑部. 汉唐文史漫论 [M]. 西安：陕西人民出版社，1986.

[140] 陕西师范大学地理系. 西安市地理志 [M]. 西安：陕西人民出版社，1988.

[141] 沈有鼎. 沈有鼎文集 [M]. 北京：人民出版社，1992.

[142] 史念海. 河山集 [M]. 北京：生活·读书·新知三联书店，1963.

[143] 史念海. 河山集二集 [M]. 北京：生活·读书·新知三联书店，1981.

[144] 史念海，朱士光，曹尔琴. 黄土高原森林与草原的变迁 [M]. 西安:陕西人民出版社，1985.

[145] 史念海. 西安历史地图集 [M]. 西安：西安地图出版社，1996.

[146] 史念海. 汉唐长安与黄土高原 [M]. 西安：陕西师范大学出版社，1998.

[147] 史念海. 汉唐长安与关中平原 [M]. 西安：陕西师范大学出版社，1999.

[148] 史念海. 河山集 九集 [M]. 西安：陕西师范大学出版社，2006.

[149] 谭其骧. 中国历史地图集 第2册 秦·西汉·东汉时期 [M]. 北京：中国地图出版社，1982.

[150] 谭其骧. 中国历史地图集 第5册 隋·唐·五代十国时期 [M]. 北京：中国地图出版社，1982.

[151] 谭其骧. 中国历史地图集 第7册 元·明时期 [M]. 北京：中国地图出版社，1982.

[152] 谭其骧. 中国历史地图集 第8册 清时期 [M]. 北京：中国地图出版社，1987.

[153] 唐君毅. 中国人文精神之发展 [M]. 桂林：广西师范大学出版社，2005.

[154] 唐晓峰. 人文地理随笔 [M]. 北京：生活·读书·新知三联书店，2005.

[155] 唐晓峰. 从混沌到秩序：中国上古地理思想史述论 [M]. 北京：中华书局，2010.

[156] 万国鼎. 中国历史纪年表 [M]. 北京：中华书局，1978.

[157] 王其亨. 风水理论研究 [M]. 天津：天津大学出版社，1992.

[158] 王学理. 秦都咸阳 [M]. 西安：陕西人民出版社，1985.

[159] 王学理. 陕西省考古研究所秦汉研究室. 秦物质文化史 [M]. 西安：三秦出版社，1994.

[160] 王学理. 咸阳帝都记 [M]. 西安：三秦出版社，1999.

[161] 王双怀. 荒冢残阳：唐代帝陵研究 [M]. 西安：陕西人民教育出版社，2000.

[162] 王仲殊. 汉代考古学概说 [M]. 北京：中华书局，1984.

[163] 王子今. 秦汉交通史稿 [M]. 北京：中共中央党校出版社，1994.

[164] 王卫平. 明清时期江南城市史研究 [M]. 北京：人民出版社，1999.

[165] 武伯纶. 西安历史述略 [M]. 西安：陕西人民出版社，1979.

[166] 吴良镛. 广义建筑学 [M]. 北京：清华大学出版社，1989.

[167] 吴良镛. 北京旧城与菊儿胡同 [M]. 北京：中国建筑工业出版社，1994.

[168] 吴良镛. 人居环境科学导论 [M]. 北京：中国建筑工业出版社，2001.

[169] 吴良镛等. 京津冀地区城乡空间发展规划研究 [M]. 北京：清华大学出版社，2002.

[170] 吴良镛. 吴良镛学术随笔 [M]. 北京：中国青年出版社，2002.

[171] 吴良镛. 国际建协《北京宪章》：建筑学的未来 [M]. 北京：清华大学出版社，2002.

[172] 吴良镛等. 京津冀地区城乡空间发展规划研究二期报告 [M]. 北京：清华大学出版社，2006.

[173] 吴良镛. 中国建筑与城市文化 [M]. 北京：昆仑出版社，2009.

[174] 吴良镛等. 京津冀地区城乡空间发展规划研究三期报告 [M]. 北京：清华大学出版社，2013.

[175] 吴良镛. 中国人居史 [M]. 北京：中国建筑工业出版社，2013.

[176] 吴良镛. 明日之人居 [M]. 北京：清华大学出版社，2013.

[177] 武廷海. 六朝建康规画 [M]. 北京：清华大学出版社，2011.

[178] 西安地图出版社. 陕西省地图册 [M]. 西安：西安地图出版社，2009.

[179] 西安市统计局，国家统计局西安调查队. 西安统计年鉴 2012[M]. 北京：中国统计出版社，2012.

[180] 咸阳市文物考古研究所. 西汉帝陵钻探调查报告 [M]. 北京：文物出版社，2010.

[181] 徐军，陶开山. 人体工程学概论 [M]. 北京：中国纺织出版社，2002.

[182] 姚蒙. 法国当代史学主流——从年鉴派到新史学 [M]. 台北：远流出版公司，1988.

[183] 严耕望. 唐代交通图考 [M]. 上海：上海古籍出版社，2007.

[184] 阎文儒. 唐西京考 [M]. 西安：新中国出版社，1948.

[185] 杨培峰，甄峰，王兴平等. 区域研究与区域规划 [M]. 北京：中国建筑工业出版社，2011.

[186] 叶朗. 中国美学史大纲 [M]. 上海：上海人民出版社，1985.

[187] 尹盛平. 唐墓壁画真品选粹 [M]. 西安：陕西人民美术出版社，1991.

[188] 于希贤. 中国传统地理学 [M]. 昆明：云南教育出版社，2002.

[189] 周文敏. 长安佛寺 [M]. 西安：三秦出版社，2008.

[190] 张岱年，方克立. 中国文化概论 [M]. 北京：北京师范大学出版社，1994.

[191] 张光直. 考古学专题六讲 [M]. 北京：生活·读书·新知三联书店，2010.

[192] 张杰. 中国古代空间文化溯源 [M]. 北京：清华大学出版社，2012：29-33，56-65.

[193] 张世英. 境界与文化：成人之道 [M]. 北京：人民出版社，2007.

[194] 张永禄. 唐都长安 [M]. 西安：西北大学出版社，1987.

[195] 中国社会科学院考古研究所. 汉长安城未央宫：1980—1989 年考古发掘报告 [M]. 北京：中国大百科全书出版，1996.

[196] 中国社会科学院考古研究所. 西汉礼制建筑遗址 [M]. 北京：文物出版社，2003.

[197] 中国社会科学院考古研究所. 汉长安城武库 [M]. 北京：文物出版社，2005.

[198] 中国社会科学院考古研究所等. 汉长安城遗址研究 [M]. 北京：科学出版社，2006.

[199] 中国社会科学院考古研究所，日本奈良国立文化财研究所. 汉长安城桂宫：1996—2001 年考古发掘报告 [M]. 北京：文物出版社，2007.

[200] 中国社会科学院考古研究所. 唐大明宫遗址考古发现与研究 [M]. 北京：文物出版社，2007.

[201] 中华书局. 中华文化的过去现在和未来——中华书局成立八十周年纪念论文集 [M]. 北京：中华书局，1992.

[202] 宗白华. 宗白华全集 第3卷 [M]. 合肥：安徽教育出版社，1994.

3 译著

[203] （英）帕特里克·格迪斯. 进化中的城市：城市规划与城市研究导论 [M]. 李浩等，译. 北京：中国建筑工业出版社，2012.

[204] （英）彼得·霍尔. 明日之城：一部关于20世纪城市规划与设计的思想史 [M]. 童明，译. 上海：同济大学出版社，2009.

[205] （英）彼得·霍尔. 城市和区域规划 [M]. 邹德慈，李浩，陈熳莎，译. 北京：中国建筑工业出版社，2008.

[206] （英）大卫·哈维. 地理学中的解释 [M]. 高泳源，刘立华，蔡运龙，译. 北京：商务印书馆，2009.

[207] （英）埃比尼泽·霍华德. 明日的田园城市 [M]. 金经元，译. 北京：商务印书馆，2000.

[208] （英）李约瑟. 中华科学文明史 [M]. 上海交通大学科学史系，译. 上海：上海人民出版社，2001-2003.

[209] （英）李约瑟. 中国科学技术史第1卷：导论 [M]. 袁翰青，王冰，于佳，译. 北京：科学出版社，1990.

[210] （英）李约瑟. 中国科学技术史第2卷：科学思想史 [M]. 何兆武等，译. 北京：科学出版社，上海：上海古籍出版社，1990.

[211] （美）冯·贝塔朗菲. 一般系统论：基础、发展和应用 [M]. 林康义，魏宏森，译. 北京：清华大学出版社，1987.

[212] （美）凯文·林奇. 城市意象 [M]. 方益萍，何晓军，译. 北京：华夏出版社，2001.

[213] （美）施坚雅. 中华帝国晚期的城市 [M]. 叶光庭等，译. 北京：中华书局，2000.

[214] （美）施坚雅. 中国农村的市场和社会结构 [M]. 史建云，徐秀丽，译. 北京：中国社会科学出版社，1998.

[215] （美）施坚雅. 中国封建社会晚期城市研究 [M]. 王旭等，译. 长春：吉林教育出版社，1991.

[216] （美）培根. 城市设计 [M]. 黄富厢，朱琪，译. 北京：中国建筑工业出版社，2003.

[217] （美）罗伯特·K. 殷. 案例研究：设计与方法 [M]. 周海涛，李永贤，李虔，译.

重庆：重庆大学出版社，2010.

[218]（日）平冈武夫，今井清. 唐代的长安与洛阳索引 [M]. 上海：上海古籍出版社，1991.

[219]（日）平冈武夫. 唐代的长安与洛阳：资料 [M]. 上海：上海古籍出版社，1989.

[220]（日）足立喜六. 长安史迹研究 [M]. 王双怀，淡懿诚，贾云，译. 西安：三秦出版社，2003.

[221]（日）仁井田升著. 唐令拾遗 [M]. 粟劲等编译. 吉林：长春出版社，1989.

[222]（德）海德格尔. 存在与时间 [M]. 陈嘉映，王庆节，译. 北京：生活·读书·新知三联书店，1999.

[223]（德）海德格尔. 演讲与论文集 [M]. 孙周兴，译. 北京：生活·读书·新知三联书店，2005.

[224]（德）马克思·韦伯. 儒教与道教 [M]. 洪天富，译. 南京：江苏人民出版社，1997.

[225] 中共中央马克思恩格斯列宁斯大林著作编译局. 马克思恩格斯全集·第四十六卷·上 [M]. 北京：人民出版社，1979.

4 外文著作

[226] Peter Calthorpe, William Fulton. The Regional City: planning for the end of sprawl[M].Washington, DC: Island Press, 2001.

[227] Karl Jaspers.The Origin and Goal of History[M].New Haren: Yale University Press, 1953.

[228] Henri Lefebvre. The production of space[M]. Donald Nicholson-Smith, translated. Oxford: Blackwell, 1991.

[229] Philip Lewis. Tomorrow by Design: A Regional Design Process for Sustainability[M]. New York: Wiley, 1996.

[230] Kevin Lynch. The image of the city[M]. Cambridge: Technology Press, 1960.

[231] Kevin Lynch. Managing the sense of a region[M]. Cambridge: MIT Press, 1976.

[232] MacKaye, B. The New Exploration: a philosophy of regional planning[M]. New York: Harcourt, Brace and Co., 1928.

[233] Max Weber, The City[M].Illinois: The Free Press, 1958.

[234] Paul Wheatley. The Pivot of the Four Quarters[M]. Edinburgh: University of Edinburgh Press, 1971.

[235] 吴良镛. 中国古代城市史纲 [M]. 英文版. 卡塞尔：西德卡塞尔大学，1985.

[236] Robert Yaro, Tony Hiss. A region at risk：The Third Regional Plan For The New York-New Jersey-Connecticut Metropolitan Area[M]. Washington, D.C.：Island Press, 1996.

5 论文

[237] 安家瑶. 唐长安西明寺遗址发掘简报 [J]. 考古，1990（01）：45-55+102-104.

[238] 安家瑶，李春林. 陕西西安唐长安城圜丘遗址的发掘 [J]. 考古，2000（07）：29-47+114-116.

[239] 安家瑶，丁晓雷. 隋仁寿宫唐九成宫 37 号殿址的发掘 [J]. 考古，1995（12）：1083-1099+1155-1160.

[240] 陈梦家. 亩制与里制 [J]. 考古，1966（01）：36-45.

[241] 陈喜波. "法天象地" 原则与古城规划 [J]. 文博，2000（04）：15-19.

[242] 程学华，王育龙. 秦始皇帝陵陪葬坑综述 [J]. 考古与文物，1998（01）：70-75+69.

[243] 董鸿闻，刘起鹤，周建勋等. 汉长安城遗址测绘研究获得的新信息 [J]. 考古与文物，2000（05）：39-49.

[244] 杜维明. 试论中国哲学中的三个基调 [J]. 中国哲学史研究，1981（01）.

[245] 费孝通. 城乡联系的又一面 [J]. 中国建设. 1948（1）：32-36.

[246] 傅熹年. 关于 "展子虔《游春图》" 年代的探讨 [J]. 文物，1978（11）：40-52.

[247] 傅熹年. 隋唐长安洛阳城规划手法的探讨 [J]. 文物，1995（03）：48-63+1.

[248] 高景明，林剑鸣，张文立. 关中与汉中古代交通试探 [J]. 成都大学学报（社会科学版），1989（01）：25-30.

[249] 郭璐. 秦都咸阳规划设计与营建研究评述 [J]. 城市与区域规划研究,2013,6(02)：205-219.

[250] 郭璐. 隋大兴城市规划的知识体系——以历史人物为线索的文献考察 [J]. 城市规划，2019，43（03）：9-16.

[251] 郭璐，武廷海. 辨方正位 体国经野——《周礼》所见中国古代空间规划体系与技术方法 [J]. 清华大学学报（哲学社会科学版），2017，32（06）：36-54+194.

[252] 郭璐. 基于辨方正位规划传统的秦咸阳轴线体系初探 [J]. 城市规划，2017，41（10）：86-93.

[253] 郭璐. 基于活动分析的唐长安地区空间界定初探 [J]. 城市与区域规划研究，2016，8（01）：137-161.

[254] 郭璐. 秦咸阳象天设都空间模式初探 [J]. 古代文明，2016，10（02）：53-

66+113.

[255] 韩骥. 西安古城保护 [J]. 建筑学报, 1982, （10）: 8-13+82-83.

[256] 和红星. 关于大西安战略规划的几点思索 [J]. 城市规划, 2010 (09): 88-92.

[257] 何清谷. 关中秦宫位置考 // 秦文化论丛·第二辑 [M]. 西安: 西北大学出版社, 1993.

[258] 侯仁之. 城市历史地理的研究与城市规划 [J]. 地理学报, 1979 (04): 315-328.

[259] 胡忆肖. "以象天极阁道绝汉抵营室也" 解 [J]. 武汉师范学院学报（哲学社会科学版）, 1980 (Z1): 64-66.

[260] 黄光宇. 中国生态城市规划与建设进展 [J]. 城市环境与城市生态, 2001(03): 6-8.

[261] 黄盛璋. 川陕交通的历史发展 [J]. 地理学报, 1957 (04): 419-435.

[262] 黄盛璋. 历史上的渭河水运 [J]. 西北大学学报（哲学社会科学版）, 1958 (02): 97-114.

[263] 黄晓芬. 论西汉帝都长安的形制规划与都城理念 [J]. 历史地理, 2011 (25): 189-208.

[264] 贾俊霞, 阚耀平. 隋唐长安城的水利布局 [J]. 唐都学刊, 1994 (04): 6-11.

[265] 焦南峰. 西汉帝陵考古发掘研究的历史及收获 // 西北大学考古学系, 西北大学文化遗产与考古学研究中心编. 西部考古第 1 辑纪念西北大学考古学专业成立五十周年专刊 [M]. 西安: 三秦出版社. 2006.

[266] 介永强. 关中唐代行宫考 [J]. 中国历史地理论丛, 2000 (03): 199-214.

[267] 李健超. 一千五百年来渭河中下游的变迁 [J]. 西北历史资料, 1980 (03): 68-78.

[268] 李健超. 隋唐长安城清明渠 [J]. 中国历史地理论丛, 2004, 02: 60-66.

[269] 李令福. 秦都咸阳兴起的历史地理背景 [J]. 中国历史地理论丛, 1999 (04): 71-92.

[270] 李令福. 隋唐长安城规划与布局研究的新认识 [J]. 三门峡职业技术学院学报, 2007 (02): 33-36.

[271] 李令福. 隋大兴城的兴建及其对原隰地形的利用 [J]. 陕西师范大学学报（哲学社会科学版）, 2004 (01): 43-48.

[272] 李令福. 隋唐长安城六爻地形及其对城市建设的影响 [J]. 陕西师范大学学报（哲学社会科学版）, 2010 (04): 120-128.

[273] 李慎之. 全球化与中国文化 [J]. 太平洋学报, 1994, （02）: 3-11.

[274] 李小波. 从天文到人文——汉唐长安城规划思想的演变 [J]. 北京大学学报（哲学社会科学版）, 2000 (02): 61-69.

[275] 李毓芳, 孙福喜, 王自力等. 西安市阿房宫遗址的考古新发现 [J]. 考古, 2004

（04）：3-6.

[276] 李毓芳，孙福喜，王自力等. 阿房宫前殿遗址的考古勘探与发掘 [J]. 考古学报，2005（02）：205-236+243-256.

[277] 李之勤. 唐关内道馆驿考略 [J]. 西北历史资料，1982（01）.

[278] 李自智. 秦都咸阳在中国古代都城史上的地位 [J]. 考古与文物，2003（02）：39-44+55.

[279] 刘庆柱. 秦都咸阳几个问题的初探 [J]. 文物，1976（11）：25-30.

[280] 刘庆柱. 汉长安城未央宫布局形制初论 [J]. 考古，1995（12）：1115-1124.

[281] 刘庆柱. 汉长安城的考古发现及相关问题研究——纪念汉长安城考古工作四十年 [J]. 考古，1996（10）：1-14.

[282] 刘庆柱. 论秦咸阳城布局形制及其相关问题 [J]. 文博，1990（05）：200-211.

[283] 刘庆柱. 汉长安城布局结构辨析——与杨宽先生商榷 [J]. 考古，1987（10）：937-944.

[284] 刘庆柱. 再论汉长安城布局结构及其相关问题——答杨宽先生 [J]. 考古，1992（07）：632-639.

[285] 刘庆柱，李毓芳. 关于西汉帝陵形制诸问题的探讨 [J]. 考古与文物，1985（05）.

[286] 刘庆柱.《谈秦兰池宫地理位置等问题》几点质疑 [J]. 人文杂志，1981（02）：97-99.

[287] 刘瑞. 秦信宫考——试论秦封泥出土地的性质 [J]. 陕西历史博物馆馆刊.1998，05.

[288] 刘卫鹏，岳起，邓攀等. 咸阳塬上"秦陵"的发现和确认 [J]. 文物，2008（04）：62-72.

[289] 刘运勇. 再论西汉长安布局及形成原因 [J]. 考古，1992（07）：640-645+639.

[290] 刘振东，张建锋. 西汉长乐宫遗址的发现与初步研究 [J]. 考古，2006（10）：22-29+2.

[291] 刘振东，张建锋. 西安市汉唐昆明池遗址的钻探与试掘简报 [J]. 考古，2006（10）：53-65+103+2.

[292] 骆希哲. 唐昭应县城调查 [J]. 文博，1988（03）：89-91.

[293] 骆希哲，廖彩良. 唐华清宫汤池遗址第一期发掘简报 [J]. 文物，1990（05）：10-20+98.

[294] 骆希哲. 唐华清宫汤池遗址第二期发掘简报 [J]. 文物，1991（09）：1-14+97.

[295] 马得志. 1959—1960 年唐大明宫发掘简报 [J]. 考古，1961，（07）：341-344+3-4.

[296] 马得志. 唐长安城安定坊发掘记 [J]. 考古，1989（04）：319-323+390.

[297] 马得志. 唐长安青龙寺遗址 [J]. 考古学报，1989，（02）：231-262+271-282.

[298] 马正林. 隋唐长安城 [J]. 城市规划，1978（01）：37-44.

[299] 马正林. 唐长安城总体布局的地理特征 [J]. 历史地理，1983（03）：67-77.

[300] 马正林. 论西安城址选择的地理基础 [J]. 陕西师大学报（哲学社会科学版），1990（01）：19-24.

[301] 马正林. 汉长安城形状辨析 [J]. 考古与文物. 1992（05）：87-90.

[302] 马正林. 汉长安城总体布局的地理特征 [J]. 陕西师大学报（哲学社会科学版），1994（04）：60-66.

[303] Michael Neuman. Regional design: Recovering a great landscape architecture and urban planning tradition[J].Landscape and Urban Planning , 2000, 47（3）:115-128.

[304] 聂新民. 秦始皇信宫考 [J]. 秦陵秦俑研究动态. 1991（02）.

[305] 彭艳，王钊，李星敏等. 近60a陕西关中城市群大气能见度变化趋势与大气污染研究 [J]. 干旱区资源与环境，2011（09）：149-155.

[306] 秦建明，张在明，杨政. 陕西发现以汉长安城为中心的西汉南北向超长建筑基线 [J]. 文物，1995（03）：4-15.

[307] 秦建明，姜宝莲，梁小青等. 唐初诸陵与大明宫的空间布局初探 [J]. 文博，2003，04：43-48.

[308] 清华大学建筑系城市规划教研室. 对北京城市规划的几点设想 [J]. 建筑学报，1980，（05）：6-15+3-4.

[309] 桑广书，陈雄. 灞河中下游河道历史变迁及其环境影响 [J]. 中国历史地理论丛，2007（02）：24-29.

[310] 单霁翔. 大型考古遗址公园的探索与实践 [J]. 中国文物科学研究，2010，（01）：2-12.

[311] 陕西省考古研究所秦陵工作站. 秦东陵第四号陵园钻探与试掘简报 [J]. 考古与文物. 1993（03）.

[312] 陕西省考古研究院. 陕西长安神禾原战国秦陵园遗址田野考古新收获 [J]. 考古与文物，2008（05）：111-112.

[313] 尚志儒. 秦陵及其陵寝制度浅论 [J]. 文博，1994（06）：7-14.

[314] 史念海. 秦始皇直道遗迹的探索 [J]. 陕西师大学报(哲学社会科学版)，1975(03)：77-93.

[315] 史念海. 论泾渭清浊的变迁 [J]. 陕西师大学报（哲学社会科学版），1977（01）：111-126.

[316] 史念海. 黄土高原主要河流流量的变迁 [J]. 中国历史地理论丛,1992(02):1-36.

[317] 史念海. 论西安周围诸河流量的变化 [J]. 陕西师大学报（哲学社会科学版），1992（03）：55-67.

[318] 史念海. 西安地区地形的历史演变 [J]. 中国历史地理论丛，1995（04）：33-54.

[319] 史念海. 环绕长安的河流及有关的渠道 [J]. 中国历史地理论丛，1996（01）：6-42.

[320] 史念海. 最早建置都城的构思及其影响 [J]. 中国历史地理论丛，1997（04）：5-44.

[321] 史念海. 汉唐长安城与生态环境 [J]. 中国历史地理论丛，1998（01）：5-22+251.

[322] 史念海. 汉代长安城的营建规模——谨以此文恭贺白寿彝教授九十大寿 [J]. 中国历史地理论丛，1998（02）：1-14+45+16-40+249.

[323] 史念海. 龙首原和隋唐长安城 [J]. 中国历史地理论丛，1999（04）：1-20+249.

[324] 时瑞宝. 秦咸阳相关问题浅议 [J]. 人文杂志，1999（05）：131-133.

[325] 宿白. 隋唐长安城和洛阳城 [J]. 考古，1978（06）：409-425+401.

[326] 宿白. 北魏洛阳城和北邙陵墓——鲜卑遗迹辑录之三 [J]. 文物，1978（07）：42-52+100.

[327] 谭其骧. 历史人文地理研究发凡与举例 [J]. 历史地理，1992，10：19-32.

[328] 唐晓峰. 君权演替与汉长安城文化景观 [J]. 城市与区域规划研究，2011（03）：17-29.

[329] 王才强. 隋唐长安城市规划中的模数制及其对日本城市的影响 [J]. 世界建筑，2003（01）：101-107.

[330] 王静. 终南山与唐代长安社会 // 唐研究（第九卷）[M]. 北京：北京大学出版社. 2003.

[331] 王开. 陕西古代交通概述 [J]. 人文杂志，1985（03）：94-97.

[332] 王丕忠. 阿房宫与《阿房宫赋》[J]. 西北大学学报（哲学社会科学版），1980（03）：61-65+92.

[333] 王社教. 论汉长安城形制布局中的几个问题 [J]. 中国历史地理论丛，1999（02）：131-143+251.

[334] 王社教. 汉长安城斗城来由再探 [J]. 考古与文物，2001（04）：60-62+84.

[335] 王世和，楼宇栋. 唐桥陵勘查记 [J]. 考古与文物. 1980（04）.

[336] 王树声. 结合大尺度自然环境的城市设计方法初探——以西安历代城市设计与终南山的关系为例 [J]. 西安科技大学学报，2009（05）：574-578.

[337] 王树声. 隋唐长安城规划手法探析 [J]. 城市规划，2009（06）：55-58+72.

[338] 王望生. 西安临潼新丰南杜秦遗址陶文 [J]. 考古与文物，2000（01）：7-15.

[339] 王维坤. 试论隋唐长安城的总体设计思想与布局——隋唐长安城研究之二 [J]. 西北大学学报（哲学社会科学版），1997（03）：69-74.

[340] 王文楚. 唐代两京驿路考 [J]. 历史研究，1983（06）：62-74.

[341] 王学理."阿房宫"、"阿房前殿"与"前殿阿房"的考古学解读 [J]. 文博,2007（01）：34-41.

[342] 王学理. 咸阳原秦陵的定位 [J]. 文博,2012（04）：11-18.

[343] 王仲谋,陶仲云. 唐让皇帝惠陵 [J]. 考古与文物,1985（02）：108.

[344] 王子今,周苏平. 子午道秦岭北段栈道遗迹调查简报 [J]. 文博,1987,（04）：21-26+20.

[345] 武伯纶. 唐代长安郊区的研究 [J]. 文史. 1963（03）：157-183.

[346] 吴宏岐. 隋唐帝王行宫的地域分布 [J]. 中国历史地理论丛,1994（02）：71-85.

[347] 吴良镛. 从绍兴城的发展看历史上环境的创造与传统的环境观念 [J]. 城市规划,1985,（02）：6-17.

[348] 吴良镛. 对厦门经济特区规划的调查与探索 [J]. 建筑学报,1985（02）：2-10+82.

[349] 吴良镛. 桂林的城市模式与保护对象 [J]. 城市规划,1988（05）：3-8.

[350] 吴良镛. 关于浦东新区总体规划 [J]. 城市规划,1992（06）：3-10+64.

[351] 吴良镛."山水城市"与21世纪中国城市发展纵横谈——为山水城市讨论会写 [J]. 建筑学报,1993（06）：4-8.

[352] 吴良镛. 关于人居环境科学 [J]. 城市发展研究,1996（01）：1-5+62.

[353] 吴良镛. 最尖锐的矛盾与最优越的机遇——中国建筑发展寄语 [J]. 建筑学报,2004（01）：18-20.

[354] 吴良镛. 借"名画"之余晖 点江山之异彩——济南"鹊华历史文化公园"刍议 [J]. 中国园林,2006（01）：2-5.

[355] 吴良镛. 历史名城的文化复萌 [J]. 城市与区域规划研究,2008（03）：1-6.

[356] 吴庆洲. 中国古城选址与建设的历史经验与借鉴（上）[J]. 城市规划,2000（09）：31-36.

[357] 吴人韦,付喜娥."山水城市"的渊源及意义探究 [J]. 中国园林,2009（06）：39-44.

[358] 武廷海. 从形势论看宇文恺对隋大兴城的"规画"[J]. 城市规划,2009（12）：39-47.

[359] 武廷海. 西周城市发展的空间透视 [J]. 建筑史,2003（02）：30-37+262.

[360] 辛德勇. 西汉至北周时期长安附近的陆路交通——汉唐长安交通地理研究之一 [J]. 中国历史地理论丛,1988（03）：85-113.

[361] 辛德勇. 隋唐时期长安附近的陆路交通——汉唐长安交通地理研究之二 [J]. 中国历史地理论丛,1988（04）：145-171.

[362] 辛德勇. 汉唐期间长安附近的水路交通——汉唐长安交通地理研究之三 [J]. 中国历史地理论丛,1989（01）：33-44.

[363] 辛德勇. 长安城兴起与发展的交通基础——汉唐长安交通地理研究之四 [J]. 中国历史地理论丛, 1989（02）: 131-140.

[364] 辛德勇. 秦汉直道研究与直道遗迹的历史价值 [J]. 中国历史地理论丛, 2006（01）: 95-107.

[365] 辛德勇. 西汉时期陕西航运之地理研究 [J]. 历史地理, 2006（21）: 234-248.

[366] 徐龙国, 刘振东, 张建锋. 西安市汉长安城长乐宫六号建筑遗址 [J]. 考古, 2011（06）: 11-25+109+98-103.

[367] 徐卫民. 秦都城研究琐议 [J]. 浙江学刊, 1999（06）: 140-144.

[368] 徐卫民. 汉长安城形状形成原因新探 [J]. 福建论坛（人文社会科学版）, 2008（02）: 53-57.

[369] 严耕望. 唐子午道考 - 附库、义、锡三谷道 // 唐史研究丛稿 [M]. 香港: 新亚研究所, 1969.

[370] 杨宽. 西汉长安布局结构的探讨 [J]. 文博, 1984（01）: 19-24.

[371] 杨宽. 西汉长安布局结构的再探讨 [J]. 考古, 1989（04）: 348-356.

[372] 杨思植, 杜甫亭. 西安地区河流及水系的历史变迁 [J]. 陕西师大学报（哲学社会科学版）, 1985（03）: 91-97.

[373] 叶遇春. 历代引泾工程初探——从郑国渠到泾惠渠 [J]. 陕西水利, 1985（04）: 42-47.

[374] 亿里. 秦苑囿杂考 [J]. 中国历史地理论丛, 1996（02）: 105-110.

[375] 伊世同.《史记·天官书》星象（待续）——天人合一的幻想基准 [J]. 株洲工学院学报, 2000（05）: 6-10.

[376] 伊世同.《史记·天官书》星象（续完）——天人合一的幻想基准 [J]. 株洲工学院学报, 2000,（06）: 1-5.

[377] 殷淑燕等. 历史时期关中平原水旱灾害与城市发展 [J]. 干旱区研究, 2007（01）: 77-82.

[378] 雍际春. 隋唐都城建设与六朝都城之关系 [J]. 中国历史地理论丛, 1997（02）: 3-15.

[379] 曾武秀. 中国历代尺度概述 [J]. 历史研究, 1964（03）: 163-182

[380] 赵化成. 秦东陵刍议 [J]. 考古与文物, 2000（03）: 56-63.

[381] 张岱年. 论中国哲学发展的前景 [J]. 传统文化与现代化, 1994,（03）: 3-6.

[382] 张海云. 芷阳遗址调查简报 [J]. 文博, 1985（03）: 5-13.

[383] 张海云, 骆希哲. 秦东陵勘查记 [J]. 文博, 1987（03）: 16-19+101.

[384] 张锦秋. 关于西安城市空间战略发展的建议 [J]. 城市规划, 2003,（01）: 30-31.

[385] 张锦秋. 和谐共生的探索——西安城市文化复兴中的规划设计 [J]. 城市规划, 2011,（11）: 19-22.

[386] 张锦秋. 长安沃土育古今——唐大明宫丹凤门遗址博物馆设计 [J]. 建筑学报，2010，（11）：26-29.

[387] 张沛. 秦咸阳城考辨 [J]. 文博，2002，04：30-36.

[388] 张沛. 秦咸阳城布局及相关问题 [J]. 文博，2003，03：21-24+35.

[389] 章巽. 秦帝国的主要交通线 [J]. 学术月刊，1957（02）：11-19.

[390] 周云庵. 秦岭森林的历史变迁及其反思 [J]. 中国历史地理论丛，1993（01）：55-68.

[391] 朱溢. 论唐代的山川封爵现象——兼论唐代的官方山川崇拜 [J]. 新史学，2007，18（04）：73.

[392] 朱志诚. 秦岭以北黄土区植被的演变 [J]. 西北大学学报（自然科学版），1981（04）：58-65+74.

6 其他

[393] Patrick Abercrombie. Greater London Plan 1944[R]. London：HMSO，1945.

[394] 陕西省文物事业管理局编. 陕西省文博考古科研成果汇报会论文集 [C].1981.

[395] 中国古都学会. 中国古都研究（第二辑）——中国古都学会第二届年会论文集 [C].1986：89-101.

[396] 秦都咸阳与秦文化研究——秦文化学术研讨会论文集 [C]. 西安：陕西人民教育出版社，2001.

[397] 张天恩，侯宁彬，丁岩. 陕西长安发现战国时期陵园 [N]. 中国文物报.2006-1-25.

[398] 阿房宫考古工作队. 近年来阿房宫遗址的考古收获 [N]. 中国文物报.2008-01-04.

[399] 陕西省人民政府. 陕西省主体功能区规划 [R]. http://www.shaanxi.gov.cn/uploadfile/ztgnqgh.pdf.

[400] 陕西省环境保护厅. 2012 年陕西省环境状况公报 [R]. http://www.shaanxi.gov.cn/0/1/65/365/370/147099.htm.

[401] 新华网. 中央城镇化工作会议在北京举行 [N/OL].[2013-12-14]. http://news.xinhuanet.com/video/2013-12/14/c_125859839.htm.

附录 A　隋京兆郡、唐京兆府（雍州）沿革

时间	州、郡、府的变化	县一级的变化
开皇三年（583）	置雍州	大兴、长安、始平、武功、鳌厔、醴泉、上宜、鄠、蓝田、新丰、华原、宜君、同官、郑、渭南、万年、高陵、三原、泾阳、云阳、富平、华阴共 22 县
大业三年（607）	改雍州为京兆郡	
武德元年（618）	改京兆郡为雍州	改大兴为万年，万年为栎阳，分栎阳置平陵，以渭南县属华州，分醴泉置温秀县，分云阳置石门县
武德二年（619）		分万年置芷阳县，分蓝田置白鹿县，分泾阳始平置咸阳县，分高陵置鹿苑县，改平陵为粟邑县，分醴泉置好畤，分鳌厔置终南县
武德三年（620）		改白鹿为宁人县，分蓝田置玉山县，分始平置醴泉县，仍分武功、好畤、鳌厔、扶风四县置稷州，分温秀、石门二县置泉州
武德四年（621）		改三原为池阳
武德五年（622）		复以华州之渭南来属
武德六年（623）		改池阳为华池县
武德七年（624）		废芷阳入万年县
贞观元年（627）		废鹿苑入高陵县，废宁人、玉山入蓝田县，改云阳为池阳县，改华池为三原县，废稷州，以武功、好畤、鳌厔三县来属
贞观八年（634）		废粟邑入栎阳县，废终南入鳌厔县，废云阳入池阳县，仍改池阳为云阳县，废上宜入岐州之岐阳县
贞观十七年（643）		罢宜州以华原、同官二县来属
贞观二十年（646）		置宜君县
永徽二年（651）		废宜君县
乾封元年（666）		置明堂、乾封二县
咸亨元年（670）		置美原县
文明元年（684）		置奉天县
天授元年（690）	改雍州为京兆郡，又改京兆郡为雍州	
天授二年（691）		分始平、武功、奉天、鳌厔、好畤等县置稷州，云阳、泾阳、醴泉、三原、富平、美原等县置宜州

续表

时间	州、郡、府的变化	县一级的变化
大足元年（701）		罢以鸿、宜、鼎、稷四州依旧为县，以始平等十七县还雍州
长安二年（702）		废乾封、明堂二县
景龙三年（709）		以邠州之永寿、商州之安业二县来属
景云二年（711）		复以永寿属邠州，安业隶商州
开元元年（713）	改雍州为京兆府	
开元四年（716）		改同州蒲城县为奉先县仍隶京兆府
天宝七年（748）		置贞符县
天宝十一年（752）		废贞符县
天宝年间		万年、长安、蓝田、渭南、昭应、三原、富平、栎阳、咸阳、高陵、泾阳、醴泉、云阳、兴平、鄠、武功、好畤、鏊屋、奉先、奉天、华原、美原、同官共 22 县

注：隋代资料来源于《隋书》卷二十九志二十四《地理上》，唐代资料来源于《旧唐书》卷三十八志十八《地理一·十道郡国·关内道》。

附录 B 西汉关中行宫

1 关中中部行宫苑囿（除上林苑囿）（总计 20 处）

编号	名称	位置	文献	考古成果
1	甘泉宫	淳化县西北铁王乡	《汉书·扬雄传》："甘泉本秦离宫，既奢泰，而武帝复增通天、高光、迎风。宫外近则洪厓、旁皇、储胥、弩法；远则石关、封峦、枝鹊、露寒、棠梨、师德，游观屈奇瑰玮。"	郑洪春，姚生民．汉甘泉宫遗址调查[J]．人文杂志，1980，(01)：79-80.
2	棠梨宫	甘泉宫遗址东南	《三辅黄图》："甘泉宫有棠梨宫。"乾隆《淳化县志》："棠梨宫在云阳东南三十里。"	
3	步寿宫（祋翊宫）*	耀县小垃乡西独家村周围	《三辅黄图》卷三："秦、汉各有步寿宫耳，汉祋翊宫，宣帝神爵二年凤凰集祋翊县，凤凰集处得玉宝，乃起步寿宫。"	陕西发现秦汉祋祤宫遗址[J]．中国新闻，1993，(第13047期).
4	梁山宫*	今乾县西北20公里处的瓦子岗	《史记·秦始皇本纪》："始皇帝幸梁山宫，从山上见丞相车骑觽也，弗善也。"《啸堂集古录》载有"梁山鋗，元康元年造"铭文的铜器，说明梁山宫至汉宣帝时仍在修葺沿用。	乾县发现两处秦代大型建筑遗址[J]．文博，1988，(03)：30.
5	池阳宫	三原县嵯峨乡天齐原	《汉书·宣帝纪》："神爵三年，上自甘泉宿池阳宫，上登长平坂"。《汉书·东方朔传》亦云："武帝建元中，微行至池阳，西至黄山，南猎长杨，东游宜春。"	三原发现汉代行宫池阳宫遗址//中国史学会《中国历史学年鉴》编辑部．中国历史学年鉴1990[M]．北京：生活·读书·新知三联书店．1990：372.
6	栎阳宫*	西安阎良区武屯乡关庄和御宝屯一带		中国社会科学院考古研究所栎阳发掘队．秦汉栎阳城遗址的勘察和试掘[J]．考古学报，1985，(03).

续表

编号	名称	位置	文献	考古成果
7	集灵宫（存神宫）	华山西罗夫河（敷水）东岸附近	《汉书·地理志》："集灵宫，武帝起"在华阴。郦道元《水经注·渭水注》："渭水又东，敷水注之，水出南山之敷谷，北经告平城东。敷水又北，经集灵宫西，而北流注于渭。"	
8	龙渊宫	长安城西成国渠以北	《三辅黄图》："武帝庙，号龙渊宫。今长安西茂陵东有其处，作铜飞龙，故以冠名。"《水经注·渭水》："渠北故坂北即龙渊庙。"如淳曰：《三辅黄图》有龙渊宫，今长安城西有其处，盖宫之遗址也。"	
9	兰池宫*	咸阳杨家湾一带	《长安志》："周氏曲在咸阳县东南三十里，今名周氏陂，陂南一里，汉有兰池宫"	刘庆柱.《谈秦兰池宫地理位置等问题》几点质疑 [J]. 人文杂志，1981，（02）：97-99.
10	黄山宫	兴平市田阜乡候村	《汉书·地理志》："槐里（今兴平县）有黄山宫，孝惠二年起"。据《元和郡县志》："汉黄山宫在县西南三十里。"	孙铁山. 西汉黄山宫考 [J]. 文博，1999，（01）：34-38.
11	长门宫	西安市东北赵村东	《长安志》："顾成庙无宿宫，窦太主献长门园。"如淳注曰："园在长门，长门在长安城东南，上更名为长门宫。"长门在长安城东南浐水西侧。《咸宁县志》："长门在灞水与长水汇合处，午门社东。"	
12	昭台宫	西安三桥高窑村？	《三辅黄图》："在上林苑中，孝宣霍皇后立五年，废处昭台宫。"	在西安三桥高窑村上林苑遗址中出土有"昭台宫厨铜"
13	荣宫	西安东郊延兴门村一带		秦波. 西汉皇后玉玺和甘露二年铜方炉的发现 [J]. 文物，1973，（05）：26-29.
14	宜春宫*	西安东南曲江南春临村	《汉书·司马相如列传》："还过宜春宫，相如奏赋以哀二世行失。"颜师古注云："宜春，宫名。在杜县东，即今曲江池是其处也。"	陈直. 汉书新证 [M]. 天津：天津人民出版社.1959.

编号	名称	位置	文献	考古成果
15	长杨宫、射熊馆	周至县终南镇竹园头村	《三辅黄图》："本秦旧宫，至汉修饰之以备行幸，宫中有垂杨数亩，因为宫名，门曰射熊观，秦汉游猎之所。"《三辅黄图》："长杨宫在今盩厔县东三十里。"	何清谷. 关中秦十宫觅踪 [J]. 陕西师大学报（哲学社会科学版），1988，（02）：65-73.
16	五柞宫、青梧观	长杨宫北，今周至尚村镇临川寺	《三辅黄图》："五柞宫，汉之离宫也，在扶风周至，宫中有五柞树，因以为名。"五柞宫距离长杨宫很近，常常并提。《水经·渭水注》："（耿）水发南山耿谷，北流与柳泉合，东北经五柞长杨，长杨、五柞相去八里，并以树名宫。"	刘庆柱，李毓芳. 汉长安城 [M]. 北京：北京文物出版社，2003.
17	望仙宫	五柞宫之北	《水经·渭水注》："漏水又北历苇圃西，亦谓之仙泽，又北经望仙宫。又东北耿谷水注之，水发南山耿谷，北流与柳泉合，东北经五柞宫西……又北经望仙宫东"。	
18	菣阳宫 *、属玉馆	户县西南白庙村	《三辅黄图》："秦文王所起，在今户县西南二十三里。"《汉书·地理志》亦云："户县有菣阳宫。"《水经注·渭水注》："甘水出南山过谷，北经秦文王菣阳宫西，又北经五柞宫东。"《三辅黄图》："在古扶风，属玉，水鸟，似鸊鹈，以名观也。"《汉书·宣帝纪》："甘露二年冬十月，（宣帝）行幸菣阳宫属玉观"。此观疑为菣阳宫中之观。可能专为观赏属玉鸟而建。	刘庆柱，李毓芳. 汉长安城 [M]. 北京：北京文物出版社，2003.
19	太乙宫	西安长安区五台乡	《汉书补注·地理志》："汉元封初，南山谷间云气融结，阴翳成象，武帝于此建宫。"	陕西省文物局. 陕西文物古迹大观·三 陕西省省级文物保护单位巡礼 [M]. 西安：三秦出版社. 2006：28-29.
20	鼎湖宫	蓝田县焦岱镇	《史记·封禅书》："天子病鼎湖甚"。韦昭注云："地名，近宜春。"	陈直. 秦汉瓦当概述 [J]. 文物，1963，（11）：19-43.

2 上林苑行宫（总计 12 处）

编号	名称	文献
1	葡萄宫	《史记·大宛列传》："昔孝武帝伐大宛，采葡萄种之离宫。"此宫为汉武帝所建。《汉书·匈奴传》"哀帝元寿元年，单于来朝，以太岁厌胜所在，舍之上林苑蒲陶宫。"《三辅黄图》："在上林苑西。"《陕西通志》引《雍胜略》："此宫在盩厔县境。"
2	神光宫	《羽猎赋》："入西园，切神光，望平乐，径竹林"，张晏注："切，近也。神光，宫名"。
3	扶荔宫	《三辅黄图》："扶荔宫在上林苑中，汉武帝元鼎六年，破南越起扶荔宫，以植所得奇花异木。"
4	茧观	《汉书·元后传》："春幸茧馆，率皇后列侯夫人桑。"颜师古注引《汉宫阙疏》："上林苑有茧观，盖蚕茧之所也。"
5	磃氏馆	《汉书·郊祀志》："武帝至雍郊见五畤，上求神君，舍之上林中磃氏馆。"
6	涿沐观	《汉书·外戚·孝成许皇后传》："许美人在上林涿沐观，数召入饰室中若舍。"
7	阳禄观 / 柘观	《汉书·外戚·孝成班婕妤传》："痛阳禄与柘馆兮，乃襁褓而离灾。"服虔注云："二馆名也，生子此馆，皆失之也。"颜师古注云："二观并在上林苑中。"
8	观象观	《三辅黄图》载上林有观象观，应当是专门观赏舞象的观。《汉书·西域传》："自是以后……巨象、狮子……四面而至。"《西京赋》："白象行孕，重鼻轇䡥。"
9	益延寿观	《史记·封禅书》："于是上（指武帝）令长安则作飞廉桂观，甘泉则作益延寿观。"
10	步高宫	
11	年宫 *	
12	建章宫	《关中记》："上林苑中有宫十二，建章其一也。"

3 关中西部地区行宫苑囿（总计 8 处）

编号	名称	位置	文献	考古成果
1	蕲年宫 *	凤翔县长青乡孙家南头村一带	《史记·秦本纪》《正义》引《庙记》云："橐泉宫，秦孝公造，祈年观，德公起。盖在雍州城内。"	马振智. 蕲年、棫阳、年宫考 [J]. 考古与文物丛刊，1983，（03）.
2	橐泉宫 *	凤翔县长青乡孙家南头村一带	《汉书·地理志》雍县注："橐泉宫，孝公起。"	
3	高泉宫 *	扶风县北法门镇美阳故城一带	《汉书·地理志》："美阳有高泉宫，秦宣太后起。"	

续表

编号	名称	位置	文献	考古成果
4	回中宫*	陇县西北	《汉书·武帝纪》"四年东十月，行幸雍祠五畤，通回中道。"孟康注曰："回中在北地有山险，武帝故宫。"	
5	三良宫	临近回中宫	《三辅黄图》："（回中宫）又有三良宫相近。"	
6	棫阳宫*	凤翔县南古城村一带	《汉书·文帝纪》："行幸雍棫阳宫"。张晏注："秦昭王所作"。	王学理，陕西省考古研究所秦汉研究室. 秦物质文化史 [M]. 西安：三秦出版社，1994：78.
7	虢宫*	今宝鸡市虢镇一带	《汉书·地理志》虢县注，有"虢宫，秦宣太后起也"。	
8	羽阳宫*	宝鸡市以东，陈仓县故城附近		陈直. 秦汉瓦当概述 [J]. 文物，1963，（11）：19-43.

注：表中 * 标注者为秦宫汉葺，合计 14 处。

附录 C　唐代关中行宫

	名称	地点	距离（里）	文献记载
距长安60里以上	长春宫 *	同州朝邑县（今大荔县）	220	《新唐书》卷三七《地理志一》称，同州府朝邑（今陕西大荔朝邑镇）有长春宫。《元和郡县志》卷二《关内道二》所记相同。《类编长安志》引《三辅会要》："长春宫在朝邑县梁原上。"今长春宫遗址在大荔县东的北寨子。
	九成宫（仁寿宫）*	凤翔府麟游县	200	《新唐书》卷三七《地理志一》："（麟游县）西五里有九成宫。"在今陕西麟游县城西五里天台山。
	永安宫	凤翔府麟游县	200	《新唐书》卷三七《地理志一》："凤翔府麟游县（今陕西麟游）西三十里有永安宫。"《唐会要》卷三〇《诸宫》："长安二年六月，于雍州永安县置凉宫，以永安为名，仍令特进武三思充使营造。"
	玉华宫（仁智宫）	坊州宜君县	200	玉华宫原名仁智宫，《唐会要》卷三〇《诸宫》："贞观二十一年七月十三日塑造玉华宫于坊州宜君县之凤凰谷"，即今陕西铜川市玉华乡玉华山。
	琼岳宫（华阴宫）*	华州华阴县	200	故隋华阴宫。据《新唐书》卷三七《地理志一》载，唐显庆三年（658）更名琼岳宫，位于华州华阴县（今陕西华阴）。
	金城宫 *	华州华阴县	200	故隋行宫。唐武德三年（620）废，显庆三年（658）复置，位于华州华阴县（今陕西华阴）。
	凤泉宫 *	凤翔府郿县	190	故隋行宫，唐因袭未改，据《新唐书》卷三七《地理志一》在凤翔府郿县（今陕西眉县）。
	兴德宫 *	同州冯翊县（今大荔县）	190	《新唐书》卷三七《地理志一》：同州冯翊郡冯翊县（今陕西大荔）"南三十二里有兴德宫。"《元和郡县志》卷二《关内道二·同州府冯翊县》亦曰："兴德宫，在县南三十二里。"
	神台宫（善德宫）*	华州郑县（今华县）	150	本隋普德宫。唐咸亨二年（671）更名神台宫，位于华州郑县（今陕西华县）东北三里。
	庆善宫	京兆府武功县	140	《新唐书》卷三七《地理志一》：京兆府武功县（今陕西武功）"南十八里有庆善宫，临渭水，武德元年，高祖以旧第置宫。"《唐会要》卷三〇《庆善宫》载："武德元年十月十八日，以武功旧第置武功宫，至六年十二月，改武功宫为庆善宫。太宗诞于此宫。"

续表

	名称	地点	距离（里）	文献记载
距长安60里以上	永安宫	京兆府华原县（雍州永安县，今铜川市耀州区）	140	《唐会要》卷三〇《诸宫》："长安二年六月，于雍州永安县置凉宫，以永安为名。"
	万全宫	京兆府蓝田县	100	《唐会要》卷三〇《诸宫》："仪凤三年正月七日，于蓝田县新作凉宫，宜名万全宫。弘道元年十二月七日，遗诏废之。"《长安志》卷十六："万全宫在（蓝田）县东四十五里。"
	游龙宫	京兆府渭南县	90	《新唐书》卷三七《地理志一》："京兆府渭南县（今陕西渭南市）西十里有游龙宫。"
距长安30～60里	太平宫*	京兆府鄠县	55	《元和郡县志》卷三："隋太平宫在鄠县东南三十一里，对太平谷，因命之。"
	龙跃宫	京兆府高陵县	50	《册府元龟》卷一四《帝王部·都邑》载："武德六年十二月，高祖以奉义监为龙跃宫，帝龙潜时庄舍也。"《元和郡县志》卷二《关内道二》："京兆府高陵县有奉义监。"《长安志》卷十七《高陵县》："唐龙跃宫在县西十四里。"
	翠微宫（太和宫）	京兆府长安县	45	《元和郡县志》卷一《关内道一·长安县》："太和宫在县南二十五里终南山太和谷。"《新唐书·地理志》、《长安志》所记与此大致相同。考古调查进一步表明，唐翠微宫位于今西安市南约27公里的长安县滦镇皇峪寺村。（李健超等《唐翠微宫遗址考古调查简报》，载《考古与文物》1991年第6期。）
	华清宫	京兆府昭应县（今西安市临潼区）	45	《长安志》："温汤在县南一百五十步，骊山之西北。"
距长安30里内	望贤宫	京兆府咸阳县	30	据《长安志》卷十三《咸阳》，望贤宫在京兆府咸阳县（今陕西咸阳市）东数里开远门外。
	望春宫	京兆府万年县（今西安市）	5	据《长安志》卷十一《万年县》，望春宫位于京兆府万年县，东临灞水。

注：表中＊标注者为隋宫唐葺，合计8处。

附录 D 从《全唐诗》中御制诗发生地点看皇室贵族游憩场所的分布

1 城内：合计 17 处，共 127 首

类型	名称	数目	位置	其他文献佐证
宫殿	太极宫	8[①]		
	大明宫	29[②]		
	兴庆宫	21[③]		
私人宅园	礼部尚书窦希玠宅	4	永嘉坊	《唐两京城坊考》卷三《西京外郭城》永嘉坊条下有礼部尚书窦希玠宅。
	宁王山池[④]	5	胜业坊	《唐两京城坊考》卷三《西京外郭城》胜业坊："东北隅，宁王宪王池院"。
	杨氏别业	1	不明	王维有诗《从岐王过杨氏别业应教》，《开元天宝遗事·开元》："长安城中有豪民杨崇义者，家富数世，服玩之属，僭于王公。"杨文生《王维诗集笺注》认为王诗所谓"杨氏"应为杨崇义。
	卫家山池	1	不明	见《从岐王夜宴卫家山池应教》一诗，陈铁民《王维集校注》考证该诗为王维开元八年（720）作于长安，故宅在长安城内。
	永穆公主亭子	1	永宁坊	《唐两京城坊考》卷三《西京外郭城永宁坊》："永宁园：赐禄山永宁园为邸，又赐永穆公主池观为游燕地。"
寺观	慈恩寺	34	晋昌坊	
	总持寺	4	永阳坊	《类编长安志》卷五《寺观》："总持寺在永阳坊。"
	荐福寺（圣容院）	6	开化坊、安仁坊	《长安志》卷七《唐皇城》："次南开化坊，半以南大荐福寺。"
	兴唐观	1	长乐坊	《类编长安志》卷五《寺观》："兴唐观，在长乐坊西南隅。"

---

① 两仪殿 7，甘露殿 1。
② 大明宫 11，清晖阁 6，麟德殿 9，蓬莱三殿 3。
③ 兴庆宫 4，花萼楼 2，兴庆池（龙池、隆庆池）14，勤政楼 1。
④ 也称宁王宅、大哥山池、宁王亭子等。

续表

类型	名称	数目	位置	其他文献佐证
寺观	普济寺	1	曲江	在长安朱雀门街之东第五街曲江之南。《长安志》卷九："贞元普济寺，贞元十三年勑曲江南弥勒阁赐名。"
	安国寺红楼院	1	长乐坊	《唐会要》卷四十八："安国寺，长乐坊，景云元年九月十一日，敕舍龙潜旧宅为寺，便以本封安国为名。"
城楼	春明楼（春明门）	1	长安城东门	《长安志》："唐京城外郭城东面三门中曰春明门。"
	玄武楼（玄武门）	1		
风景区	乐游园	8		《类编长安志》卷四《堂宅亭园》："乐游园在京城青龙坊，有宣帝乐游庙基址。"

2 城市边缘与近郊：合计 16 处，共 202 首（60 里内）

类型	名称	数目	位置	其他文献佐证
行宫与苑囿	禁苑[①]	49		
	望春宫	18		《新唐书·地理志》："京兆万年县有南望春宫，临浐水西岸。有北望春宫，宫东有广运潭。"《雍录》："望春宫在禁苑东南高原之上。旧记多云望春亭也。"
	曲江、芙蓉园	11		《长安志》："在曲江之西南，旧名曲江园，隋文帝改为芙蓉园，即秦之宜春苑之地，乃唐之南苑。"
	骊山、温泉宫	22[②]	骊山	《唐会要》卷三〇《华清宫》："开元十一年（723）十月五日，置温泉宫于骊山，至天宝六载（747）十月三日，改温泉宫为华清宫。"
私人别业	长宁公主东庄	6	城东门外	常宁公主于长安取高士廉宅和左金吾卫故营之地营造第宅，东庄"左属都城，右顺大道"[③]，诗中亦云："别业临青甸"[④]，"沁园东郭外"[⑤]等，可见在长安东门外。

---

① 临渭亭 28，神皋亭 1，故城未央宫 5，桃花园 8，梨园亭 4，汉故城青门 1，梨园 1，凝碧池 2，白莲花亭 1，另有提及"苑"的诗 22 首，因长安、洛阳都有禁苑，且言苑并不一定指禁苑，故不计入内。
② 骊山、温泉宫 20，降圣观 1，朝元阁 1。
③ 《新唐书》卷八三《诸帝公主传》。
④ （唐）李峤《侍宴长宁公主东庄应制》，《全唐诗》卷五八，"青"指东方，"甸"为城郊。
⑤ （唐）崔湜《侍宴长宁公主东庄应制》，《全唐诗》卷五四。

续表

类型	名称	数目	位置	其他文献佐证
私人别业	定昆池	1	城郊西南十五里	《长安志》卷十二："定昆池在县西南十五里。"
	安乐公主山庄	21	城郊西南十五里	从"主家别墅帝城隈"[①]，"玉楼银榜枕严城"[②]等诗句可见在长安城外，又《唐景龙文馆记》载："安乐公主西庄，在京城西延平门外二十里，司农卿赵履温种植，将作大匠杨务廉引流凿沼。延袤数十里，时号定昆池。"
	太平公主南庄	21	乐游原	从"主第山门起灞川"[③]，"素浐宸游龙骑来"[④]，"地出东郊回日御"[⑤]等诗句，可见在长安城东郊，浐、灞附近。据《新唐书》卷八三《诸帝公主列传》，太平公主"田园遍近甸，皆上腴"，并"作观池乐游原，以为盛集"，二者所谓可能为一地。
	韦嗣立山庄	20	骊山山麓	《旧唐书》卷八八《韦思谦传》附韦嗣立传："（嗣立）尝于骊山构营别业，中宗亲往幸焉，自制诗序，令从官赋诗。"
寺观	奉敬寺	1	长安附近	诗中有句云："凤从上苑来，龙宫连外城。"[⑥]据此寺似在京城附近。
	三会寺	7	西南二十里	《长安志》卷十二《长安县》："三会寺在（长安）西南二十里宫张村，……其地本仓颉造书堂。"
	白鹿观	10	骊山	《类编长安志》卷五《寺观》白鹿观，新说曰："在临潼西南一十里骊山中，本骊山观，……唐高祖武德七年，幸温泉宫，傍观山原，见白鹿，遂改观曰白鹿。"
风景区	昆明池	6	西二十里	《长安志》卷十二《长安县》："昆明池在县西二十里。"
自然环境	渭滨	5		
	浐水	3		
	灞上	1		

---

① （唐）刘宪《奉和幸安乐公主山庄应制》，《全唐诗》卷七一。
② （唐）宗楚客《奉和幸安乐公主山庄应制》，《全唐诗》卷四六。
③ （唐）苏颋《奉和初春幸太平公主南庄应制》，《全唐诗》卷七三。
④ （唐）宋之问《奉和初春幸太平公主南庄应制》，《全唐诗》卷五三。
⑤ （唐）李乂《奉和初春幸太平公主南庄应制》，《全唐诗》卷九二。
⑥ （唐）崔元翰《奉和圣制中元日题奉敬寺》，《全唐诗》卷三一三。

3 远郊：合计 5 处，共 7 首（60 里外）

类型	名称	数目	位置	其他文献佐证
私人别业	玉真公主山庄	1	鳌屋楼观台	《古楼观紫云衍庆集》曰："玉真公主与金仙公主俱入道，今楼观南山之麓，有玉真公主祠堂存焉。俗传其地曰邸宫，以为主家别馆之遗址也。然碑志湮没，图经废舛，惟开元中戴璇楼观碑，有玉真公主师心此地之语，而王维、储光羲皆有玉真公主山庄、山居之诗，则玉真祠堂为观之别馆审矣，因尽录唐人题咏，刻之祠中。元佑二年（1087）岁在丁卯七月望日河东薛绍彭题。"储光羲《玉真公主山居》曰："山北天泉苑，山西凤女家。"楼观北有醴泉，南有凤台。可证。
行宫	凤汤泉	1	郿县	《新唐书》卷三七《地理志》：凤翔府郿县（今陕西眉县）"有太白山，有凤泉汤。"
	九成宫	1	麟游县	《元和郡县志》卷二《关内道》："九成宫在（麟游）县西一里。"
	长春宫	1	朝邑县	《新唐书》卷三七《地理志》：同州府朝邑（今陕西大荔朝邑镇）有长春宫。
	琼岳宫	3	华阴县	《新唐书》卷三七《地理志》："（华阴县）西十八里有琼岳宫。"

附录 E　唐代关中帝陵

县	升为次赤县时间	帝陵	皇帝	与县城的距离	与长安距离（公里）
奉先县	开元十七年（729）	桥陵	睿宗（662—716）	西北三十里丰山	90
		泰陵	玄宗（685—762）	东北二十里金粟山	105
		景陵	宪宗（778—820）	西北二十里金炽山	93
		光陵	穆宗（795—824）	北十五里尧山	100
醴泉县	广德元年（763）	昭陵	太宗（599—649）	东北二十五里九嵕山	52
		建陵	肃宗（711—762）	东北十八里武将山	55
奉天县	兴元元年（784）	乾陵	高宗（628—683）	北五里梁山	70
		靖陵	僖宗（873—888）	东北十里	
富平县	贞元四年（788）	定陵	中宗（656—710）	西北十五里龙泉山	66
		元陵	代宗（726—779）	西北二十五里檀山	67
		丰陵	顺宗（761—806）	东三十三里瓮金山	74
		章陵	文宗（809—840）	西北二十里	68
		简陵	懿宗（833—873）	西北四十里	68
三原县	贞元四年（788）	献陵	高祖（566—635）	东十八里	
		庄陵	敬宗（809—826）	西北五里	
		端陵	武宗（814—846）	东十里	
云阳县	元和二年（807）	崇陵	德宗（742—805）	北十五里嵯峨山	50
		贞陵	宣宗（810—859）	西北四十里	52

注：表中与县城的距离据《元和郡县志》《新唐书·地理志》

附录 F 唐代长安周边园林别业

1 樊川别业（共29所）

别业名称	位置
何将军山林	长安城南韦曲西塔陂
郑驸马池台	长安神禾原，遗址在今小江村郑谷庄
城南别业（韦虚心）	长安城东南杜陵
杜城别墅 / 杜公池亭	长安城南杜曲朱陂一带，樊川
杜陵别业	长安城南杜陵
韦曲庄	长安城南韦曲一带，樊川
韩氏庄	长安城南韦曲东皇子陂之南，牛头寺西南
杜相公别业	长安城南樊川
樊川别业（韦澳）	长安樊川
樊川别业（刘得仁）	长安樊川
樊川别墅（李中丞）	长安樊川
樊川别墅（李忠臣）	长安樊川
樊川别墅（牛徽）	长安樊川
城南郊居 / 于宾客庄	长安城南杜曲
杜曲闲居	长安城南杜曲
杜邠公林亭	长安城南韦曲
杜城别业	长安杜曲
杜顺故里	长安樊川
权载之别业	长安樊川
杜甫别业	长安樊川
韦应物宅	长安樊川
韦庄宅	长安樊川
白序庄	长安樊川
王洗庄	长安樊川
于司徒庄	长安樊川
崔护庄	长安樊川
杜固	长安樊川
牛僧孺郊居（韦赵村）	长安樊川
裴相国郊居	长安樊川

2 城东别业（共24所）

	别业名称	位置
城门至浐灞间	贾岛野居	长安东门外
	李公别业	长安通化门东北数里处
	骆家亭子	长安城东霸陵附近
	霸陵别业	长安东郊霸陵
	霸上闲居	京兆府万年县浐川乡之滋阳村
	灞东郊园	长安东郊灞水东
	韦司户山亭院	长安东南郊
	太平公主南庄	长安东郊灞川
	浐川林池	长安东南郊浐川
	浐川别业	长安东南郊浐川
	浐水山居	长安东郊浐水滨
	张尹庄	浐水东十里
	长宁公主东庄	长安东门外
	鱼朝恩庄	通化门外
骊山附近	会昌林亭	京兆府会昌县
	新丰里别墅	在新丰里（今陕西临潼东北新丰镇）
	昭应别业	在昭应县
	韦嗣立山庄	长安东郊骊山山麓
具体位置不明	长安山亭	长安东郊
	吉中孚南馆	长安东郊
	城东别墅	长安城东
	王驸马亭	长安城东
	薛王别墅	长安城东
	崔驸马山池	长安城东

3 终南山地区的文人读书、隐居之所（有文献证明的共13所）

别业名称	位置	所有者	文献
石鳖谷别业	石鳖谷	岑参	岑参有《太一石鳖崖口潭旧庐招王学士》诗云："偶逐干禄徒，十年皆小官。抱板寻旧圃，弊庐临迅湍。……此地可遗老，劝君来考槃。"

续表

别业名称	位置	所有者	文献
高冠草堂	高冠谷	岑参	岑参在授官后有诗《初授官题高冠草堂》："只缘五斗米，辜负一鱼竿。"其做官前隐居于此。
圭峰溪居	高冠谷	李洞	李洞先后有《终南山二十韵》、《圭峰溪居寄怀韦曲曹秀才》等诗描述于此的幽居读书生活。
终南别业	终南山	卢纶	卢纶有《落第后归终南别业》云："久为名所误，春尽始归山。"此地为其读书之所。
南山下别业	终南山下	薛据	《唐才子传》载：薛据"初好栖遁，居高炼药。晚岁置别业终南山下老焉。"
山中别业	终南山中	李端	《唐才子传》卷四谓李端"以清类多病，辞官，居终南山草堂寺。"
终南别业	终南山	钱起	钱起有《谷口书斋寄杨补阙》
豹林谷别墅	豹林谷	令狐峘	《旧唐书》卷一四九《令狐峘传》载：令狐峘"禄山之乱，隐居南山豹林谷，谷中有峘别墅。"
终南别业	终南山	田明府	（唐）韩翃《送田明府归终南别业》："相劝早移丹凤阙，不须常恋白鸥群。"可见终南别业为田明府隐居之处。
崔处士林亭（崔氏庄，东山草堂）	蓝田玉山	崔兴宗	（唐）卢象《同王维过崔处士林亭》："主人非病常高卧，环堵蒙笼一老儒。"可见此处为崔兴宗隐居之所。
辋川别业（蓝田别业，蓝田山庄）	辋谷	宋之问／王维	
石门草堂	石门谷	阎防	《唐才子传》卷二载：阎防"于终南山丰德寺结茅茨读书，百丈溪是其隐处。"
终南幽居	终南山中	储光羲	储光羲有《终南幽居献苏侍郎三首》："道近无艮足，归来卧山楹。灵阶曝仙书，深室炼金英。"

4 终南山地区的其他别业（共9所）

别业名称	位置
苏氏别业	长安南郊终南山下沣水边
长孙家林亭	在圭峰下

续表

别业名称	位置
终南别业	终南山
南山下别墅	在终南山下
玉山别业	蓝田玉山
裴氏山庄	在终南山西峰下
玉真公主山庄	鳌屋楼观
祥谷	高冠谷口
黄谷	

附录 G 唐代终南山寺观

名称	位置	始建年代	文献来源
灵应台并下院（惠炬寺）①	去县六十里在终南山		《长安志》卷十一《县一·万年》
罗汉寺	县南六十里终南山石鳖谷		《长安志》卷十一《县一·万年》
翠微寺	县南六十里太和谷口		《长安志》卷十二《县二·长安》
灵感寺	县西南五十里		《长安志》卷十二《县二·长安》
兴教院（百塔信行禅师塔院）	县南六十里樃梓谷口	大历六年	《长安志》卷十二《县二·长安》
严福寺（翠微下院）	县南六十里董村终南山沣峪口	咸通七年	《长安志》卷十二《县二·长安》
草堂禅寺（逍遥栖禅寺）	御宿川圭峰下，鄠县东南三十里	后秦宏始三年	《长安志》卷十五《县五·鄠县》《类编长安志》卷五《寺观》
云际大定寺（居贤奉日寺）	县东南六十里太平谷	隋仁寿元年	《长安志》卷十五《县五·鄠县》
悟真寺	县东南二十里王顺山		《长安志》卷十六《县六·蓝田》
清源寺	县南辋谷内	唐王维	《长安志》卷十六《县六·蓝田》
仙游寺	县东三十五里	咸通七年	《长安志》卷十八《县八·盩厔》
龙池寺②	终南山交谷东岭仰天池	开皇七年	《类编长安志》卷五《寺观》
太一宫	县南六十里终南山炭谷口	汉	《长安志》卷十一《县一·万年》
广惠公祠	南山下	开成二年	《长安志》卷十一《县一·万年》
澄源夫人湫庙	终南山炭谷，去县八十里		《长安志》卷十一《县一·万年》
兴国观（楼观）	县东三十二里		《长安志》卷十八《县八·盩厔》

---

① 《游城南记》："南五台者曰观音、曰灵应、曰文殊、曰普贤、曰现身，皆山峰卓立，故名五台。圆光寺王建集为灵应台寺，陆长源《辨疑志》为慧炬寺、《韩偓集》为神光寺，今谓之圆光寺，五台之北有留村，数寺皆下院也。"

② 《类编长安志》中为龙泉寺，据《游城南记》为龙池寺，另《全唐诗》卷三七五孟郊有《游终南龙池寺》诗、卷二三七钱起有《酬苗发员外宿龙池寺见寄》。《续高僧传》卷十二《隋终南山龙池道场释道判传》云："开皇之肇，于终南山交谷东岭，池号野猪，回出云端，俯临原陆，躬自案行，可为栖心之场也。结草为庵，集众讲说。开皇七年，敕遣度支侍郎李世师将天竺医工就造精舍，常拟供奉，知判道业，修旷给额，为龙池寺焉。"

名称	位置	始建年代	文献来源
玉泉寺	蓝田县散谷		《续高僧传》唐终南山玉泉寺释静藏传四（道删）
神田寺	鄠县田谷		《续高僧传》隋终南山神田道场释僧照传十二
丰德寺	终南山沣峪口六十里		《续高僧传》唐终南山丰德寺释智藏传十三
智炬寺	石鳖谷口		《续高僧传》唐终南山智炬寺释明赡传一

附录 H　秦都咸阳极庙位置猜想与考证

关于极庙的位置，既无明确的历史记载，也无可信的考古发现，学术界主要存在以下两种观点：（1）今西安市草滩镇东南闫家寺村，聂新民、王学理持此观点①，但刘致平在更早的研究中认为此为汉代建筑遗址②；（2）今汉长安城遗址范围内，何清谷认为大体在汉长安城的北宫（此为早期认为的汉长安北宫，即今认为的北宫与桂宫之间），位于现西安市北郊的南徐寨、北徐寨一带③，刘瑞、徐卫民等根据出土封泥等线索也基本持此观点④。本书根据文献记载、自然地形及后续影响几个方面，认为极庙的位置可能就在北宫与桂宫之间。

从文献记载来看，极庙当在渭水以南，章台以北，距离武库不远的位置。根据《史记·秦始皇本纪》记载，始皇死后二世曾与群臣讨论始皇庙与秦先代君主之庙的秩次问题，并决定将原有神主毁去，以始皇庙为祖庙，建立新的七庙⑤，可见，始皇庙与秦诸庙是一个群体。《史记·秦始皇本纪》载："诸庙及章台、上林皆在渭南。"章台是战国秦时所见渭南的重要宫室，当代考古研究表明，秦章台宫的位置可能就在汉未央宫前殿遗址上⑥，宋人程大昌《雍录·汉宫及离宫图》中也将秦章台的位置标注在汉未央宫。秦上林苑位置今已无考，西汉在秦苑的废墟上建设了汉之苑囿，其主体在汉长安城南直至终南山⑦，显然是在章台宫（未央宫）之南的。《史记》中的这句话有可能是按照空间位置的顺序由南向北顺次记述的，那么，诸庙应当在渭水以南，章台以北。西汉时，秦昭王时逝世的秦

① 聂新民. 秦始皇信宫考 [J]. 秦陵秦俑研究动态. 1991（02），20-28.；王学理. 咸阳帝都记 [M]. 西安：三秦出版社，1999.
② 刘致平. 西安西北郊古代建筑遗址勘察初记 [J]. 文物参考资料，1957（03）：5-11.
③ 何清谷. 关中秦宫位置考 [M]// 秦文论论丛. 第二辑. 西安：西北大学出版社，1993.
④ 徐卫民认为在甘泉宫以南、兴乐宫以西、章台以北，大致也在此处，（徐卫民. 秦都城中礼制建筑研究 [J]. 人文杂志，2004（01）：145-150.）；刘瑞根据出土的封泥认为极庙在西安市汉长安城遗址内北侧的相家巷村，与上述位置接近。（刘瑞. 秦信宫考——试论秦封泥出土地的性质 [J]. 陕西历史博物馆馆刊. 1998（05）：37-44.）
⑤ 《史记》卷六《秦始皇本纪》："二世下诏，增始皇寝庙牺牲及山川百祀之礼。令群臣议尊始皇庙。群臣皆顿首言曰：'古者天子七庙，诸侯五，大夫三，虽万世不轶毁。今始皇为极庙，四海之内皆献贡职，增牺牲，礼咸备，毋以加。先王庙或在西雍，或在咸阳。天子仪当独奉酌祠始皇庙。自襄公已下轶毁，所置凡七庙。群臣以礼进祠，以尊始皇庙为帝者祖庙。'"
⑥ 汉未央宫位于汉长安城遗址西南，在今西安市未央区未央宫乡马家寨村北。考古工作者曾在前殿遗址的汉代建筑之下发现有叠压的战国时代秦砖、瓦及瓦当等遗物。同时，通过历史上对武库位置、章台街位置的记载等，可以得出未央宫是在章台宫的基础上建设的。（刘庆柱. 汉长安城未央宫布局形制初论 [J]. 考古，1995，12：1115-1124.；中国社会科学院考古研究所. 汉长安城未央宫：1980—1989 年考古发掘报告 [M]. 北京：中国大百科全书出版社，1996.）
⑦ 《三辅黄图》卷四《苑囿》有言："汉上林苑，即秦之旧苑也"，又云："武帝建元三年开上林苑，东南至蓝田宜春、鼎湖、御宿、昆吾，旁南山而西，至长杨、五柞，北绕黄山，濒渭水而东，周袤三百里"。

贵族樗里子的墓位于长乐、未央之间，汉武库的位置[①]，据《史记》记载，樗里子的住所在"昭王庙西、渭南阴乡樗里"[②]，其住处与其墓葬应相距不远，相应的包含昭王庙、极庙在内的秦诸庙也应当就在这一带。

从自然地形来看，极庙应当位于渭南龙首原北坡的高点上。中国传统聚落选址向来倾向于选择地势较高的地方，从考古发现来看，秦咸阳早期的主要宫室咸阳宫正位于渭河北岸二级阶地南缘，明显高于一级阶地 20 ～ 30 米[③]，正是《三辅黄图》所谓"因北陵营殿"之意。渭河南岸有龙首原，是残存于二级阶地上的三级阶地，高出两侧地面。秦时渭南的重要宫室，包括：章台宫、兴乐宫、阿房宫等都利用了龙首原的高亢地形。如前所述，汉未央宫前殿可能是在秦章台的基础上建设的，"萧何成未央宫，何斩龙首山而营之"[④]，当代的考古发掘证实：未央宫前殿台基是利用原生土的丘陵，在其四周和表面进行加工夯筑的[⑤]；长乐宫是在秦兴乐宫的基础上改造而成的，其主要宫室位于西北角[⑥]，基本与未央宫前殿同样位于海拔 390 米等高线位置，也就是龙首原的高端上[⑦]，宋人程大昌所绘《龙首山图》中也将未央宫与长乐宫均绘于龙首原之上；阿房宫经当代考古挖掘，也证明其遗址主要分布于龙首原向西南延伸的台地上，台基并非全部人工夯筑，而是利用了龙首原的自然形势[⑧]。因而，极庙同样作为渭南的重要宫室，也极有可能是利用龙首原的地形而修筑的，与渭北高地上的咸阳宫隔河而望。

从后续影响来看，桂宫与北宫之间也有可能是极庙之所在。秦末，"一夫作难而七庙隳"[⑨]，在项羽烧毁破坏咸阳的过程中，代表国家命脉的宗庙必然是首当其冲的。桂宫与北宫之间至今没有挖掘出汉代宫殿遗址，被认为可能是贵族居

[①]《史记》卷七十一《樗里子甘茂列传》。
[②] 同上。
[③] 考古工作者在咸阳渭城区胡家沟到柏家咀一带，二阶地相交之处，发现了大量秦代宫殿遗址，据推测，秦早期的核心宫殿区即位于此处。（陕西省考古研究所. 秦都咸阳考古报告 [M]. 北京：科学出版社，2004.）
[④]《水经注》卷十九《渭水》。
[⑤] 中国社会科学院考古研究所. 汉长安城未央宫：1980—1989 年考古发掘报告（上）[M] 北京：中国大百科全书出版社，1996：15.
[⑥] 刘振东，张建锋. 西汉长乐宫遗址的发现与初步研究 [J]. 考古，2006，（10）：22-29+2.
[⑦] 史念海在《龙首原和隋唐长安城》中提出："未央宫遗址东南部的高程在 390 米以上，这就可以依高程 390 米的等高线来衡量。这条等高线由未央宫遗址向北，经讲武堂的西南，再南转东，经李上壕的东北，又折而向北，经雷家寨之南，东北向经北十里铺，达到灞水岸上。这条等高线之北，地形就都显得低下。这条高程 390 米的等高线是否就是龙首原的高端？仿佛可以这样说。"
[⑧] 李毓芳，孙福喜，王自力等. 西安市阿房宫遗址的考古新发现 [J]. 考古，2004（04）：3-6.
[⑨]（汉）贾谊《过秦论》。

住的"北阙甲第",[①] 极有可能是此处原有秦宫遭到毁灭性的破坏而无法再加利用的原因。综上，极庙的位置很可能就在汉长安城北宫与桂宫之间的位置上。

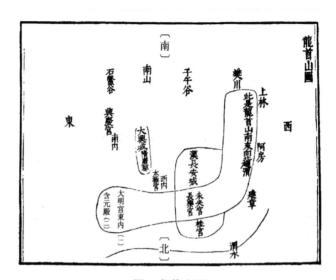

图 龙首山图
（来源：（宋）程大昌《雍录》）

---

① 刘庆柱，李毓芳. 汉长安城 [M]. 北京：北京文物出版社，2003：166.

附录I 宋及以前古文献中对高敞之地的记述

1 陵墓

文献来源	文献内容	
《史记》卷九十三	韩信虽为布衣时，其志与众异，其母死，贫无以葬，然乃行营高敞地，令其旁可置万家。	○○●
《汉书》卷七十	昌陵因卑为高，积土为山，……故陵因天性，据真土，处势高敞，旁近祖考。	●○○
《汉书》卷八十五	今陛下夺民财，不爱民力，听邪臣之计，去高敞初陵，捐十年功绪。改作昌陵，反天地之性，因下为高，积土为山	●○○
《后汉书·冯衍传》	于是以新丰之东，鸿门之上，寿安之中，地执高敞，四通广大，南望郦山，北属泾渭，东瞰河华，龙门之阳，三晋之路，西顾丰镐，周秦之丘，宫观之墟，通视千里，览见旧都，遂定茔焉。	○●○
《汉书》卷八颜师古注	诸陵皆据高敞地为之，县即在其侧。帝每周游往来诸陵县，去则上，来则下，故言上下诸陵。	●○○
《通典》卷八十《大丧初崩及山陵制》	汉文霸陵既因山势，虽不起坟，自然高敞。	●○○
《太平广记》卷一百六十《秀师言记》	小僧是吴儿，酷好瓦棺寺后松林中一段地，最高敞处。上元佳境，尽在其间。死后，乞九郎作窆堵坡于此，为小师藏骸骨之所。	—
《太平广记》卷三百二十八《刘门奴》	乞改葬我于高敞美地，诚所望也。	—
《太平御览》卷五五六《葬送》	葬埋高敞之地，以金置棺下。	—
（宋）司马光《温国文正公文集》《山陵择地札子》	考之形体，得土厚水深高敞坚实之地，则可矣。	—
《通志》卷一百一十七《魏》	又墟墓或迁就高敞，或徙避仇雠。	—

2 宫殿

文献来源	文献内容	
《汉书》卷五十一颜师古注	钟鼓帷帐不移而具又为阿房之殿，殿高数十仞，东西五里，南北千步，从车罗骑，四马骛驰，旌旗不挠。师古曰：挠，屈也，言庭之广大，殿之高敞。	●○○
（宋）程大昌《雍录》卷三	宫南端门名丹凤，则在平地矣，门北三殿相沓，皆在山上，至紫宸又北则为蓬莱殿，殿北有池，亦名蓬莱池，则在龙首北平地矣，龙首山势至此为尽，不与前三殿同其高敞也。	●○○
《太平御览》卷四十四《关中蜀汉诸山·龙首山》	含元殿即龙首山之东麓，高敞为京城之最，阶高于平地三十余尺。	●○○
《玉海》卷一百五十九《宫室》	唐飞霜殿，在玄武门北，因地形高敞，层阁三成，引水为洁；……唐紫微殿，于显道门内起紫微殿十三间，文宝重基，高敞宏壮，帝见之甚悦。	●○○

3 庙宇

文献来源	文献内容	
（唐）康骈《剧谈录》	东都北邙山有玄元观，南有老君庙，台殿高敞，下瞰伊洛。	○●○
（宋）毕仲游《西台集·宿崇因寺十韵》	深崖忽有路，一寺何高敞。彼僧胡为知，迎我共攀上。夜深眺前峰，百里如指掌。	●●○
（宋）晁公遡《嵩山集·重修城隍庙记》	郡吏相与谋曰："民不可劳也，若以俸钱若干，卜高敞地，迁焉，庶几明灵就安，有所降依而民亦知神之归。"	—
（宋）王明清《投辖录·贾生》	寺之僧堂高敞，以大殿无西日，堂之前有风阴阴焉。	—

4 台阁

文献来源	文献内容	
《六臣注文选》卷二《西京赋》	渐台立于中央，赫昈昈以弘敞。（张）铣曰：在太液池中，言此台赤文赫然而又高敞。	●○○
（宋）杜范《清献集》卷十六《黄岩县谯楼记》	凭高敞以纳空明之秀，据虚旷而绝仙子之风，于是古人审而势而画井邑者，一览而尽得之矣。	○●○
《舆地纪胜》卷第一六〇《潼川府路·荣州·应灵县》	嘉祐寺，在州郭内，大业中建，绍兴中赐今名，寺门有楼极高敞壮丽，可以揔览一州之景。	○●○

5 山势

文献来源	文献内容	
（唐）李峤《楚望赋》	县北有山者即《禹贡》所谓岐东之荆也，岧峣高敞，可以远望。余簿领之暇，盖尝游斯，俯镜八川，周睇万里，悠悠失县乡，处处尽云烟，不知悲之所集也。	●●○
《六臣注文选》卷第十七	《洞箫赋》徒观其旁山侧兮，则岖嵚岿崎，倚巇迤靡，诚可悲乎其不安也。弥望傥莽，联延旷荡，又足乐乎其敞闲也。善曰：傥莽、旷荡，宽广之貌，傥他（良刀）。铣曰：皆竹相连，广大貌。翰曰：乐其枝叶相荫，其山高敞，其地幽闲。	●●○
（宋）陈田夫《南岳总胜录》	仙岩峰：下有石嵓高敞，容一二百人。	●○●
《太平寰宇记》卷一二五《舒州》	此山高敞，可以瞻望，齐永明八年因置烽火于山。	●●○

6 其他

文献来源	文献内容	
（南朝）萧子显《南齐书》卷九	寻《周礼》，祭天于圜丘，取其因高之义，兆于南郊，就阳位也。故以高敞，贵在上昭天明，旁流气物。	●○○
《六臣注文选》卷第十九《高唐赋》	王曰："其何如矣？"玉曰："高矣，显矣，临望远矣；广矣，普矣，万物祖矣。上属于天，下见于渊，珍怪奇伟，不可称论。"……良曰：言神之所居，高敞广远，可为万物之祖。	●●○

注：本表最右一列三个圆圈从左到右依次表示：1 自然地势相对高度高，2 视野开阔，3 空间开敞、便于营建。○表示引文未体现此条件，●表示引文体现出此条件，—表示未体现出任何条件。

附录 J 唐诗所记长安高点的观眺之景

1 慈恩寺塔观眺之景

诗名	作者	诗句	所见景物
题慈恩塔	荆叔	汉国山河在，秦陵草树深。	秦陵
秋日同觉公上人眺慈恩塔六韵	李洞	禁静声连北，江寒影在东。	
题慈恩寺塔	章八元	落日凤城佳气合，满城春树雨蒙蒙。	长安城
登慈恩寺塔	张乔	列岫横秦断，长河极塞空。	终南山、渭水
登慈恩寺塔	杨玢	紫云楼下曲江平，鸦噪残阳麦陇青。	紫云楼（芙蓉园楼阁）、曲江池
登长安慈恩寺塔	卢宗回	渭水寒光摇藻井，玉峰晴色上朱阑。九重宫阙参差见，百二山河表里观。	渭水、终南山、宫室
同诸公登慈恩寺塔	储光羲	苍芜宜春苑，片碧昆明池。……宫室低逦迤，群山小参差。	曲江、昆明池、宫室、终南山
与高适、薛据慈恩寺浮图	岑参	连山若波涛，奔凑似朝东。青槐夹驰道，宫馆何玲珑。……五陵北原上，万古青蒙蒙。	终南山、道路、宫馆、汉陵
同诸公登慈恩寺浮图	高适	宫阙皆户前，山河尽檐向。……千里何苍苍，五陵郁相望。	宫室、汉陵
奉和九月九日登慈恩寺浮图应制	萧至忠	登高凌宝塔，极目徧王城。	长安城
奉和九月九日登慈恩寺浮图应制	杨廉	慈云浮雁塔，定水映龙宫。	曲江池及芙蓉园（？）
奉和九月九日登慈恩寺浮图应制	辛替否	别有秋原藋，长倾雨露缘。	原
奉和九月九日登慈恩寺浮图应制	李恒	河山天外出，城阙树中分。	长安城
奉和九月九日登慈恩寺浮图应制	解琬	雨霁微尘敛，风秋定水凉。	曲江池
题雁塔	许玫	北岭风烟开魏阙，南轩气象镇商山。灞陵车马垂杨里，京国城池落照间。暂放尘心游物外，六街钟鼓又催还。	龙首原、终南山、霸陵、长安城
雁塔	解彦融	南山缭上苑，祇树连岩翠。	终南山

2 唐诗所记青龙寺观眺之景

诗名	作者	诗句	所见景物
题青龙寺	张祜	人人尽到求名处,独向青龙寺看山。	山(终南山)
题青龙寺	朱庆余	青山当佛阁,红叶满僧廊。……最怜东面静,为近楚城墙。	终南山、城墙
独游青龙寺	顾况	积翠暖遥原,杂英纷似霰。凤城腾日窟,龙首横天堰。	原、城市、龙首渠
青龙寺早夏	白居易	青山寸步地,自问心如何。	终南山
青龙寺僧院	刘得仁	此地堪终日,开门见数峰。	终南山
题青龙寺镜公房	马戴	窗迥孤山入,灯残片月来。	终南山
题青龙寺镜公房	贾岛	一夕曾留宿,终南摇落时。	终南山
青龙寺昙壁上人兄院集	王维	坐看南陌骑,下听秦城鸡。……青山万井外,落日五陵西。	道路、城市、终南山、五陵
宿青龙寺故昙上人院	耿湋[①]	坐见繁星晓,凄凉识旧峰。	
与王楚同登青龙寺上方	李益	鸟没汉诸陵,草平秦故殿。	秦汉陵寝、宫室
游青龙寺赠崔大一作辇补阙	韩愈	南山逼冬转清瘦,刻画圭角出崖窾。	终南山
秋晚与友人游青龙寺	刘得仁	高视终南秀,西风度阁凉。	终南山
别弟缙后登青龙寺望蓝田山	王维	陌上新离别,苍茫四郊晦。登高不见君,故山复云外。	四郊
同王维集青龙寺昙壁上人兄院五韵	王昌龄	檐外含山翠,人间出世心。	终南山
早夏青龙寺致斋凭眺感物因书十四韵	权德舆	秦为三月火,汉乃一抔土。……中南横峻极,积翠泄云雨。首夏谅清和,芳阴接场圃。	秦汉陵寝、宫室、终南山
王起居独游青龙寺玩红叶因寄	羊士谔	高情还似看花去,闲对南山步夕阳。	终南山
和钱员外青龙寺上方望旧山	白居易	旧峰松雪旧溪云,怅望今朝遥属君。共道使臣非俗吏,南山莫动北山文。	终南山
和秘书崔少监春日游青龙寺僧院	姚合	九陌城中寻不尽,千峰寺里看相宜。	终南山
同王昌龄裴迪游青龙寺昙壁上人兄院集和兄维	王缙	林中空寂舍,阶下终南山。	终南山

① 一作司空曙。

3 唐诗所记大明宫观眺之景

诗名	作者	诗句	所见景物
蓬莱三殿侍宴奉敕咏终南山应制	杜审言	北斗挂城边，南山倚殿前。云标金阙迥，树杪玉堂悬。半岭通佳气，中峰绕瑞烟。	终南山
人日侍宴大明宫应制	赵彦昭	平楼半入南山雾，飞阁旁临东墅春。	终南山、东墅
奉和吏部崔尚书雨后大明朝堂望终南山	张九龄	迢递终南顶，朝朝阊阖前。揭来青绮外，高在翠微先。……汉帝宫将苑，商君陌与阡。林华铺近甸，烟霭绕晴川。	终南山、终南山下的田野
奉和圣制从蓬莱向兴庆阁道中留春雨中春望之作应制	王维	渭水自萦秦塞曲，黄山旧绕汉宫斜。銮舆迥出千门柳，阁道回看上苑花。云里帝城双凤阙，雨中春树万人家。	渭水、汉宫、禁苑、城市房屋
秋兴八首其五	杜甫	蓬莱宫阙对南山，承露金茎霄汉间。	终南山
雪夜下朝呈省中一绝	韦应物	南望青山满禁闱，晓陪鸳鹭正差池。	终南山
和少府崔卿微雪早朝	王建	粉画南山棱郭出，初晴一半隔云看。	终南山
中书寓直	白居易	天晴更觉南山近，月出方知西掖深。	终南山

附录 K 唐诗中所描绘的曲江远眺所见多层次景观

名称	作者	描写近景诗句	近景	描写中、远景诗句	远景
及第后宴曲江	刘沧	紫毫粉壁题仙籍，柳色箫声拂御楼。	柳树、楼阁	霁景露光明远岸，晚空山翠坠芳洲。	终南山
曲江春望	罗邺	瑞影玉楼开组绣，欢声丹禁奏云韶。	楼阁	都缘北阙春先到，不是南山雪易消。	大明宫、终南山
奉酬卢给事云夫四兄曲江荷花行见寄并呈上钱七兄阁老张十八助教	韩愈	曲江千顷秋波净，平铺红云盖明镜。	水面、荷花	玉山前却不复来，曲江汀滢水平杯。	终南山
苔元八宗简同游曲江后明日见赠	白居易	水禽飐白羽，风荷袅翠茎。	水禽、荷花	南山好颜色，病客有心情。	终南山
早春独游曲江	白居易	冰销泉脉动，雪尽草芽生。露杏红初坼，烟杨绿未成。	水面、杏花、柳树	风起池东暖，云开山北晴。	终南山
曲江春感	罗隐	江头日暖花又开，江东行客心悠哉。	花	高阳酒徒半雕落，终南山色空崔嵬。	终南山
曲江春望	唐彦谦	杏艳桃光夺晚霞，	杏花、桃花	乐游无庙有年华。汉朝冠盖皆陵墓，十里宜春汉苑花。	乐游原、汉陵
曲江二首·一	李山甫	争攀柳带千千手，间插花枝万万头。	柳树、花	南山低对紫云楼，翠影红阴瑞气浮。	南山、紫云楼
曲江感秋二首 二	白居易	疏芜南岸草，萧飒西风树。……莎平绿茸合，莲落青房露。	青草、荷花	池中水依旧，城上山如故。	终南山
曲江暮春雪霁	曹松	霁动江池色，春残一去游。	水面	北阙尘未起，南山青欲流。	大明宫、终南山
秋日曲江书事	李洞	园近鹿来熟，江寒人到稀。	水面	片云穿塔过，枯叶入城飞。	慈恩寺塔、长安城

续表

名称	作者	描写近景诗句	近景	描写中、远景诗句	远景
贼中与严越卿曲江看花	卢纶	红枝欲折紫枝殷，隔水连宫不用攀。	花	会待长风吹落尽，始能开眼向青山。	终南山
奉和圣制重阳旦日百寮曲江宴示怀	崔元翰	平皋行雁下，曲渚双凫出。沙岸菊开花，霜枝果垂实。	水面、水禽、菊花、果树	远岫对壶觞，澄澜映簪绂。	终南山
立春日酬钱员外曲江同行见赠	白居易	柳色早黄浅，水文新绿微。	柳树、水面	两人携手语，十里看山归。	终南山
省题诗二十一首·曲江春望	王棨	落风花片片，掠水燕双双。	花、燕	宝塔摇铃铎，云楼辟璊窗。	慈恩寺塔、楼阁
曲江池赋	王棨	只如二月初晨，沿堤草新。莺唬而残风袅雾，鱼跃而圆波荡春。……复若九月新晴，西风满城。于时嫩菊金色，深泉镜清。……孰见其冰连岸白，莲照沙红。蒹葭兮叶叶凝雪，杨柳兮枝枝带风。	草、鸟、鱼、菊、冰、莲、蒹葭、杨柳	浮北阙以光定，写南山而翠横。	大明宫、南山
曲江池记	欧阳詹	珍木周庇，奇华中缛，重楼夭矫以萦映，危榭巉岩以辉烛。	树木、楼阁	俯睇冲融，得渭北之飞雁；斜窥澹泞，见终南之片石。	终南山

后记

感谢我的导师吴良镛先生。自 2008 年入先生门下攻读博士研究生，弹指一挥间，竟已 11 年。犹记得初入师门时先生谓我："既要我认识研究生，也要研究生认识我。"当时尚不解其意，今日回首才发现先生在我辈学生身上花费心力之巨，几乎每天都有当面或电话中的学术交流，也曾多次拿到他清晨三四点钟倚在床头、就着手电筒记下的思想火花。先生常轻皱眉头，感叹土地之珍贵、民生之不易，由此我学会了爱一片土地和土地上世代生存的人民，并试着去理解人与地之间的血脉联系；先生常嘱我研究应以现实问题为导向，"气宇宽宏"，兼容古今，由此我尝试着拓宽研究视野，从中国传统文化中挖掘有益于今的启示；在论文研究的艰难探索过程中，先生从不给我直接的批评和压力，而是常微笑着以自己学术研究与艺术创作的经验给予我启示，一次次让我有柳暗花明之感，并鼓起了继续探索的勇气。

感谢张锦秋院士和单霁翔院长担任我博士论文的评阅人，给予我切中要害的指导和热情洋溢的鼓励，单院长还在百忙之中抽出时间担任我博士论文答辩委员会的主席。犹记得张院士在博士论文答辩后半年多还专门发短信给我，鼓励我为西安"做点事情"，令我备受鼓舞，也倍感惭愧。

感谢清华大学建筑与城市研究所团队。正是在这个团队的工作中，我始得窥中国古代人居建设之精华。左川、毛其智、吴唯佳、刘健、于涛方、王英、黄鹤、赵亮等诸位老师都在研究的不同阶段给予我关心和指导。特别感谢武廷海老师，在研究的各个阶段数次给予我恳切而具关键意义的指导，令我拨云见日，继续前行；王树声老师虽远在西安仍关心我的研究；陈宇琳、李孟颖、孙诗萌、袁琳、周政旭等诸位师兄、师姐常与我切磋讨论并给予我莫大的鼓励。感谢我的博士后导师朱文一老师，朱老师具有启发性的引导和毫无保留、热情洋溢的支持，让我在心虚彷徨时坚定方向；感谢英国李约瑟研究所，让我获得资助在剑桥进行一年心无旁骛的学术研究，特别感谢梅建军所长，时时鼓励并关心我的成长。

感谢我的父母和妹妹，感谢他们多年以来对我无条件的支持和信任。感谢我的爱人张振威，我们在学术和生活的道路上彼此勉励、相伴而行。此书出版的过程中，我也正孕育着一个新的生命，这也是献给它的礼物。

西安是我的家乡，是我眷恋的热土，感谢这片生养我的土地。

郭璐

2019 年 9 月于清华园